创新药

从研发到商业化的那些事

邱南生 著

科学技术文献出版社
SCIENTIFIC AND TECHNICAL DOCUMENTATION PRESS
·北京·

图书在版编目（CIP）数据

创新药从研发到商业化的那些事 / 邱南生著. 北京：科学技术文献出版社，2025.3（2025.7重印）. -- ISBN 978-7-5235-2264-6

I. TQ46

中国国家版本馆 CIP 数据核字第 20258N6A13 号

创新药从研发到商业化的那些事

策划编辑：袁婴婴　责任编辑：袁婴婴　责任校对：王瑞瑞　责任出版：张志平

出 版 者	科学技术文献出版社
地　　　址	北京市复兴路15号　邮编　100038
编 务 部	（010）58882938，58882087（传真）
发 行 部	（010）58882868，58882870（传真）
邮 购 部	（010）58882873
官方网址	www.stdp.com.cn
发 行 者	科学技术文献出版社发行　全国各地新华书店经销
印 刷 者	北京九州迅驰传媒文化有限公司
版　　　次	2025 年 3 月第 1 版　2025 年 7 月第 2 次印刷
开　　　本	710×1000　1/16
字　　　数	284千
印　　　张	22.25
书　　　号	ISBN 978-7-5235-2264-6
定　　　价	128.00元

版权所有　违法必究

购买本社图书，凡字迹不清、缺页、倒页、脱页者，本社发行部负责调换

推荐序一

新春伊始，很荣幸收到邱南生先生发来的新作——《创新药从研发到商业化的那些事》。创新药行业的发展不仅是中国医药产业升级的核心驱动力，也是关乎全民健康福祉的重大命题。此书以全景视角剖析创新药从研发到商业化的全链条逻辑，既是对行业经验的凝练，亦是对未来趋势的前瞻，其出版恰逢其时。自2009年新医改以来，政策红利与技术突破双轮驱动，行业经历了从萌芽到爆发的快速成长期，2024年7月《全链条支持创新药发展实施方案》的出台更是标志着中国创新药行业即将步入高质量发展的新阶段。在药品注册方面，持续将审评审批资源向高值创新药倾斜，加快了创新药上市进程，让患者"用得上"；在医保准入方面，始终坚持"价值购买"原则，开辟多元化支付渠道，推动创新药以合适的价格及时纳入医保，让患者"用得起"。如今，创新药领域充满机遇，但同时也面临着前所未有的复杂挑战。从临床试验到生产工艺，从市场准入到销售放量，每一个环节都如同一枚精密齿轮，牵动着整个行业的运转。对于初入行业的从业者而言，若缺乏对药品全生命周期的系统认知，往往容易陷入"见木不见林"的困境。

邱南生先生凭借20多年在行业里的深度耕耘与沉淀，积累了丰富且宝贵的经验，并用其独特的视角和精辟透彻的分析，为我们揭示了创新药从研发到商业化全过程的奥秘，对于推动医药政策研究和实践具有重要意义。书中不仅全面梳理了创新药的研发流程、临床试验管理、生产质量控制等科学维度，还深入探讨了医保准入、定价策略、市场营销、知识产权保护等商业化命题，可作为新人的入门指南，亦可作为从业者的案头手册。

此书的难得之处在于其既保有学术研究的严谨性，又充满一线实践的"烟火气"。专业且真诚的笔触，让读者得以窥见创新药行业光环背后的真实逻辑：它不仅是科学探索的马拉松，更是资源整合、风险共担、价值共创的系统工程。

在中国医药创新步入深水区之际，期待此书的出版能推动更多跨界对话，助力中国创新药行业在科学与商业的交织中行稳致远。

是为荐。

丁锦希

中国药科大学研究生院常务副院长、
博士研究生导师、二级教授

推荐序二

在医药创新的漫漫征途中，每一次突破都承载着无数患者的希望，每一个成果都凝聚着科研人员的心血。邱南生老师的《创新药从研发到商业化的那些事》的问世，无疑为这一领域注入了新的活力与智慧。

邱老师在大型跨国药企和国内药企的多个关键岗位辗转并积累了丰富的实践经验，这使得他能够从全方位、多角度深入洞察创新药的研发与商业化进程。他创作这本书的初心，是他在工作中深刻体会到行业内各部门之间的隔阂，希望帮助药企内部不同岗位的人员相互理解、协同合作。同时，他也希望通过这本书能够增进社会大众对创新药行业的认知，消除误解与偏见。

我全力支持这本书的出版，是因为CMAC在发展过程中也一直致力于构建药企、临床机构等多方合作的桥梁，始终坚守以患者为中心、追求临床价值和共建创新生态的理念，而这本书与我们的目标不谋而合。CMAC作为智库，也希望永葆对医药行业的热忱，永怀初心、红心与恒心，为行业发展提供有力的知识支撑！

这本书的框架清晰且全面，涵盖了创新药研发的全生命周期。从创新药的研发立项开始，详细阐述了如何基于市场需求、疾病现状和科研前沿确定研究方向，这是创新药诞生的源头。接着深入临床前研究，包括药物的活性筛选、毒性测试等关键环节，为后续临床试验奠定基础。临床试验部分更是重中之重，涵盖了不同阶段的试验设计、患者招募、数据监测与分析等核心内容。而在成功获批上市后，又对市场准入、医保谈判和临床推广等商业化关键步骤进行了深入剖析，完整地呈现了创新药从无到有、从实验室到市场的艰辛历程。

因此，对于读者而言，无论是初入医药行业的新人，还是深耕多年的专业人士，都能从这本书中获取宝贵的经验与启示。新人可以借此建立起对创新药行业的系统认知，明确各环节的工作重点与相互关系；资深从业者则能从中反思自身工作，发现新的突破点与合作机会。这本书将成为推动创新药行业发展的重要助力，引领我们在为患者带来更多有效治疗方案的道路上不断奋进。

最后，期待广大读者能在这本书中汲取智慧，与更多眼里有光、心中有梦、腹中有料、脚上带泥的伙伴们，在医药创新的这条路上继续砥砺前行！

李景成

CMAC 理事长

推荐序三

创新药的研发立项到商业化成功是一个复杂的系统工程，不仅需要科研人员的智慧与汗水，更需要企业具备独到的战略眼光、敏锐的市场洞察力，以及卓越的执行力。邱南生先生的新作《创新药从研发到商业化的那些事》系统介绍了创新药从研发到商业化的全流程，为医药行业的从业者提供了一本难得的实战手册。南生凭借其在大型跨国药企和国内药企不同部门工作岗位上积累的丰富经验，将复杂的流程和专业知识以通俗易懂的方式呈现给读者，实属难能可贵。

在当前创新药市场竞争日益激烈的背景下，如何通过科学的研发策略和差异化的商业策略来尽快实现产品的成功上市和商业化的成功，是每个创新药企业面临的重大课题。此书详细介绍了研发策略与商业策略"一体两面"的关系，并结合实际案例，对于企业制定战略规划和研发与市场推广策略具有重要的参考价值。

此书还特别强调了跨部门协作在创新药研发与商业化中的重要性。在制药企业中，研发、生产、医学、市场、销售等部门的协作往往决定了产品的成败。通过阅读此书，不同部门的从业者可以更清晰地了解到本部门工作在公司整体商业模式链条中的价值和地位，也能够增进对其余协作部门的工作重点、工作模式的认知和理解，进而增进彼此的理解和协作。

此外，此书最后一章对医药企业合规管理的讨论也让我印象深刻。合规管理是医药企业生存和发展的基石，书中详细介绍了《医药行业合规管理规范》《RDPAC行业行为准则》等合规文件，为医药企业的合规经营提供了宝贵的指导。

我相信，此书的出版将为创新药行业的发展注入新的动力，为医药企业的从业者提供宝贵的参考。它不仅是一本知识手册，更是一本实战指南。通过阅读此书，读者可以获得对创新药研发与商业化的整体认知，提升自己的专业素养和战略眼光。

周云曙

恒瑞医药原董事长、总经理

推荐序四

创新药的研发到商业化是一个复杂的系统工程，需要患者、制药企业、临床专家、药品监管人员、医保支付人员等不同利益相关方的共同努力和紧密协作。然而，长期以来，由于专业和部门职能分工的关系，绝大多数医药从业者往往只是关注自己所在部门和团队的工作内容，缺乏对创新药商业模式的全局性理解和认知，从而可能导致在日常工作中，出现对工作价值理解的错位和跨部门沟通的障碍。

Nathan（邱南生）的新书——《创新药从研发到商业化的那些事》系统全面且深入地介绍了创新药的全生命周期，从研发立项到临床试验，从生产工艺到市场准入，从市场策略到合规推广，Nathan凭借其长期在大型跨国药企和国内药企不同部门工作积累的丰富经验，将复杂的流程和专业知识以通俗易懂的方式呈现给读者，帮助读者建立起对创新药行业的全景性认知，让即使是非专业人士也能对创新药行业一窥究竟。

认识Nathan多年，他是业内不多见的既对医药行业有全面的理解和认知，又愿意静下心来将相关知识进行提炼、梳理、总结形成知识体系的行业实践者和思考者。书中讲的并不是什么艰深的前沿科技知识，而是理解创新药这个行业和商业逻辑的基础知识。随着科学技术的发展和人工智能的广泛应用，无论是创新药的具体研发手段、技术，还是商业化推广的具体方法，都会发生持续的演变，但创新药研发与商业化的底层逻辑不会变，这也是此书的最大价值所在。

此书不仅适合医药行业的从业者阅读，也适合对创新药研发感兴趣的普通读者。我相信，此书的出版将为推动中国创新药行业的发展做出重要贡献。

谷成明
扬子江药业集团市场部负责人

推荐序五

邱南生先生在新媒体盛行的当下，还潜心写书，用最传统的方式，把他的所思所想呈现给读者，如果没有热爱、执着、耐心和积累，这件事是做不到的。南生将他从事医药行业20多年的观察和洞见，把创新药从实验室到临床应用（bench to bedside）的全过程进行了梳理，用专业且通俗的语言呈现给大家，相信医药行业的从业者抑或想进入医药行业的新人都会从这本深入浅出的书中获得想要的知识点。

陈杰

驯鹿生物首席医学官

推荐序六

在医药行业快速发展变化的今天，创新药的研发与商业化已经成为推动医药行业进步的重要力量。南生兄的新作——《创新药从研发到商业化的那些事》一书，为我们展示了创新药从研发到商业化全过程的理论知识和实践经验，对于广大医药从业者具有重要的学习和参考价值。

此书对中国医药行业现状与发展趋势进行了详细剖析，广大医药行业从业者可以从中了解中国市场的独特环境和变化趋势，更好地应对政策的调整和市场变动。自2015年药品医疗器械审评审批制度改革以来，中国创新药研发取得了长足的进步，已成为国际上备受瞩目的医药领域创新的新生力量。与此同时，伴随着医保谈判和药品集中招标采购的常态化，DRG/DIP支付方式和三明模式的推广，以及医药反腐的持续深入，中国医药市场的商业模式和市场格局正在发生全面而深刻的变化。此书的出版给读者提供了一把钥匙，助力我们打开创新药研发与商业化的大门。

南生兄与我认识十几年，他是医药行业内少见的复合跨界的"π"型人才，拥有丰富的销售、市场、医学团队和业务管理经验。大家都知道创新药从研发到商业化的过程复杂且充满挑战，涉及科研、临床、生产、营销等多个环节。南生兄多元化的工作经历让其拥有了对创新药研发与商业化全流程的全面理解和深刻洞察。更加难能可贵的是，南生兄同时还是一个善于提炼和总结且勤奋的人，拥有将散在于各部门、各领域的知识整合成逻辑严密的结构化知识体系的能力，他运用多年的实践经验将创新药研发与商业化的流程和工作抽丝剥茧，使其条理分明且重点突出。

推荐序六

无论你是制药企业的研发人员、市场营销人员，还是医疗监管机构的管理者，或是对医药行业有浓厚兴趣的读者，通过此书你将更清楚地认识到创新药研发的全过程。我相信，此书的广泛传播和深入影响，会使更多的医药从业者受益于此，推动中国医药行业的进步和发展。

南生兄的上一本著作《医学联络官进阶之路：MSL新手到高手的进阶路线图》现已成为医药行业MSL的经典必读书，相信此书也必将受到医药行业从业者的热烈欢迎。拥抱"变化"，敏捷"学习"，我衷心推荐此书，期待它能够成为广大医药从业者的必读书，一起见贤思齐！

洪远东

思齐圈创始人

自序

自2015年药品审评审批制度改革以来，中国创新药的研发与商业化都取得了巨大的成就：临床试验数量已跃居全球第二；国外创新药引进速度大大加快；国内企业研发的创新药获批数量稳步增长；创新药在医保支出中的占比持续提升；创新药出海取得重大突破；商业拓展交易日趋活跃。诸多迹象都在表明，中国创新药研发和商业化能力已跃上了一个新的台阶。

与此同时，我们也可以看到，新药研发扎堆热门靶点，上市后市场开拓困难重重，市场容量和投资回报率低于预期。创新药的热潮在2021年上半年达到前所未有的高度后迅速褪去繁华，自2021年下半年开始，中国本土创新药企业发展步入困难时期，面临融资和盈利两大困境。

令人欣喜的是，在经历了3年资本寒冬后，创新药行业的生存环境正在逐步改善，2024年以来，政策暖风频吹，特别是2024年7月5日，国务院常务会议审议通过《全链条支持创新药发展实施方案》，强调要全链条强化创新药发展政策保障，统筹用好价格管理、医保支付、商业保险、药品配备使用、投融资等政策，优化审评审批和医疗机构考核机制，合力助推创新药突破发展。而人工智能、大数据、云计算等现代信息技术的应用正在极大地改变药物研发和推广的模式。这些技术的运用不仅可以提高研发效率，降低研发成本，缩短新药上市时间，还可以重塑疾病的诊疗模式。未来，技术创新将进一步推动个性化医疗和治疗方案的开发，为患者提供更为精准的治疗选择。作为新质生产力的代表，创新药行业在产业政策支持下即将迎来一个崭新的发展机遇期。

医药行业与每个人的日常生活都息息相关。由于行业的特殊性，一般民众对创新药这个行业知之甚少，存在很多的误解和不切实际的想象，再加上舆论长期以来有意无意地引导下，医药行业的口碑一直不算太好。我在和其他行业朋友交流时，经常会受到以下三个灵魂拷问：创新药为什么卖得那么贵？现在科技那么发达，为什么还有那么多疾病治不好？为什么药物有那么多不良反应？都不是容易解释的问题。被问多了，心想被误解也许就是医药行业从业者的宿命吧。

熟悉医药行业的伙伴都知道，创新药的研发与商业化过程是个很长的链条，具有高投入、高风险、长周期的特点，一路上需要跨越诸多障碍，从最开始的研发立项、临床前研究、临床试验、制剂开发、生产工艺优化等，再到好不容易获得药品监督管理部门批准上市后，马上就面临市场准入、医保谈判、临床推广等方面的激烈竞争，每一关都不好过。但我们终究还是需要直面这些挑战，"关关难过关关过"。唯有如此，方有可能在经历九死一生后浴火重生、一飞冲天，获取传说中的"高回报"，实现产品的临床价值、社会价值和经济价值。

创新药的临床价值是显而易见的，通过提供创新治疗手段，延长患者寿命，提升生活质量，改善临床结局。但从商业模式角度看，创新药的研发与商业化到底算不算是一门好生意？几年前，曾与几位朋友深入讨论过这个话题，争执了半天，最后结论是"不好说"，但我们都认可，如果没有点使命感或长期主义精神，最好不要来做创新药。

或许是命运冥冥之中的安排吧，高中毕业稀里糊涂地报考了中国药科大学，从此步入药界，进入药圈，直至今日。

一路走来，我主要在大型跨国药企和大型国内药企的生产、销售、

自序

市场和医学部门的不同岗位上搬砖，基本上都在从事创新药上市前准备和上市后医学事务、学术推广及市场营销方面的工作，因工作关系也常与研发、准入部门的同事一起开会，一起合作做项目，逐渐建立了对创新药从研发到商业化的全过程认知和理解。在这个过程中我有一个强烈的感受，就是很多同事的关注点和知识面都比较局限在自己现有的工作职责和范围内，对其他部门的职责和需求了解不多，也不太感兴趣，因此常常陷入"鸡同鸭讲""自说自话"的境地，给跨部门协作带来了一定的阻碍。

这也是我决定写这本书的一个初心。我希望本书的出版，多少能增进社会大众对创新药行业的认识，破除一些误解和偏见，也帮助在制药企业工作的伙伴们更好地了解跨部门的同事们都在想些什么，做些什么，增进彼此的沟通与合作。

我大概是在5年前萌发写这本书的念头。起笔之后，才发觉比想象中要难多了，有点掉进自己挖的"坑"的感觉。对比我自己写的第一本书《医学联络官进阶之路》，创新药从研发到商业化链条那么长，知识那么多，不可能面面俱到，有些环节自己经验和理解也不是很深。写什么，不写什么，是应该写得浅显一点，还是专业一点，都是问题。经常前面写得挺顺，写着写着就觉得不太对，需要推倒重来。除此之外，最近几年行业环境变化很快，政策规范层出不穷，行业市场数据也总在持续更新，所以经常出现这种情况：刚写好的一个章节，过一段时间，因为有了新的政策法规和数据，又需要做好多的调整和更新。再加上新型冠状病毒疫情、工作变换，最主要是自己懒惰拖拉的缘故，本书出版日期一拖再拖，到现在才和大家见面。

书中话题的选择和内容的阐释，主要基于我对创新药生命周期的理解，结合自己的职业经历和兴趣，有些观点可能只是一家之言，难免有失偏颇。但这些观点和思想如能引起读者的兴趣和同行的讨论，也是很有意义的。

虽然书稿几经修改，但我仍然不是十分满意。有前辈鼓励我说，"在如今这个时代，完成比完美重要"。因此，我决定还是早点把这盘菜端出来，用一种适合这个时代的敏捷方式来完成这本书，先发布初版，以后再持续迭代。

在本书上市之前，我收到了许多行业内老师、同学和朋友们写的序言、推荐和鼓励，在此一并表示诚挚感谢。同时，我还要感谢我的太太和儿子，感谢他们给予我最大的支持，鼓励我去做我自己想做的事。

我还要感谢CMAC理事长李景成先生推荐了科学技术文献出版社的袁婴婴老师，袁老师是一位专业性和责任心都很强的编辑，为本书问世做出了很多努力，功不可没。

最后，很开心遇见您，这是您我之间的缘分，期待将来有机会能与您进行更深入的对话和交流。

是为序。

2024年12月

目录

第一章　药品概述 01
一、药品的定义 01
二、药品的特征 02
三、药品的分类 03
四、药品标准 06
五、药品包装、标签与药品说明书 07
六、药品监督管理 11

第二章　创新药研发概述 13
一、创新药定义与研发特点 13
二、创新药研发流程 17

第三章　创新药临床试验：因果关系确认 31
一、大样本随机双盲对照试验 31
二、临床试验设计 37
三、临床试验登记注册 39

第四章　药物临床试验质量管理规范 43
一、GCP 发展重要里程碑 43
二、中国 GCP 发展历史 48
三、临床试验中的人类遗传资源管理 51
四、GCP 常用英文 53

第五章　临床试验运营管理 56

　　一、准备阶段 56
　　二、中心启动阶段 61
　　三、临床试验实施阶段 61
　　四、中心关闭与试验收尾阶段 64
　　五、临床试验结束后 65

第六章　药学相关研究与生产质量管理 67

　　一、药学相关研究 67
　　二、药品生产质量管理规范 75

第七章　新药研发第三方合作伙伴 84

　　一、合同研究组织 85
　　二、现场管理组织 87
　　三、合同研发生产组织 90

第八章　创新药知识产权管理 93

　　一、创新药专利布局 93
　　二、非专利知识产权保护 101

第九章　研发与商业化：硬币的两面 106

　　一、研发策略与商业策略的关系 106
　　二、创新药商业化模式 112
　　三、商务拓展：连接研发与商业化的桥梁 117

目录

第十章 中国医药市场商业模式演变 ... 123
- 一、中国医药市场演变大事记 ... 124
- 二、中国医药行业现状与发展趋势 ... 133

第十一章 创新药市场营销概述 ... 143
- 一、市场分析 ... 145
- 二、目标市场的选择和品牌定位 ... 158
- 三、行动计划和监控 ... 164

第十二章 医药市场的利益相关方（外部）... 167
- 一、医生 ... 168
- 二、患者 ... 170
- 三、支付者 ... 172
- 四、政策制定者 ... 174
- 五、药师 ... 177
- 六、公众 ... 179

第十三章 创新药营销的四驾马车 ... 180
- 一、市场部 ... 181
- 二、医学事务部 ... 186
- 三、市场准入部 ... 195
- 四、销售部 ... 202

第十四章 创新药市场准入 ... 205
- 一、产品定价 ... 205
- 二、医保准入 ... 209

三、医院列名 218
四、药品集中招标采购 220
五、特殊准入：先行区政策 222

第十五章 循证医学与价值医疗 225

一、循证医学 225
二、价值医疗 237

第十六章 药品生命周期管理 247

一、研发阶段生命周期管理 248
二、商业化阶段生命周期管理 257

第十七章 药物安全与药物警戒 268

一、药物警戒概述 268
二、药物警戒组织机构设置 271
三、临床试验期间药物警戒 273
四、上市后药物警戒 275

第十八章 医药企业合规管理 280

一、《医药行业合规管理规范》 281
二、《RDPAC 行业行为准则》 284
三、《医药企业防范商业贿赂风险合规指引》 293

附录 296

主要参考文献 329

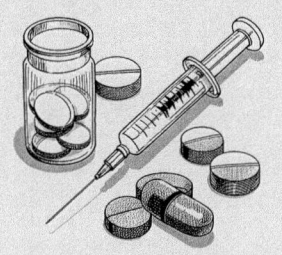

第一章
药品概述

药品和我们的生活紧密相关,我们每个人在一生中或多或少会和药品打交道。纵观人类社会历史,其中就是一部与疾病斗争的历史,而药物正是人类捍卫生命和健康最重要的武器。正是由于对药物的发现和利用,人类社会才得以发展和延续。

一、药品的定义

药品和药物的概念确定,历经了古代、近代、现代几个历史阶段。在大多数人的认知里,药物和药品可能是一码事,但严格意义上来说这两者还是有细微差异的。通俗来说,药品就是产品化的药物。所谓产品化,就是药物经研发、审批和上市成为商品的过程。而实验室中的药物获得了国家药品监督管理部门颁发的"许可证",才具有了法律上的属性,才能成为药品。这个法律上的属性包括药品法定的名称、批准文号、具体的规格、明确的治疗用途,以及具体的使用方法和使用期限,在说明书上还必须载明药品的不良反应和注意事项等。

根据 2019 年 8 月 26 日第十三届全国人民代表大会常务委员会第十二次会议修订通过,并于 2019 年 12 月 1 日起施行的《中华人民共和国药品管理法》的定义:"药品是指用于预防、治疗、诊断人的疾病,有目地调节人的生理机能并规定有适应证或者功能主治、用法和用量的物质,包括中药、化学药和生物制品等。"

从这个定义可以看出，药品并不仅仅是用于治疗疾病，也可用于预防疾病，如用于预防新型冠状病毒感染的疫苗、新生儿出生后接种的乙型肝炎疫苗等都属于药品的范畴。当然，作为一类特殊的药品，疫苗研制、生产、流通和预防接种及其监督管理活动还应遵守专门的《中华人民共和国疫苗管理法》来进行。除此之外，药品也可用于疾病的诊断，如做增强 CT 或 MRI 都需要注射到血管内的造影剂，其能够促进显像，帮助医生更好地了解疾病和病灶的情况，为手术治疗方案的制定提供依据。

这个定义中更重要的一点是，药品是能够调节人生理功能的物质，也就是说，药品还承担着打断发病机制，改变细胞或器官功能的作用。

关于药品的定义，薄世宁教授在《薄世宁医学通识讲义》中的描述也很精彩：药品是医学解决方案的特质载体。大多数时候，人们看到的只是药品的一种外在形式，如片剂、针剂、胶囊剂等，但从底层和本质上来看，药品其实反映了某一阶段人类对相关疾病的整体认知水平，包括疾病发病机制、药物作用于疾病的机制、药物在人体内的代谢和发挥作用的过程等。作为患者，并不需要了解这么多，基本只需要了解药物的用法、用量、常见不良反应即可。可以说，医生是以药品这一种简单的形式，交付给患者一个关于疾病复杂的认知体系。

二、药品的特征

药品是一种特殊商品，除了具有商品的一般属性外，还有其特殊性，其特殊性主要表现在以下几个方面。

（一）药品的专属性

药品是与生命和健康直接相关联的物质，患什么病用什么药，需要对症治疗。处方药需要在医生的指导下使用,即使是非处方药,患者虽可自我判断、自我选择药品来治疗,但也需按照药品说明书来使用。

(二) 药品的两重性

药品除了有防病治病的一面外,还有对人体不利,甚至损害人体健康的一面。俗话说,是药三分毒,药品不良反应 (adverse drug reaction,ADR) 也是药品的特性之一。所以我们在关注药品疗效的同时,也不能忽略它的安全性问题。

(三) 药品质量的重要性

药品是治病救人的物质,只有符合法定质量标准的合格药品才能保证疗效和安全性。质量差的药品,可能因毒副作用或疗效不佳导致延误治疗,损害患者的健康,甚至危及生命。因此,药品只能是合格品,不能像其他一些商品一样可以分为一等品、二等品、等外品和次品。此外,药品的质量好坏、真伪只能且必须由专业人士依据法定的药品质量标准和测试方法进行鉴别,患者能了解到的主要是药品的贮藏条件和药品的有效期限等。

三、药品的分类

药品的分类方法有很多,按药物来源和制备方法,可以分为中药、化学药、生物制品等;按药品的使用方法,可以分为口服药、注射用药、外用药等;若按药品管理,可以分为处方药和非处方药、国家基本药物、国家基本医疗保险药物、特殊管理药品等;根据功能属性,可分为预防性药物、治疗性药物和诊断性药物;按治疗领域,可分为抗微生物药物、神经系统用药、心血管系统用药、呼吸系统用药、消化系统用药等。

(一) 处方药和非处方药

处方药 (prescription drug) 是指需凭执业医师或执业助理医师的处方方可

购买、调配和使用的药品，而非处方药（nonprescription drug，over-the-counter drug，OTC）是指由国家药品监督管理部门公布的，不需要凭执业医师或执业助理医师处方，消费者可自行判断、购买和使用的药品，这些药品大都用于多发病、常见病的自行诊治，如感冒、咳嗽、消化不良、头痛、发热等。为了保证人民健康，我国非处方药的包装标签、使用说明书中标注了警示语，明确规定药物的使用时间、疗程，并强调指出如症状未缓解或消失应向医师咨询。

非处方药还有更细的分类，红底白字的是甲类，绿底白字的是乙类。甲、乙两类非处方药虽然都可以在药店购买，但乙类非处方药安全性更高。乙类非处方药除了可以在药店出售外，还可以在超市、宾馆、百货商店等处销售。

一般来说，非处方药要具有以下基本特点：①一般都经过较长时间的全面考察。②药效一般都比较确定。③按照药品使用说明要求使用相对安全。④毒副作用小，不良反应发生率低。⑤使用方便，易于储存等。

处方药和非处方药在广告发布上也存在较大差异：处方药只能在卫生行政部门和药品监督管理部门共同指定的医学、药学专业刊物上介绍，不得在大众传播媒介发布广告或以其他方式进行以公众为对象的广告宣传，同时禁止在互联网上发布处方药广告，而非处方药广告则没有关于发布媒体的限制。

（二）国家基本药物

国家基本药物（national essential drug，NED）是指适应基本医疗需求、剂型适宜、价格合理、能够保障供应、公众可公平获得的药品，其目的是保证人们用药的基本需求，其功能定位为"突出基本、防治必须、保障供应、优先使用、保证质量、降低负担"。国家药品监督管理部门会定期筛选并公布国家基本药物目录，目前版本《国家基本药物目录》是2018年9月调整更新的，总共包含685个品种，其中化学药品和生物制品有417种，中成药有268种。

（三）国家基本医疗保险药物

《国家基本医疗保险、工伤保险和生育保险药品目录》的主要作用为控制基本医疗保险支付药品费用的范围，是社会保险经办机构支付参保人员药品费用的依据，其目的是保障参保人员的基本医疗需求，保证医疗保险基金的收支平衡。

《国家基本医疗保险、工伤保险和生育保险药品目录》在考虑参保人员用药安全和疗效的同时，重点要考虑基本医疗保险基金的承受能力，以及药品的价格因素。在调整中，国家医疗保障局牢牢把握"保基本"的功能定位，将基金承受能力作为必须坚守的"底线"，着力满足广大参保人员基本用药需求；通过引导药品适度竞争、以量换价等措施，引入诸如医保谈判、集中带量采购等措施，为购买性价比更高的药品腾出基金空间，成功实现药品保障升级换代；在保证基金安全的前提下，取消部分药品的支付限定，扩大受益人群，大幅提升药品的可及性和用药公平性。新纳入药品精准补齐肿瘤、慢性病、感染、罕见病患者及妇女儿童等用药需求，患者受益面广泛。

国家医疗保障局成立以来，建立了医保药品目录常态化更新机制，截至2024年底，已连续7年开展国家医保药品目录调整工作，将大多数近年来获批的创新药新增进入全国医保支付范围，同时将一批"神药""僵尸药"调出目录，引领药品使用端发生深刻变化；连续开展10批国家组织药品集中带量采购，中选药品平均降价48%～75%。中国药学会发布的《中国医保药品管理改革进展与成效蓝皮书》显示，自2018年以来，医保药品在医疗机构药品使用中的占比逐年上升，主导地位进一步巩固，临床用药合理性得到改善。常用药价格水平明显下降，重大疾病和特殊人群用药保障水平明显提高。创新药进入医保速度加快，周期大幅缩短，患者可及性明显提高。集中带量采购和目录准入谈判的"组合拳"显著降低了群众用药负担。

（四）特殊管理药品

特殊管理药品是指根据国家制定的法律制度，实行比其他药品更加严格管制的药品，主要包括麻醉药品、精神药品、医疗用毒性药品和放射性药品（图1-1）。特殊管理药品在管理和使用过程中，应严格执行国家有关管理规定，不得发布广告、不得在互联网上进行销售。

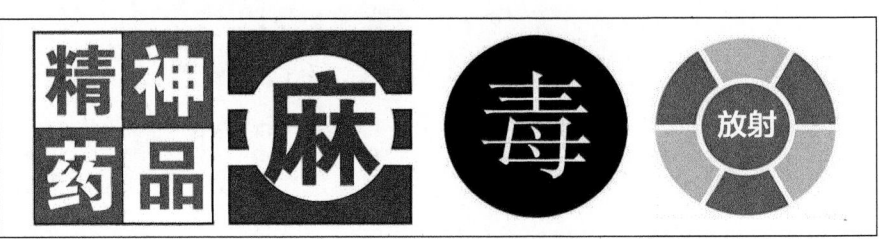

图1-1　特殊管理药品标识

四、药品标准

药品标准，是指根据药物自身的理化性质与生物学特性，按照来源、处方、制法、运输、贮存等条件所制定的，用以评估药品质量在有效期内是否达到药用要求并衡量其质量是否达到均一稳定的技术要求。

《中华人民共和国药品管理法》规定，药品应当符合国家药品标准。药品标准分为法定标准和非法定标准，法定标准是指包括《中华人民共和国药典》在内的国家药品标准，非法定标准则包含了行业标准、企业标准等。法定标准属于强制性标准，是药品质量的最低标准；企业标准只能作为企业的内控标准，各项指标均不可低于国家标准。

经国务院药品监督管理部门核准的药品质量标准高于国家药品标准，按照经核准的药品质量标准执行；没有国家药品标准的，应当符合经核准的药品质量标准。

国务院药品监督管理部门颁布的《中华人民共和国药典》和药品标准为国

家药品标准。国务院药品监督管理部门会同国务院卫生健康主管部门组织药典委员会，负责国家药品标准的制定和修订。国务院药品监督管理部门设置或者指定药品检验机构负责标定国家药品标准品、对照品。

根据《中华人民共和国药品管理法》相关规定，有下列情形之一的为假药：①药品所含成分与国家药品标准规定的成分不符。②以非药品冒充药品或者以他种药品冒充此种药品。③变质的药品。④药品所标明的适应证或者功能主治超出规定范围。

有下列情形之一的为劣药：①药品成分的含量不符合国家药品标准。②被污染的药品。③未标明或者更改有效期的药品。④未注明或者更改产品批号的药品。⑤超过有效期的药品。⑥擅自添加防腐剂、辅料的药品。⑦其他不符合药品标准的药品。

五、药品包装、标签与药品说明书

药品包装应当适合药品质量的要求，方便储存、运输和医疗使用。与此同时，药品包装应当按照规定印有或者贴有标签并附有说明书。药品标签和说明书是药品外在质量的主要体现，也是传递药品信息，指导医师用药和消费者购买使用药品，是药师开展合理用药咨询的主要依据。

药品标签是指药品包装上印有或者贴有的内容，分为内标签和外标签。药品说明书是指药品生产企业印制并提供的包含药理学、药效学、毒理学、医学等有关药品疗效和安全性等重要科学数据和结论，用以指导临床正确使用药品的技术资料，是指导医师、药师和患者选择和使用药品的主要依据，具有科学、医学和法律上的多重意义。根据相关规定，上市销售的药品最小包装中应当附有药品说明书。

标签、说明书应当注明药品的通用名称、成分、规格、上市许可持有人及其地址、生产企业及其地址、批准文号、产品批号、生产日期、有效期、适应证或者功能主治、用法、用量、禁忌、不良反应和注意事项。标签、说明书中的文字应当清晰，生产日期、有效期等事项应当显著标注，容易辨识。在药品包装上，药品商品名称不得与通用名称同行书写，其字体和颜色不得比通用名称更突出和显著，其字体单字面积不得大于通用名称所用字体的1/2。

麻醉药品、精神药品、医疗用毒性药品、放射性药品、外用药品和非处方药的标签、说明书应当印有规定的标志。

药品说明书由药品生产企业依照国家规定的格式要求，以及批准的内容编写。药品说明书通常包含以下内容。

（1）核准和修改日期：核准日期为国家药品监督管理部门批准该药品注册的时间，修改日期为此后历次修改的时间，通常印制在说明书首页左上角。

（2）特殊药品、非处方药、外用药品等的专用标识，通常印制在说明书首页右上角。

（3）说明书标题："XXX说明书"，其中的"XXX"是指该药品的通用名称。如果是处方药，则必须标注"请仔细阅读说明书并在医师指导下使用"；如果是非处方药，则必须标注"请仔细阅读说明书并按说明使用或在药师指导下购买和使用"。

（4）警示语：指对药品严重不良反应及其潜在的安全性问题的警告，还可以包括药品禁忌、注意事项及剂量过量等需提示用药人群特别注意的事项。

（5）药品名称：包括通用名、商品名、英文名、汉语拼音。

（6）成分：以最常用的化学药品和治疗用生物制品为例，"成分"项下列有活性成分的化学名称、化学结构式、分子式、分子量，复方制剂可表述为"本品为复方制剂，其组分为：XXX"。处方中含有可能引起严重不良反应的辅料应列出该辅料名称，而注射剂应当列出全部辅料名称。

（7）性状：包括药品的外观、臭、味、溶解度及物理常数等，依次规范描述。

（8）作用类别：仅化学药品中的非处方药说明书有此项，按照国家药品监督管理部门公布的该药品非处方药类别书写，如"解热镇痛类"。

（9）适应证：明确该药品用于预防、治疗、诊断、缓解或辅助治疗某种疾病（状态）或者症状，应与国家批准的适应证一致。

（10）规格：化学药品和治疗用生物制品是指每支、每片或其他每一单位制剂中含有主药的标示量（或效价）、含量或装量。

（11）用法用量：应详细列出该药品的用药方法，准确列出用药物的剂量、计量方法、用药次数及疗程期限等，并特别注意与药品规格的关系。

（12）不良反应：应详细地列出该药品的不良反应，并按不良反应的严重程度、发生频率或症状的系统性列出；尚不清楚有无不良反应的，可以在该项下以"尚不明确"来表述。

（13）禁忌：应详细列出该药品不能应用的各种情况，如禁止应用该药品的人群、疾病等情况；尚不清楚有无禁忌的，可以在该项下以"尚不明确"来表述。

（14）注意事项：应详细列出使用该药品时必须注意的问题，包括需要慎用的情况（如肝、肾功能问题）、影响药物疗效的因素（如食物、烟、酒等）、用药过程中需观察的情况（如过敏反应、定期检查血常规、肝肾功能等），以及用药对于临床检验的影响等。如有药物依赖或药物滥用的相关内容，也应在该项下列出。

（15）孕妇及哺乳期妇女用药：仅处方药有此项，重点说明该药品对妊娠、分娩及哺乳期母婴的影响，并写明是否可应用本品及用药注意事项。未进行该项实验或无可靠参考文献的，也应当在该项下予以说明。

（16）儿童用药：仅处方药有此项，重点说明儿童由于生长发育关系对于该药品在药理、毒理或药代动力学方面与成年人的差异，并写明是否可应用本品及用药注意事项。未进行该项实验或无可靠参考文献的，也应当在该项下予以说明。

（17）老年用药：仅处方药有此项，重点说明老年人由于机体各种功能衰退对于该药品在药理、毒理或药代动力学方面与成年人的差异，并写明是否可应用本品及用药注意事项。未进行该项实验或无可靠参考文献的，也应当在该项下予以说明。

（18）药物相互作用：详细列出与该药品会发生相互作用的药品或药品类别，并说明相互作用的后果及合并用药的注意事项。未进行该项实验或无可靠参考文献的，也应当在该项下予以说明，并标注"如与其他药物同时使用可能会发生药物相互作用，详情请咨询医师或药师"。

（19）药物过量：仅化学药品和治疗用生物制品有此项，应详细列出过量使用该药品可能发生的毒性反应、剂量和处理方法。未进行该项实验或无可靠参考文献的，也应当在该项下予以说明。

（20）临床试验：仅处方药有此项，应当准确、客观地对该药品进行的临床试验予以描述，包括临床试验的给药方法、研究对象、主要观察指标、临床试验的结果（包括不良反应等）。

（21）药理毒理：仅处方药有此项，包括药理作用和毒理研究两部分内容，其中药理作用为临床药理中药物对人体作用的有关信息，而毒理研究是指与临床应用相关，有助于判断药物临床安全性的非临床毒理研究结果。

（22）药代动力学：仅处方药有此项，包括该药品在人体内吸收、分布、代谢、排泄的全过程及其主要的药代动力学参数，以及特殊人群的药代动力学参数或特征，说明药物是否通过乳汁分泌、是否通过胎盘屏障及血脑屏障等。

（23）贮藏：应与国家批准的该品种药品标准"贮藏"项下的内容一致。需要注明具体温度的，应当按要求进行标注。生物制品应当同时标注制品保存和运输的环境条件，特别应明确具体温度要求。

（24）包装：通常是指直接接触药品的包装材料、容器和包装规格，并按顺序表述。

（25）有效期：以月为单位，通常表述为 XX 个月。

（26）执行标准：列出目前执行的国家药品标准名称、版本和（或）编号。

（27）批准文号：国家药品监督管理部门批准该药品的药品批准文号、进口注册证号。麻醉药品、精神药品、蛋白同化制剂和肽类激素还需注明药品准许证号。

（28）生产企业：国产药品信息应当与药品生产许可证载明的内容一致，进口药品信息应当与提供的政府证明文件一致，内容包括企业名称、生产地址、邮政编码、电话号码、网址等，并标注"如有问题可与生产企业联系"。

处方药委托生产时，是否需要在说明书上加上药品上市许可持有人（marketing authorization holder，MAH）信息取决于具体情况，目前并没有强制规定要求必须在说明书中添加 MAH 信息。如果 MAH 希望在说明书中体现其身份，可以增加 MAH 信息。

需要注意的是，药品说明书可以帮助患者了解药品的主要成分、适应证、用法用量、不良反应、贮藏条件及注意事项，如果是处方药，仅凭说明书还难以全面了解，并正确使用该药品，患者切不可凭借一份处方药说明书擅自"对号入座"、乱用药，必须在医务人员指导下使用。

药品生产企业应当主动跟踪药品上市后在安全性和有效性方面出现的问题，需要对药品说明书进行修改的，应当及时提出修改申请。根据药品不良反应监测、药品再注册和再评价结果等信息，国家药品监督管理局也可以要求药品生产企业或 MAH 修改药品说明书。药品说明书获准修改后，药品生产企业或 MAH 应当将修改的内容立即通知相关药品经营企业、使用单位及其他部门，并按要求及时使用修改后的说明书和标签。

六、药品监督管理

中国的药品监督管理体系是一个复杂而多层次的系统，主要由国家药品监督管理局及其下属机构、地方政府药品监督管理部门，以及其他相关部门共同构成。该体系涵盖了药品从研发、生产、流通到使用的各个环节，并且在不断进行改革和优化以适应新的挑战和需求。

（一）药品监督管理部门

药品监督管理部门是指依照法律法规的授权和相关规定，承担药品研制、生产、流通和使用环节监督管理职责的组织机构。《中华人民共和国药品管理法》规定，国务院药品监督管理部门主管全国药品监督管理工作。国务院有关部门在各自职责范围内负责与药品有关的监督管理工作。国务院药品监督管理部门配合国务院有关部门执行国家药品行业发展规划和产业政策。省级药品监督管理部门负责本行政区域内的药品监督管理工作。设区的市级、县级人民政府承担药品监督管理职责的部门负责本行政区域内的药品监督管理工作。县级以上地方人民政府有关部门在各自职责范围内负责与药品有关的监督管理工作。

（二）药品监督管理专业技术机构

《中华人民共和国药品管理法》规定，药品监督管理部门设置或者指定的药品专业技术机构，承担依法实施药品监督管理所需的审评、检验、核查、监测与评价等工作。药品监督管理专业技术机构是药品监督管理的重要组成部分，为药品行政监督提供技术支撑与保障。国家药品监督管理局的药品监督管理专业技术机构主要有中国食品药品检定研究院、国家药典委员会、药品审评中心、食品药品审核查验中心、药品评价中心、药品审评检查分中心等。

（三）药品管理其他相关部门

根据现行法律法规和相关部委职责，除药品监督管理部门外，药品管理工作还涉及多个政府职能部门，主要包括各级市场监督管理局、卫生健康委员会、医疗保障局、知识产权局等。

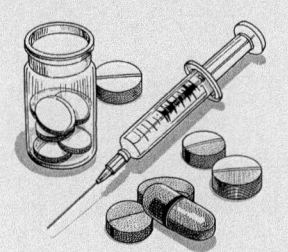

第二章
创新药研发概述

随着科学技术的进步和社会的发展及人口老龄化趋势的加剧,医疗需求不断增加,人们对疾病治疗效果和生活质量的要求也越来越高。创新药具有新颖的作用机制和治疗效果,能够满足医疗需求并填补现有疗法的空白。

一、创新药定义与研发特点

(一)创新药定义

2020年版《药品注册管理办法》在注册时将药品按创新药、改良型新药和仿制药等进行分类。通常情况下,创新药指的是新活性物质(new active substance,NAS),即在靶点验证、候选药物确定和优化、临床前药理毒理等安全性数据、临床概念验证及验证性试验等方面都没有直接数据证明对人体安全有效的药物,所以在进行注册审批时,需要提供完整的安全性、有效性证据作为上市依据。

对于化学药品来说,创新药是指含有新的化学结构且具有明确的药理作用和临床价值的化合物。根据欧洲药品管理局(European Medicines Agency,EMA)的标准,NAS必须是"未被批准的化学活性物质"且"与已被批准的物质无关"。相对于仿制药,创新药强调新的作用机制、新的化学结构或新的治疗用途。

按照创新的类型和程度,创新药又可以进一步分为首创新药和跟进型创新药。

1. 首创新药

首创新药,也称 FIC(first in class)药物,是制药公司基于最新疾病学研究的重要突破,找到一些候选靶点,从无到有发明并合成候选药物,通过反复试验筛选,最终发现既满足提升治疗效果又满足人体安全性(耐受程度、药代动力学)要求的药物。整个研究过程基本上是在黑暗中摸索,可谓大海捞针,投入大,失败率高,但是一旦成功会是药物治疗领域的重大突破,收益巨大,研发投入几十亿美元的重磅新药一般都是此类型。

2. 跟进型创新药

跟进型创新药也称 me too、me better、best in class 类药物,是指制药企业在公开的 FIC 药物靶点和机制的基础上,快速跟进(fast follow),通过结构改造或者修饰,避开了 FIC 药物专利,得到一个分子结构和 FIC 药物不同但是药效近似的药物。由于是在已经研究出来的 FIC 药物基础上进行修改和优化,研发风险大大降低,但是依然需要反复地进行临床试验,研发费用依旧较高,在国内一般会是几亿元至十几亿元的量级。根据最终药物实际疗效的优劣程度,跟进型创新药依次分为 me too、me better、best in class 等多种类型。一般而言,这些跟进型创新药面临的市场竞争一般比 FIC 药物大得多。

(二)创新药研发特点

整体上说,创新药研发是一个高风险、高投入、长周期同时也是高回报的行业,具有以下特点。

第一,创新药的研发周期长、失败率高。在 5000~10 000 个临床前的候选化合物当中,通常只有 5 个能进入临床试验阶段,最终只能有 1 个通过审批、上市销售,平均开发时间为 10~15 年,而在 10 个已成功上市的创新药中,通常只有 3 个创新药的销售收入能达到或超过研发成本(图 2-1)。

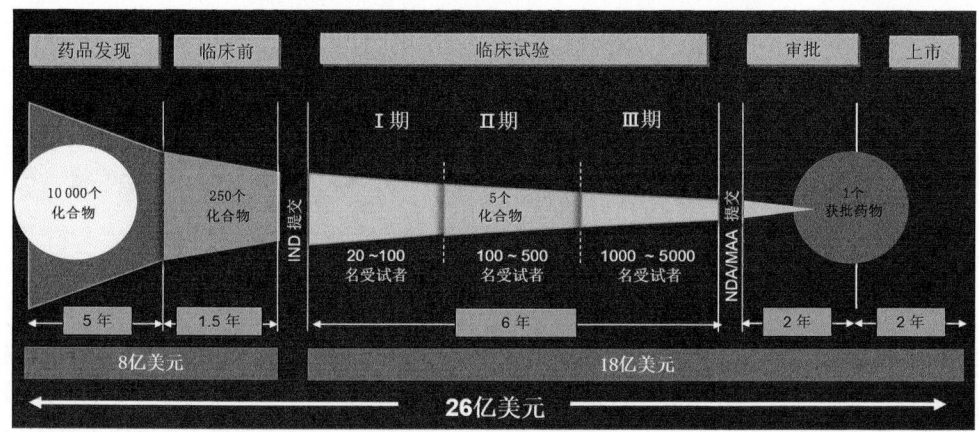

图 2-1 创新药研发概览

第二，新药的研发成本在不断上升，投资回报率在下降。由于"低垂的果子"被摘完了，容易开发的药物市面上都有了，剩下的尽是"难啃的骨头"，或者从来没有人试过的新方法。根据塔夫茨药物开发研究中心的数据，每个上市的创新药平均研发成本高达 26 亿美元。而根据德勤报告，一款新药的平均研发成本，从 2013 年的 13 亿美元变成 2019 年的 24 亿美元，研发成本上升了 85%。同时，新药研发的投资回报率，从 2014 年的 7.2% 一路下降到 2019 年的 1.6%。令人稍显欣慰的是，随着一些新技术、新方法的应用，2020 年以来新药的平均研发成本略有下降，而新药研发的投资回报率也有所回升。

整体来说，虽然不同研究、不同国家在创新药研发的周期、成本等方面存在较大差异，但毫无疑问，研发一款创新药，几乎注定是一条漫长和坎坷的道路。新药研发是一场勇敢者的刺激游戏，也是一场无比艰巨的挑战。从这个意义上说，无论药企是基于利益的驱动，还是出于拯救万千患者的使命感而投身于新药研发事业，都值得我们尊敬。

近年来，人工智能（artificial intelligence，AI）技术越来越多地被应用在药物发现、药物设计、药物筛选、临床试验和药物生产等创新药研发的各个环节。AI在药物研发中可以通过数据挖掘、机器学习和深度学习等技术,加速药物发现和设计过程,提高研发效率和成功率。AI还可以在药物筛选中帮助挑选出具有潜在疗效的候选药物,降低研发成本和时间。在临床试验中,AI可以帮助优化试验设计、招募适合的患者群体,并提供数据分析和预测,加快药物上市进程。此外,AI还可以应用于药物生产中的质量控制、流程优化和智能化管理等方面,提高药物的生产效率和质量。AI技术持续发展和进步,将有可能重塑创新药研发的模式,值得密切关注。

(三)政策驱动创新药产业发展

创新药的研发和应用,不但有科技、工业、市场等要素,更有人文关怀、社会价值要素蕴含其中。毫不夸张地说,众多创新药的研发并投入临床应用,深刻地影响了近代以来的历史进程。伴随着创新药研发,制药企业的技术、监管局的法规,以及广大医生和公众的健康理念也随之不断发展。而国家、政府层面的创新药研究决策和相关政策,也同样极大地影响了创新药研发的进展。

回顾历史,我国的制药工业从仿制药起家。严格意义上来说,我国很长一段时间国产创新药几乎是空白的,但是我国的医药行业长期以来一直在努力创新,在薄弱的基础上不断发展。随着政策和时代的变化,尤其是2015年药品审评审批制度改革以来,我国推出了加速审评审批、一致性评价、带量采购常态化、医保支付方式改革等一系列政策,极大地推动了我国创新药产业的发展。表2-1列举了2015—2020年国家发布的鼓励药品创新、加快审评审批制度改革的一些重要政策法规。中国的创新药发展在经历了"跟随模仿"及"仿创结合"的阶段之后,随着一系列鼓励新药创制、提升药品质量、促进产业升级的政策出台,开始逐步朝着真正意义上的原研和创新,即"全球新"迈进。

表 2-1　2015—2020 年促进药品审评审批制度改革的一些重要政策法规

发布时间	发布主体	政策	主要内容
2015 年	国家食品药品监督管理总局	《关于药品注册审评审批若干政策的公告》	解决药品注册申请积压问题，提高药品审评审批质量和效率。优化临床试验申请的审评审批等
2017 年	中共中央办公厅、国务院办公厅	《关于深化审评审批制度改革鼓励药品医疗器械创新的意见》	改革临床试验管理，支持临床试验机构和人员开展临床试验，加快上市审评审批，促进药品创新和仿制药发展等
2017 年	国家食品药品监督管理总局	《关于鼓励药品创新实行优先审评审批的意见》	7 种具有明显临床价值的药品注册申请，可列入优先审评审批范围
2018 年	全国人大常委会	《中华人民共和国药品管理法（修正草案）》	改革完善药品审评审批制度，鼓励药品创新，加强事中事后监管等
2019 年	国家药品监督管理局	《中华人民共和国药品管理法》	将临床试验改为 60 天无答复默示许可，鼓励药品创新，鼓励缩短药品的研制和生产，对临床急需的短缺药品及原料药予以优先审评审批
2020 年	国家市场监督管理总局	《药品注册管理办法》	对药品注册分类持续进行改革，构建出创新药、改良型新药及仿制药等药品类别；建立突破性治疗药物、附条件批准、优先审评审批、特别审批 4 个加快通道，推动创新药发展

二、创新药研发流程

创新药研发到底需要经过哪些步骤和流程呢？整体而言，可以将新药研发的流程大致划分为 6 个步骤（图 2-2）。

图 2-2　创新药研发的主要步骤

（一）药物发现及前期研究

纵观人类历史，探索对疾病进行安全、有效的干预治疗一直是人类的追求。近代科学以前，药物的发现多是偶然性的，以天然植物药为主，加工过程也非常简单。伴随近现代化学、生物学技术发展，创新药发现已经从古代的经验积累式的偶然事件，逐渐演变为一门整合了诸多相关学科的尖端科学。如今，创新药的发现不仅是化学、药理学、毒理学、免疫学、微生物学、医学等多种学科研究和应用的成果，也是这些学科向前发展的重要推动力量。创新药发现已经成为一个高度跨学科、跨行业、跨领域的概念，它的前端是蓬勃发展的科技体系，中端是高度发达的制药工业，后端是日益庞大的健康需求和医药市场。

药物发现阶段的工作集中发生在实验室，目的在于寻找治疗特定疾病的具有潜力的新化合物，主要分为3个阶段。

1. 药物靶点的发现及确认

这是新药研发所有工作的起点，只有确定了靶点，后续所有的工作才有展开的依据。靶点的选择要考虑许多因素，如针对哪种疾病，或是疾病的哪种亚型、哪个阶段来设计和研发治疗药物。靶点的选择通常来自对疾病发生、发展机制等基础研究的突破。该过程通常涉及靶点的发现和靶标的验证，主要通过设计合理的分子探针来测试多个系列化合物对靶点生物活性的调节作用来实现。对已上市药物的分析表明，绝大多数药物的靶点属于4种大分子，即酶（enzyme）、G蛋白偶联受体（G protein-coupled receptor，GPCR）、离子通道（ion channel）和转运蛋白（transporter）。

2. 先导化合物的筛选与合成

一旦确定了感兴趣的靶点，下一步就是根据靶点的空间结构，从虚拟化合物库中筛选一系列可匹配的分子结构，对其进行系统性的生物活性筛选，获得具有预期活性的先导化合物。这是一个陈述起来非常简单，实际上却异常复杂且困难的过程。理论上存在无穷无尽的化合物，但是目前已开发出许多工具和方法来帮助我们发现先导化合物，如高通量筛选（high throughput screening，HTS）、虚拟高通量筛选（virtual high throughput screening，VHTS）等。

3. 临床候选药物的验证与优化

一旦发现并确认了最初的先导化合物，那么化合物的合成、活性测试和数据分析往往将反复持续进行，因为不是所有先导化合物都能符合要求，这个阶段需要通过体外细胞试验验证，初步筛选出活性高、毒性低的化合物，并根据构效关系进行结构优化，直到发现适合临床研究的候选药物，这些化合物称为临床候选药物。在这个过程中，需要权衡靶点活性和多方面的成药性（图2-3），并通过对成药性的不断优化，最终确定最优的候选药物。

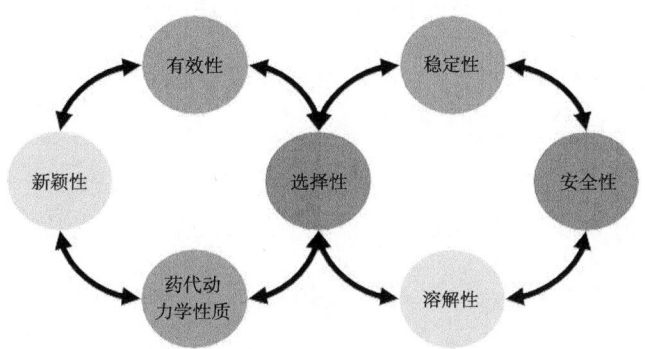

图 2-3　候选药物成药性综合评估

（二）临床前研究

临床前研究的任务主要有 2 个：一是评估候选药物的药理和毒理作用；二是进行生产工艺、质量控制、稳定性等研究，也就是通常所说的药学相关研究。

第一部分的实验需要在动物层面展开，细胞实验的结果和活体动物实验的结果有时候会有很大的差异。这一步的目的是初步确定药物的有效性与安全性。其中药理学研究主要包括药效学、药代动力学（药物的吸收、分布、代谢和排泄）等研究；而毒理学研究主要包括急性毒性、长期毒性、生殖毒性，以及致癌、致畸、致突变等情况的研究。

第二部分需要在符合《药品生产质量管理规范》（good manufacturing practice，GMP）要求的实验室或车间完成，主要目的是合成并完成药理和毒理实验所需的原料药，同时不断地优化处方工艺设计和合成路线，根据药物属性与疾病特点开发合适的剂型，并在这个过程中逐步建立和完善产品质量控制的方法和流程。

(三)新药临床试验申报

新药临床试验(investigational new drug,IND)一般是指尚未经过上市审批的新药进行各阶段临床试验。在一种药物通过了临床前研究后,企业需要向国家药品监督管理局提交新药临床试验申请,又称为临床试验授权书(clinical trial authorization,CTA),以便将药物应用于人体试验。

新药临床试验申请是一个非常烦琐的过程,需要做大量的准备工作。目前我国对临床试验申报也采用了与国际接轨的默示许可制度,就是说在我国申报药物临床试验的,自申请受理并缴费之日起60日内,申请人未收到国家药品监督管理局药品审评中心否定或质疑意见的,可按照提交的方案开展临床试验。

图2-4简要描述了新药临床试验受理与审评审批流程。

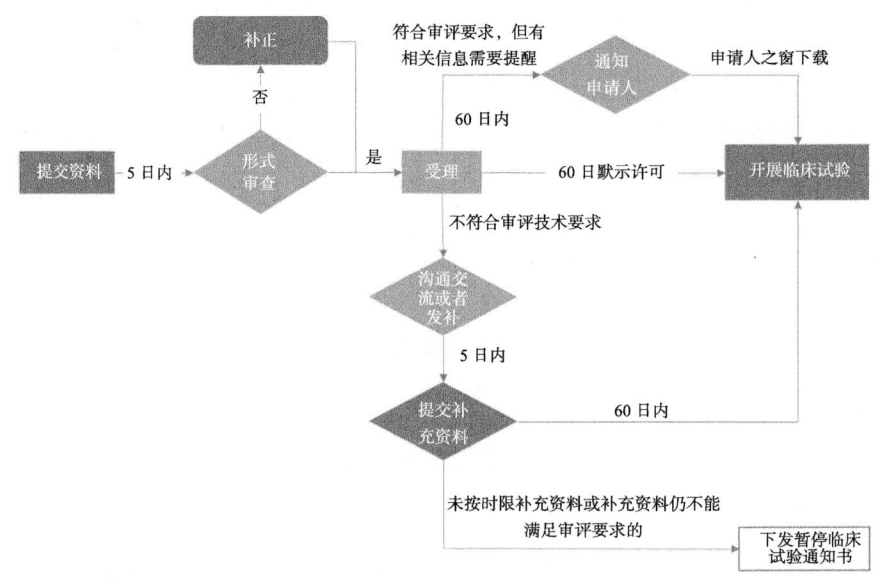

图2-4 新药临床试验申请流程

1. Pre-IND会议

依据国家药品监督管理局《关于调整药物临床试验审评审批程序的公告(2018年第50号)》要求,申请人在提出首次新药临床试验申请之前,应向国家药品监督管理局药品审评中心提出沟通交流会申请。

沟通交流会在药品上市过程中具有重要意义。根据国家药品监督管理局药品审评中心发布的《关于<药物研发与技术审评沟通交流管理办法>的通告（2020年第48号）》，沟通交流会是在药物研发过程中，经申请人提出，由国家药品监督管理局药品审评中心项目管理人员与申请人指定的药品注册专员共同商议，并经国家药品监督管理局药品审评中心团队同意，就现行药物研发与评价指南不能涵盖的关键技术等问题所进行的。会议最终形成的共识可作为研发和评价的重要依据。

沟通交流会分为Ⅰ类、Ⅱ类、Ⅲ类3种会议类型，申请人可在临床研发不同阶段就关键技术问题提出沟通交流会申请，每类会议针对不同情况开展。

Ⅰ类：药物临床试验过程中遇到的重大安全性问题；突破性治疗药物研发过程中的重大技术问题；其他规定情形。

Ⅱ类：新药临床试验申请前会议；药物Ⅱ期临床试验结束/Ⅲ期临床试验启动前会议；新药上市许可申请前会议；风险评估和控制会议。

Ⅲ类：除Ⅰ类和Ⅱ类会议之外的其他会议。

从申请人申请到召开会议，Ⅰ类会议需在30日内，Ⅱ类会议需在60日内，Ⅲ类会议需在75日内开展。

Pre-IND会议属于Ⅱ类会议。

2. IND注册资料要求

根据国家药品监督管理局《关于调整药物临床试验审评审批程序的公告（2018年第50号）》及原国家食品药品监督管理总局发布的《关于<新药Ⅰ期临床试验申请技术指南>的通告（2018年第16号）》，新药临床试验申请需准备的资料包括但不局限于以下内容。

（1）介绍性说明和总体研究计划：介绍性说明应包括研究药物的名称、所有的活性成分及药理分类、结构式（如果已知）、制剂处方、给药途径和临床试验的目的。如果有研究药物既往人用经验，应提供简短概述，包括在其他国家的研究和上市经验。总体研究计划应总结支持临床试验方案（主要为剂量、给药方案、患者人群、风险控制等）的设计依据、拟定的适应证、Ⅰ期临床试验计划、评价研究药物的一般方法、计划的试验持续时间、试验中使用研究药物的受试者预计人数、后续试验计划、根据已有信息预期的所有严重风险及严重程度等。

（2）研究者手册：研究者手册（investigator's brochure，IB）是有关试验药物在进行人体研究时已有的临床与非临床研究资料，旨在为研究者提供研究药物的信息，尤其是保证受试者安全及以下所述的其他重要信息。申请人应及时更新研究者手册，使其包括所有对研究药物所作研究的总结。

（3）临床试验方案：临床试验方案应包括研究背景、试验目的、预计参加的受试者数量、入选标准和排除标准描述、给药方案描述、检测指标、对受试者安全性评价至关重要的相关试验详细信息、中止研究的毒性判定原则，以及试验暂停标准等。

（4）药学研究信息：申请人应分析已有药学研究信息是否显示潜在的人体健康风险，并对这些潜在的风险进行讨论，阐述为控制或监测该风险计划采取的措施。由于临床前研究可为保证人体试验的安全性提供有用的支持性信息，因此申请人应建立起动物毒理研究用药物与拟进行人体试验用药物之间的相关性，从而为后续的人体试验提供安全性方面的支持。

（5）药理毒理信息：药理毒理信息应包括非临床研究综述、药理作用总结报告、毒理研究总结报告、药代动力学总结报告及各项研究报告。

（6）境外研究资料：对于境外开展的相关研究，应提供原文及中文译文材料，以及包括每个文件名称与页数的材料明细清单。中文译文应当与原文内容一致。

（7）既往临床使用经验说明：如果有既往的临床使用经验，申请人应提供相关信息概述；如果研究药物曾经在中国或者其他国家开展了临床研究或者已经上市，应提供与拟开展试验的安全性或者与拟开展试验依据有关的详细信息；应提供与拟开展试验有关安全性的所有已发表文献资料或者对研究药物拟开展适应证研究的有效性评价数据，包括与研究药物既往临床使用经验有关的参考文献列表或者重要的支持性文献。除此之外，还应根据已有信息综合评估拟开展的临床研究，这将有助于支持临床研究的剂量、用药持续时间、药物组合、受试人群的选择。

（四）临床试验

新药临床试验申请获得批准后，新药研发就进入了临床试验阶段。临床试验是创新药研发的关键环节，是验证药物在人体内有效性和安全性的最重要方法，也是药物研发过程中资金和时间投入最多的环节。

根据 2020 年版《药物临床试验质量管理规范》中的定义，临床试验是指以人体（患者或健康受试者）为对象，意在发现或验证某种试验药物的临床医学、药理学及其他药效学作用、不良反应，或者试验药物的吸收、分布、代谢和排泄，以确定药物的疗效与安全性的系统性试验。

临床试验阶段可分为Ⅰ、Ⅱ、Ⅲ、Ⅳ期，根据不同的研究目的，临床试验可分为临床药理学研究、探索性临床试验、确证性临床试验和上市后研究。综合 2020 年版的《药品注册管理办法》（2020 年 7 月 1 日施行）和美国食品药品监督管理局（FDA）官网的信息，药物临床试验分期可以总结为表 2-2。

表 2-2 药物临床试验分期

项目	Ⅰ期	Ⅱ期	Ⅲ期	Ⅳ期
试验周期（预估）	数月	长达 2 年	1～4 年	—
受试者人数	20～80 例	100～300 例	300 例以上	>2000 例
试验目的	考察药代动力学和人体耐受程度，为制定给药方案提供依据	初步评估药物有效性和安全性，为Ⅲ期临床试验给药方案提供依据	进一步验证药物有效性和安全性	上市后考察药物疗效和安全性

1. Ⅰ期临床试验

Ⅰ期临床试验是药物首次应用于人体的研究，主要进行初步的临床药理学及人体安全性评价，主要目的是研究人体对药物的耐受程度，并通过药代动力学研究，为制定给药方案提供数据支持，以便进行下一步的试验。

Ⅰ期临床试验需要病例数较少，根据试验方案不同通常需要 20～80 例健康志愿者（罕见病临床试验受试者人数可能更少），具有潜在毒性的药物通常选择患者作为研究对象（如肿瘤药）。通过这一阶段的临床试验，可获得药物在人体内吸收、分布、代谢、排泄及半衰期的数据，以及药物最高和最低剂量的阈值。

Ⅰ期临床试验可分为Ⅰa期和Ⅰb期。Ⅰa期临床试验也称为单剂量递增试验（single ascending dose，SAD），指的是给予少数受试者（3～5 例）单次剂量药物，同时对受试者血液中的血药浓度或其他药效动力学浓度进行监测，通过对不同剂量组进行监测和评估，确定最大耐受剂量（maximum tolerated dose，MTD），即能够使受试者在接受药物后体验到所需效应但不会出现严重不良反应的最高剂量。

Ⅰb期临床试验也称多剂量递增试验（multiple ascending dose，MAD），与单次递增试验不同的是，MAD 是根据 SAD 对最大耐受剂量或安全剂量的预测，选择合适的给药剂量和间隔时间，让一组受试者接受多次低剂量的药物，同时监测不同时间点的血药浓度或其他药效动力学浓度标本，以进行药代动力学和药效学分析。在多次给药的情形下，药代动力学分析的一个关键就是确定是否有药物蓄积。

2. Ⅱ期临床试验

Ⅱ期临床试验重点在于对药物的安全性和有效性进行初步评价。通过Ⅰ期临床试验获得安全性和剂量数据后，Ⅱ期临床试验将给药于少数患者（一般为 100～300 例），可以应用安慰剂等作为对照药物对新药的疗效进行评价，并通过在此过程中疾病的发生发展情况对药物疗效和安全性进行研究；观察剂量反应关系以确定Ⅲ期临床试验的给药剂量和方案；获得更多的药物安全性方面的资料。

Ⅱ期临床试验可分为Ⅱa和Ⅱb期。Ⅱa期是剂量探索性研究，通过在少量特定患者身上试验，以获得剂量-反应关系、治疗适应证、用药频率等研究结果。Ⅱa期通常只在单中心或者少数几个中心进行。Ⅱb期是规定药物剂量的疗效研究，有时也被称为关键试验（pivotal trial）或者剂量范围试验（dose-ranging trials）。Ⅱb期剂量研究结果会直接被应用到Ⅲ期临床试验中。此外，Ⅱb期还会做给药方案的研究，通常采用多个剂量和安慰剂对照的平行组设计，交叉设计也会被使用。

3. Ⅲ期临床试验

Ⅲ期临床试验是新药治疗作用确证阶段，是通过大规模人体试验全面评价药物的疗效、安全性、剂量的研究阶段，其目的是通过一个或多个试验，进一步验证药物对目标适应证受试者的疗效和安全性，评估利益与风险关系，最终为药物注册申请的审查提供充分的依据。Ⅲ期临床试验通常是整个药物研发过程中资金投入最大的阶段。

Ⅲ期临床试验通常为随机盲法对照试验，即将患者进行随机分组，包括新药治疗组与标准治疗组和（或）安慰剂组，通过对照进一步验证药品的有效性和安全性。此外，还要增加受试者的人数（通常≥300例）和受试者用药的时间，并对不同的患者人群确定理想的用药剂量方案。

在Ⅲ期临床试验中，选择合适的结果评定指标是试验设计中至关重要的一方面。这一指标的选择必须仔细且谨慎，并且应被明确而充分定义，以便清晰地判定试验结果是否达到了预期目标，取得的结果是否足以说服监管机构的官员和医疗系统的专业人员，使他们认为值得对现有治疗手段做出改变。

Ⅲ期临床试验可分为Ⅲa期和Ⅲb期。Ⅲa期是指新药申请前的研究，通过将药物应用于有治疗指征的患者中以获得更多的疗效和安全性结果。Ⅲb期是指新药申请后、药物上市前的研究，目的在于获取疗效和安全性结果，如生命质量或经济学方面的证据。当然，对于已经上市但是需要扩大治疗指征的药物，也可直接做Ⅲb期临床试验。

药物进入Ⅲ期临床试验后，生产中用到的所有物料，以及原料药和制剂的生产工艺基本已经完全确定，一般情况下不会再更改。

4. Ⅳ期临床试验

一旦候选药物成功通过了多项充分的、质量良好的研究，即可向相关的监管机构提交新药申请。若申请通过，则会授予新药上市批准。然而，很多时候候选药物还会有额外需要进一步研究的问题。因此，通常还需进行上市后监测（post marketing surveillance，PMS），又称Ⅳ期临床试验。开展Ⅳ期临床试验往往会作为批准药物上市的条件之一。

简要来说，Ⅳ期临床试验通常是指新药上市后由药品上市许可持有人在药品临床实际应用过程中进行的监测性研究，其目的是考察药物在更广泛人群、更长期使用条件下的疗效和不良反应，评价药物在普通人群或者特殊人群中使用的利益与风险关系，以及改进剂量等。近年来，旨在通过与现有治疗药物比较判定新药价值的药物经济学研究越来越多地被纳入Ⅳ期临床试验的范畴。这些研究可能是在监管机构的要求下进行的，也有可能是创新药研发企业为获得市场份额而主动开展的。

Ⅳ期临床试验通常为上市后开放研究，不要求设对照组，但也不排除根据需要对某些适应证或某些研究对象进行小样本随机对照研究。Ⅳ期临床试验虽多为开放研究，但有关病例入选标准、排除标准、退出标准、疗效评价标准、不良反应评价标准、判定疗效与不良反应的各项观察指标等都可参考Ⅱ期或Ⅲ期临床试验的设计要求。

Ⅳ期临床试验应在多家医院进行，观察例数通常不少于2000例。Ⅳ期临床试验应特别注意考察不良反应、禁忌证、长期疗效和使用时的注意事项，以便及时发现可能有的远期不良反应，并评估远期疗效。此外，还应进一步考察对患者经济与生活质量的影响。

（五）新药上市许可申请

在完成支持药品上市注册的药学、药理毒理学和药物临床试验等研究后，研究人员分析所有资料和数据，药物的安全性和有效性得到了证明，并确定了质量标准，完成商业规模生产工艺验证，做好接受药品注册核查检验的准备后，可提出药品上市许可申请，按照申报资料要求提交相关研究资料。经对申报资料进行形式审查，符合要求的，予以受理。

1. **NDA 文档资料**

申请药品注册，应当提供真实、充分、可靠的数据、资料和样品，证明药品的安全性、有效性和质量可控性。新药申请（new drug application，NDA）需要提供所有收集到的科学资料，NDA 文档资料——通用技术文档（common technical document，CTD）主要由五大模块组成。

（1）行政文件和药品信息。

（2）通用技术文档总结：药物质量、非临床研究、临床试验的高度概括。

（3）药品质量详述。

（4）非临床研究报告。

（5）临床研究报告。

2. **NDA 受理与审评审批流程**

图 2-5 展示了创新药申请与审评的基本流程。

3. **药品加快上市注册程序**

对于创新药开发企业来说，如何尽可能地缩短研发周期，让产品尽早获得监管部门上市许可对于赢取市场竞争优势是至关重要的。产品尽快获得上市批准，一方面，可以更早地造福相关患者、降低研发成本；另一方面，新产品也能尽早为企业创造经济效益，赢取竞争优势。

2020 年版《药品注册管理办法》特别设立了第四章"药品加快上市注册程序"，分别对突破性治疗药物程序、附条件批准程序、优先审评审批程序和特别审批程序进行了原则性的规定。

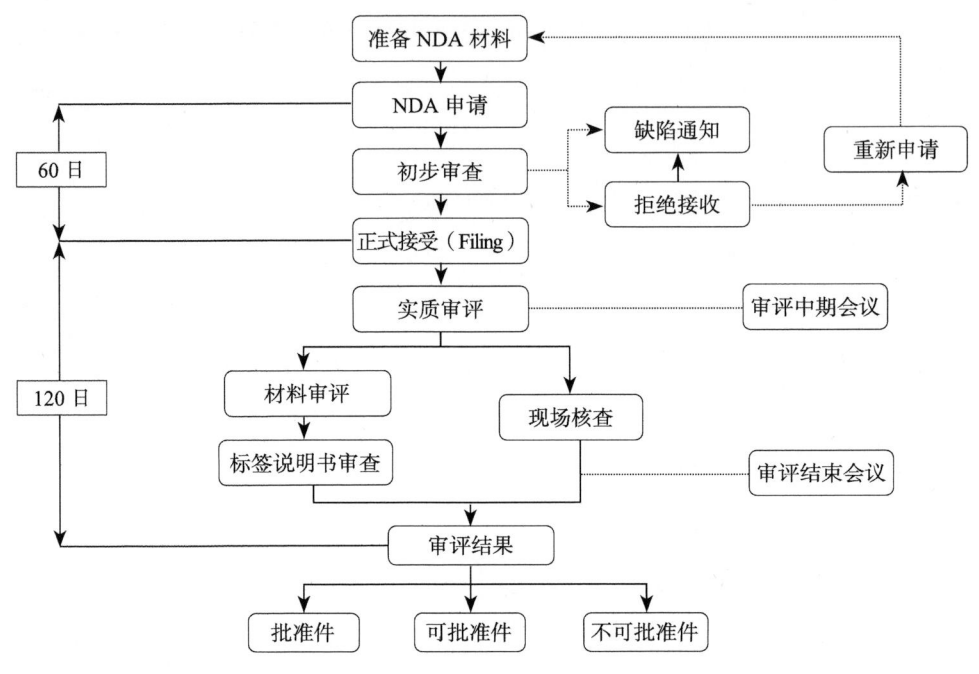

图 2-5　创新药上市许可申请流程

（1）突破性治疗药物程序：突破性治疗药物程序旨在鼓励研究和创制具有明显临床优势的药物。申请人可在临床试验期间（通常不晚于Ⅲ期临床试验开展前），针对用于防治严重危及生命或者严重影响生存质量且尚无有效手段的，或者与现有治疗手段相比有足够证据表明具有明显临床优势的创新药或者改良型新药，申请适用突破性治疗药物程序。

（2）附条件批准程序：药物临床试验期间，符合以下情形的药品，可以申请适用附条件批准程序：①治疗严重危及生命且尚无有效治疗手段的疾病的药品，药物临床试验已有数据证实疗效并能预测其临床价值的。②公共卫生方面急需的药品，药物临床试验已有数据显示疗效并能预测其临床价值的。③应对重大突发公共卫生事件急需的疫苗或者国家卫生健康委员会认定急需的其他疫苗，经评估获益大于风险的。

（3）优先审评审批程序：药品上市许可申请时，以下具有明显临床价值的药品，可以申请适用优先审评审批程序：①临床急需的短缺药品、防治重大传染病和罕见病等疾病的创新药和改良型新药。②符合儿童生理特征的儿童用药品新品种、剂型和规格。③疾病预防、控制急需的疫苗和创新疫苗。④纳入突破性治疗药物程序的药品。⑤符合附条件批准程序的药品。⑥国家药品监督管理局规定的其他优先审评审批的情形。

（4）特别审批程序：在发生突发公共卫生事件的威胁时，以及突发公共卫生事件发生后，国家药品监督管理局可以依法决定对突发公共卫生事件应急所需防治药品实行特别审批。

图 2-6 总结了 4 种创新药加速上市通道的要点。

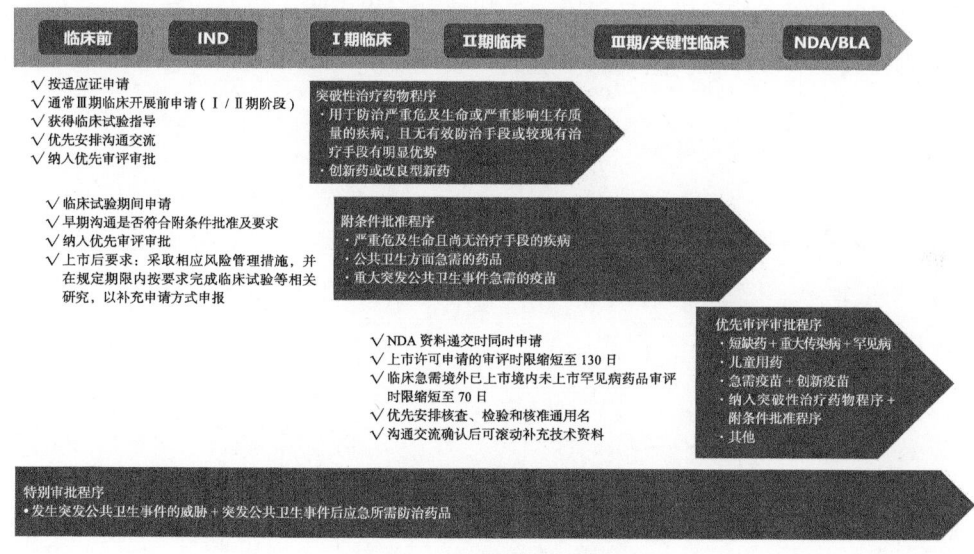

图 2-6　创新药加速上市程序

（六）上市销售

新药批准上市，可以说是完成了从 0 到 1 的过程，是一个重要的里程碑，但这不是故事的结束，而是另一个开始。

一方面，药物上市之后，还要进行Ⅳ期临床试验，对药物在更广泛的人群和真实世界中的疗效和不良反应持续进行监测，药品监督管理部门也会根据这一阶段的监测结果来修改药物使用说明书。若批准上市的药物在这一阶段发现严重的不良反应，此药物还会面临被下架退市的风险。创新药获批上市后，药品上市许可持有人还必须定期向药品监督管理部门呈交有关资料，包括该药物的不良反应发生情况和质量管理记录等。

另一方面，新药上市并不意味着商业的成功，研究表明10个成功上市的新药中，只有3个能通过销售利润覆盖前期投入的研发成本。所以，如何获取商业化的成功，对制药企业来说是非常大的挑战。唯有在商业上取得成功，才能将前期投入的巨额研发成本赚回来，更能为企业带来源源不断的利润，从而帮助企业在研发上持续投入巨大资源，快速开发出更多、更好的新药，造福更多患者，真正实现作为一家制药企业的社会使命。

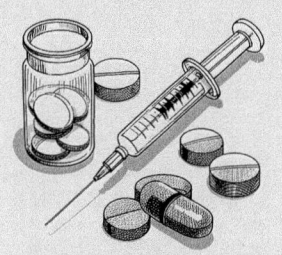

第三章
创新药临床试验：因果关系确认

"雄鸡一声天下白"，似乎公鸡啼叫是天亮的原因，但生活在现代的人都知道，公鸡叫和太阳升起两者之间，只是有时间上的前后相关性，但两者之间并不存在因果关系。

药品是直接应用于人体的物质，药品监督管理部门在创新药审评审批时的关注焦点在于疗效、安全性与药物使用之间的因果关系，所以在 IND 和 NDA 审评审批时会特别关注临床试验设计的科学性和试验过程中的质量管理以确保试验得出的结果是真实、可靠的，确保临床疗效的取得与药物的使用之间存在因果关系。

一、大样本随机双盲对照试验

大样本、随机、双盲、对照试验可以说是迄今为止最为科学、可靠的确认因果关系的方法，在新药研发中率先得到广泛认同和应用，目前已渗透到各大研究领域，成为确认因果关系的金标准。

（一）随机原则

在临床试验和临床实践中，患者的性别、年龄、疾病严重程度、合并症等情况千差万别，如果不能排除这些混杂因素的干扰，就难以评估疗效的差异是由患者基线因素差异导致，还是药物因素导致，而随机化就是解决这个问题的关键。

随机化，指将每个受试者以相同的概率分配到预先设定的几个处理组中。随机化是统计学推断的理论基础，它可以保证各处理组的受试者在各种已知的或未知的特征方面相同或相近，即保证非处理因素均衡一致。此外，随机化原则还可以避免研究者主观因素对试验分组的干扰，确保试验结果的客观、公正和可靠。违背随机化原则，可能会夸大或缩小组间的差别，给试验结果带来偏倚，这是用统计方法不能弥补的，得出的结论也必然是有偏差的。

随机化可以分为简单随机、分层随机、区组随机等。在进行随机化分组时，必须对随机化方案进行保密，避免研究人员主观因素造成对受试者的刻意选择，甚至是改变分配方案带来的偏倚。此外，为了保证试验的可靠性，研究中所用随机化方法、随机数等均应详细记录，特别是在新药的临床试验中，随机数必须具有重现性，产生随机数的参数及程序应与盲底一起封存。

（二）盲法原则

医学和心理学中有个词叫"安慰剂效应"（placebo effect），是指对于某种无效的疗法或干预手段，仅仅是"相信它有效"，就有可能改善健康。安慰剂效应对于科学家来说，不仅仅是一种令人惊奇的现象，更会给研究带来麻烦。研究者必须想方设法排除受试者的期待造成的影响，这样才能确定观察到的疗效有哪些是真正由于干预造成的。而解决这个问题的办法就是在研究中采用盲法。

对于受试者所实施的处理因素，研究者包括资料分析者和（或）受试者并不知道，即为盲法。盲法是避免研究者或受试者主观因素导致偏倚最有效的手段；对于凭主观判断有效性和安全性的计量指标或半定量指标（如病理学描述），原则上应采用盲法。另外，对于周期较长的试验，研究人员常习惯性偏爱治疗组（如膳食供给和照顾态度不均衡），长期下去可能会对结果造成明显影响，采用盲法则可抵消这种影响。

盲法主要可分为开放、单盲、双盲三大类。

1. 开放

一种不设盲的试验方法，参与试验的所有人，包括受试者、研究者、医护工作者、监查员、数据管理人员和统计分析工作者都知道受试者接受的是何种处理。在开放试验中，由于所有人都知道盲底，故主观因素的影响比较大，试验结果的偏倚也相对较大。因此，只有在无法设盲的情况下才会进行开放试验。为了将偏倚尽可能缩小，研究者与参与评价疗效和安全性的医护工作者最好不同，使参与评价的人员在评判过程中处于盲态。

2. 单盲

一种规定受试者不知道处理因素的试验，而研究者、医护工作者、监查员、数据管理人员和统计分析工作者可以知道盲底，即除了受试者不知道接受何种处理，其他参与试验的人员都知道。

单盲消除了受试者心理因素的主观影响，能够客观地反映药物的疗效和安全性。在实际工作中，参与药物疗效和安全性评价的医护工作者往往就是研究者，研究者能直接了解药物的作用，但同时，也容易造成研究者对药物作用产生主观偏倚。因此，参与疗效观察和进行统计分析的人员应该持有客观的态度。

3. 双盲

双盲指试验中受试者、研究者、参与药物疗效和安全性评价的医护工作者、监查员、数据管理人员及统计分析工作者都不知道治疗分配程序，即不知道某一受试者接受哪种处理。在实际工作中，有些研究者为了获得所预期的试验结果而任意选择或挑选病例，修改病例报告表，如果使用双盲则能避免这种情况发生，从而将偏倚降到最低。

有时候，还会进行更为深入的三盲试验，是指在双盲的基础上，对研究的资料收集者、分析者进一步设盲，以最大程度上控制信息偏倚。

(三) 对照原则

有句话叫"没有对比就没有伤害",只有对比了才知道差异,科学研究就更要有对比的手段。设置对照组,是为受试创新药提供比较的参照系,这对结论起着至关重要的作用。只有设立了对照组,并通过随机、盲法等消除非处理因素对试验结果的影响,才能把处理因素的效应充分显露出来,这是控制系统误差的基本措施。例如,在临床观察中,患者的诊断必须准确可靠,年龄、性别、病情、体质等因素也应力求一致。这样非处理因素所引起的误差就能得到相应的减少或抵消。如果试验组与对照组的试验结果具有统计学差异,便可归结为处理因素效应间的差别,从而判定创新药的疗效和安全性。

分组对照试验最早起源于对坏血病的治疗研究。在大航海时代,很多水手在航海的过程中会得一种病,这种病的症状从牙龈出血开始,逐渐发展到全身溃烂而死。当时人们不知道是为什么,也采取了很多方法来治疗,甚至提出了多种据说可行的治疗方案,但这个问题几百年时间过去都没能解决。到了1747年,英国军舰上有一位苏格兰海军军医詹姆斯·林德(James Lind)灵光乍现想出一个"分组对照试验"的方法,他把12位生病的海员分成6组,每组2人,分别用不同的验方,比如第一组吃橘子、柠檬,第二组喝醋,第三组喝海水……结果6天之后奇迹发生了,第一组吃橘子、柠檬的好了,其他组都没好,反复试都是这个结果。于是林德医生就成功找到了一种预防和治疗坏血病的有效方法,那就是吃水果。林德医生的分组对照试验看起来很简单,但它的意义非常大,以前药物是否真的有效没有对比,所以很容易出现多种据说可行的治疗方案,比如林德医生用的第二组喝醋、第三组喝海水,都是一些不靠谱的据说有效的方法。有了分组对照试验后,药物是否有效就有了对比,这样的结果就比较靠谱。分组对照试验虽然很简单,但它的意义是开创性的,为人类药物研究开启了一扇新的大门,也是从人类采用分组对照试验这种方法后，医学进入了现代医学的时代，医学开始得到快速的发展。

对照试验都有哪些类型呢？

1. **安慰剂对照**

安慰剂是一种"模拟药物"，其物理特性（如大小、颜色、剂型、重量、味道和气味）都要尽可能与试验药物相同，但不能含有试验药物的有效成分（如只含乳糖或淀粉的片剂或生理盐水注射剂）。广义的安慰剂还包括没有特定治疗作用的干预措施。安慰剂对照是指与试验药物尽可能相似的无效制剂进行比较。

例如，试验组动物注射药物，对照组动物注射无药理作用的溶剂或赋形剂；又如，研究某减肥药物是否确实具有减肥作用时，可以将无减肥作用又对人体没有危害的物质（如淀粉）作为安慰剂进行对照，然后对两组的疗效进行比较。

2. **阳性对照**

通常情况下，临床试验中如有合适的阳性药物（已知的有效药物），必须选用阳性药物作为对照组。一方面，阳性药物对疾病有真实的治疗作用，阳性对照试验能够避免使用安慰剂造成的完全没有治疗作用，降低受试者的风险，并能使受试者感受到病情改善；另一方面，只有试验药物不比已知药物疗效差时，试验药物才能通过临床试验，这样有利于药物的精益求精，促进医学、药学科学发展。而安慰剂没有实际的治疗效果，可能会耽误患者治疗时机。

阳性对照药物原则上必须是疗效肯定、医务界公认、最有权威、《中华人民共和国药典》中收载的药物。此外，阳性对照原则上应选用已知的对所研究的适应证最为有效和安全的药物。

如果阳性对照药物和试验药物在外观上有所差异，而且这种差异无法克服，为保证双盲的原则常用双模拟技巧，即在试验准备阶段，为试验药物和阳性对照药物都制作安慰剂，每位受试者都服用两种药物，其中一种为试验药物，另一种为安慰剂。

3. 剂量-反应对照

将试验药物设计成几个不同的剂量，受试者随机分入各个剂量组，然后观察结果，这就是剂量-反应对照，主要用于研究剂量和疗效或者不良反应间的关系。

剂量-反应对照有助于回答给药方案中采用的剂量是否合适，剂量过小或过大都会影响疗效或产生不良反应，获得最优剂量是剂量-反应对照的目的之一。当两个剂量组的疗效具有统计学差异时，应选用疗效较好的剂量，如果没有统计学差异，应选用较低剂量。

4. 历史对照

历史对照指的是使用研究者已有的研究结果与试验药物进行对照，历史对照要特别注意资料之间是否具有可比性。如果某种疾病（如癌症）治疗过程中的非处理因素（如生活条件、心理因素、一般药物使用情况）不易影响疗效，且误诊率低，评价疗效指标（如生存率、病死率等）相当稳定，则可进行历史对照。

（四）大样本原则

统计学中有"大数原则"，即样本数量越多，偶然性影响就越不明显，试验也就越接近真实情况。

假设A公司和B公司都生产同一类药物。两家公司分别对自家药物进行了试验测评，并提交了报告。其中，A公司药物测评得到了70%的有效性，B公司的药物是60%。乍看之下，A公司胜出，但实际上B公司的有效人数更多。因为，A公司只选了10人测试，B公司却测试了1000人。

在挑选患者的过程中，取样不能太少。如果人数太少，偶然性影响就越大，例如，某些人免疫力特别强，不怎么用药也能好，有些人免疫力特别弱，即使治疗用药完全到位也好不了。

为什么一种新药的试验需要那么长时间？因为试验的患者样本要多，所以时间就会长，花钱也会多。一次试验观测结果或单个受试者所表现出来的试验效应说明不了什么，所以在药物临床试验过程中，无论是试验组还是对照组都需要有一定数量的受试者，必须通过一定数量的重复观测才能得出客观可靠的结论。

二、临床试验设计

临床试验通常可分为设计、执行和报告三部分。好的开始是成功的一半，质量源于设计，所以作为临床试验的开端，根据科学性、可行性等原则做好试验设计是至关重要的。一个完善、周密的临床试验方案是实现试验目标的前提。

临床试验设计包括选择合适的试验方法和受试者、样本量、给药方案、疗效和安全性的评价指标、避免偏倚的方法等诸多方面。创新药临床试验目的在于回答一个明确的临床问题：研发中的创新药对于目标患者人群是否具有良好的疗效和安全性。通常情况下，在试验设计时可以参考循证医学的"PICO"研究框架，即将问题分解为研究对象（population）、干预措施（intervention）、对照措施（control/comparison）和结局指标（outcome）。

临床试验的科学性和试验数据的可靠性，主要取决于试验设计。临床试验的设计应当符合"四性"原则，即4R原则，包括代表性（representativeness）、重复性（repeatability）、随机性（randomness）、合理性（rationality）。

（1）代表性：代表性是指从统计学意义上样本的抽样应符合总体规律，即临床试验的受试者应能代表靶向人群的总体特征，研究者既要考虑病种，又要考虑病情的轻重，所选的病种还应符合药物的作用特点。在临床试验中，疗效指标的选择应能够充分体现药物的药理作用，同时在病情轻重方面也不能偏倚，不能只入选病情轻的患者或只入选病情重的患者，更不能试验组入选病情轻的患者，对照组入选病情重的患者，而且为了试验结果具有代表性，样本量必须足够大，满足统计学的要求。

（2）重复性：重复性是指试验的结果应当经得起重复检验，这就要求在试验时尽可能克服各种主观误差。设计时要注意排除偏倚，偏倚就是系统误差。例如，病例分配时的不均匀误差；研究者询问病情和患者回答时，都有可能存在主观误差；试验的先后、检查的先后都有可能发生顺序误差；观察指标的检测有技术误差；对指标变化做解释时，可能有判断误差；环境、气候的变化等可能造成条件误差等。因此应当对各种误差有足够的认识，并在试验设计时给予排除，才能保证试验结果的重复性。例如，分配病例时采取随机化法，以排除病例分配时主客观因素导致的不均匀性。

（3）随机性：随机性要求试验中两组患者的分配是均匀的，不随主观意志转移。随机化是临床试验的基本原则，不但可以排除抽样方法不正确引起的非均匀性误差、顺序误差和分配方法不当引起的分配误差，而且通过与盲法试验相结合，可以很好地排除主客观偏性，明显提高试验的可信度。

（4）合理性：合理性是指试验设计既要符合专业要求，又要符合统计学要求，同时还要切实可行。例如，在试验设计时要预选确定病例的入选标准和淘汰标准，在试验过程中不得随意取舍病例，但对不符合要求的病例，允许按淘汰标准予以淘汰。在受试者的选择和治疗上，既要考虑临床试验的科学性要求，还要同时考虑受试者的安全性保护，兼顾伦理性要求；在检测方法的选择上，既要考虑采用仪器设备的先进性、准确性和精密度，还要考虑各中心所用仪器设备的可及性和可行性。

临床试验方案通常包括试验基本信息、研究背景资料、试验目的、试验设计、实施方法等内容。试验方案在获得伦理委员会批准或备案后应严格执行，对试验方案的任何偏离/违背均应认真记录，并报伦理委员会。如果在试验开始后确有对试验方案增补或修订的需要，申办者和研究者应在协商一致后进行修改，并再次向伦理委员会提交，获得批准或备案后方能继续进行试验。

三、临床试验登记注册

临床试验注册始于 20 世纪 70 年代。2004 年，WHO 牵头建立的国际临床试验注册平台（International Clinical Trial Registry Platform，ICTRP）正式运行，标志着按统一标准对临床试验进行注册并颁发统一注册号的临床试验注册制度正式在全球建立并运行。

为什么要进行临床试验注册呢？

首先是科学意义，医学研究者在试验的起始阶段就能获得试验相关的重要信息，以避免不必要的重复研究；临床试验注册可以协助完善研究的相关内容，确保临床试验的严谨性。同时从循证医学的角度来看，临床试验注册有助于避免选择性发表偏倚，防止未报道阴性结果或结果不明确而误导研究者做出有偏倚的系统综述，影响临床医疗决策。

其次是伦理要求，患者志愿参加临床试验，承担了风险和成本，他们有权了解试验结果，以及他们为人类健康事业的发展和医疗服务决策的制定所做出的贡献。

最后是社会意义，注册平台公开不仅医学研究者可以看到相关信息，参与者与患者也能看到，提高了临床研究的透明性。临床试验注册有助于社会公众增进对临床试验的了解，提高公众对临床疗效真实性的认识，有助于提高公众对药品／器械生产企业的信任度。

另外，法律法规要求和文章发表要求等强制性要求也使得临床试验注册成为大势所趋。国际医学期刊编辑委员会（International Committee of Medical Journal Editors，ICMJE）要求，从 2005 年 7 月 1 日起，成员期刊只能发表经注册的临床试验。2013 年版《赫尔辛基宣言》中即提出"在招募第一个受试者之前,每一项涉及人类受试者的研究都必须在公司可及的数据库中注册"。

目前临床试验主要登记注册平台有以下3个。

(一)中国临床试验注册中心(ICTRP一级注册机构)

中国临床试验注册中心是由四川大学华西医院吴泰相教授和李幼平教授团队于2005年建立,2007年由卫生部指定其代表我国参加ICTRP的国家临床试验注册中心,并于同年被认证为ICTRP的一级注册机构,是非盈利的学术机构。中国临床试验注册中心的注册程序和内容完全符合ICTRP和ICMJE的标准,这标志着我国对临床试验质量已从关注、批判性关注阶段进入实质性规范化管理阶段。

(1)网址为http://www.chictr.org.cn。

(2)适用范围:所有对人体和取自人体的标本进行的研究,包括各种干预措施的疗效和安全性有对照或无对照试验(如随机对照试验、病例-对照研究、队列研究及非对照研究)、预后研究、病因学研究,以及涵盖各种诊断技术、试剂、设备的诊断性试验。

(3)注册主体:研究者或申办者。

(4)注册途径:在线申报,在中国临床试验注册中心网站上建立申请者账号。

(5)注册内容:主要包括基本信息和项目信息两部分。基本信息包括注册题目、申请注册联系人(姓名、电话、邮箱、地址)、研究负责人(姓名、电话、邮箱、地址)等;项目信息包括是否获伦理委员会批准、研究计划书、知情同意书、研究实施负责(组长)单位及地址、试验主办单位信息、研究疾病、研究目的、纳入标准、排除标准、干预措施、研究实施地点、测量指标、征募研究对象情况等。

(二)美国临床试验注册平台(ICTRP一级注册机构)

美国临床试验注册平台是美国国立卫生研究院(National Institutes of

第三章 创新药临床试验：因果关系确认

Health，NIH）于 2000 年建立，面向全世界进行临床试验及试验结果注册登记的数据库。平台通过网络资源为医疗工作者、科研人员和大众提供涉及多种疾病的临床试验信息。2006 年开始则每年新增注册试验达到 15 万～20 万。截至 2022 年 4 月 26 日，最新统计数字表明，美国临床试验注册平台有登记注册试验 412 667 项，试验遍及 220 个国家/地区，其中非美国本土临床试验占 63%。

（1）网址为 https://www.clinicaltrials.gov。

（2）适用范围：所有评估新药、医疗程序或其他治疗、诊断或预防疾病方法的安全性和有效性的研究。

（3）注册主体：研究者或申办者。

（4）注册途径：首先，申请研究方案注册系统（protocol registration system，PRS）账号。PRS 账号分为两种：一种是单位账号，此账号适用于机构使用者，用于在一个机构内进行的多个临床试验注册；另一种是个人账号，用于个人研究者进行临床试验注册。申请后 2 个工作日内，美国临床试验注册平台生成账号，并以电子邮件方式告知申请者如何登录 PRS 并注册临床试验。获得 PRS 账号后，登录 https://register.clinicaltrials.gov 即可进行临床试验方案注册，即试验方案信息单元的填写。

（5）注册内容：分为研究方案名称和背景资料、FDA 相关信息、受试者评审信息、组织者信息、研究方案说明、试验状况说明、研究方案设计、分组与干预、研究对象和关键词、受试者选择、研究方案的分中心信息及研究者信息、其他相关信息等 12 部分内容。在临床试验实施过程中，随着试验的进展和研究方案的完善，相关信息单元内容也需要及时更新。

（三）药物临床试验登记与信息公示平台（国家药品监督管理局）

药物临床试验登记与信息公示平台为 2012 年原国家食品药品监督管理局为加强我国药物临床试验监督管理，推进药物临床试验信息公开透明，保护受试者权益与安全，参照WHO要求和国际惯例建立的。按照《中华人民共和国药品管理法》和《药品注册管理办法》要求，注册临床试验必须在此平台上进行登记。

（1）网址为http://www.chinadrugtrials.org.cn。

（2）适用范围：以药品上市注册为目的的药物临床试验。

（3）注册主体：申办者。

（4）注册途径：于申请人之窗账号注册页面注册，成功后即可使用申请人之窗账号登录平台。

（5）注册内容：①题目和背景信息：登记号、药物名称、药物类型、受理号/备案号、适应证、试验专业题目、方案编号、方案最新版本号、版本日期等。②申请人信息：申请人名称，联系人姓名、电话、邮箱等。③临床试验信息：试验目的、试验设计、受试者信息、试验分组、终点指标等。④研究者信息：主要研究者信息、各参与机构信息、伦理委员会信息、试验状态信息等。

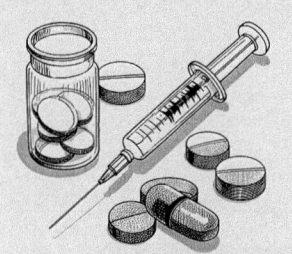

第四章
药物临床试验质量管理规范

进行药物临床试验的根本目的是在保护受试者安全和权益的前提下，获得真实、可靠的试验数据和结果，验证创新药的疗效和安全性。可以说，质量是临床试验的核心，质量管理应贯穿临床试验各相关方执行试验过程的始终。

GCP 全称为 good clinical practice，是指《药物临床试验质量管理规范》，是规范药品临床试验全过程的标准规定，包括方案设计、组织实施、监查、稽查、记录、分析总结和报告。其目的在于保证临床试验设计和过程的规范，使得结果科学可靠，受试者的权益得到保护且其安全得以保障，是临床试验系列规范和指导文件中最基础、最关键的指南。

GCP 不但适用于承担各期（Ⅰ～Ⅳ期）临床试验的人员（包括医院管理人员、伦理委员会成员、各研究领域专家、教授、医生、药师及实验室技术人员），同时也适用于药品监督管理人员、制药企业临床研究员及相关人员。

一、GCP 发展重要里程碑

纵观药物临床试验与 GCP 的发展历史，必然绕不开欧美各国的药品监管体系发展史。20 世纪初，以美国为代表的欧美国家的工业、制造业处于较为发达的状态，促进了制药行业的迅速发展。随着生活水平的不断提升，人们对于食品安全、卫生提出了越来越高的要求，出台相关规范的呼声也越来越强烈。1906 年，美国颁布了一部里程碑式的法案——《纯净食品和药品法》，初步奠定了美国现代药品管理法规的基础。在之后一系列历史的偶然与必然中，药物临床试验制度与 GCP 被逐渐建立。

GCP 有两大目的，即保护受试者的权益和保障临床试验结果科学可靠。这个规范的诞生源于诸多历史上真实发生的骇人听闻的事件：无数生命因药物安全问题或因打着"医学研究"幌子进行的临床试验而被致残、致死，甚至被屠戮。

（一）纽伦堡审判与《纽伦堡法典》

第二次世界大战期间，德国纳粹组织的医学专家在纳粹集中营中对犹太人及战俘进行了一系列惨无人道的人体试验，如高空低压、人体冷冻、疟疾、毒气等试验，这些试验严重违背了人类生命伦理原则，造成了 600 万犹太人、战俘及其他无辜人群的死亡。第二次世界大战后，由战胜国在德国纽伦堡发起了对纳粹军政首领及纳粹医生的审判，即后世所熟知的纽伦堡审判，审判后形成的《纽伦堡法典》是人类历史上首部涉及人体研究的国际伦理指南，于 1946 年颁布，其牵涉有关人体试验的十点声明，主要内容如下。

（1）人类主体的自愿同意是绝对必要的。

（2）任何试验的结果都应该是为了社会的更大利益。

（3）人体试验应以以前的动物实验结果为基础。

（4）进行试验时应避免一切不必要的身心痛苦和伤害。

（5）任何试验都不应在被认为会导致死亡、残疾或会发生伤害的地方进行。

（6）风险永远不应超过试验的收益。

（7）应使用足够的设施来保护受试者免受伤害、残疾或死亡，哪怕是有极微小可能性。

（8）试验只能由具有科学资格的人员进行。

（9）人类受试者可随时终止试验。

（10）如果继续可能导致人类受试者受伤、残疾或死亡，负责的科学家必须准备在任何阶段终止试验。

《纽伦堡法典》基本原则是临床试验必须有利于社会，应该符合伦理道德和法律观点，并且"人类主体的自愿同意是绝对必要的"。

（二）反应停事件

反应停化学名为沙利度胺，20世纪50年代由德国一家药厂研发，它对于孕妇孕期精神紧张、恶心、呕吐等症状有明显的缓解作用，在当时被宣传为"孕妇理想的选择"。随着各种宣传推广，反应停被大量生产、销售，受到广大孕妇的热烈追捧，风靡一时，先后在加拿大、日本、澳大利亚等17个国家被销售使用。1954年，WHO也注册了该药，而监管制度的不完善导致了它的滥用。

随着反应停应用得越来越广泛，恐怖的事情发生了。人们发现，大量同时期出生的婴儿出现畸形，这些畸形婴儿无手臂和腿，被称为海豹肢畸形儿。1961年，澳大利亚医生首先提出怀疑，认为该事件的发生与妇女妊娠期间服用反应停有关，后被大量数据证实。据统计，17个国家共发现海豹肢畸形儿12 000余例，其中过半死亡，对相关家庭和个人都造成了极大的终身伤害。

与此形成鲜明对比的是，美国在此次大规模药害事件中竟然未受波及，这主要归功于一名普通的FDA职员——弗朗西斯·凯思琳·奥尔德姆·凯尔西（Frances Kathleen Oldham Kelsey）。当时，沙利度胺的热销让美国的医药公司看到了商机，代理商梅里尔公司很快递交FDA申请书，不过被FDA雇员弗朗西斯毫不留情地把申请打了回去，理由是报告里根本没有孕期妇女使用后不良反应的试验数据。之后梅里尔公司又先后5次提交了申请，都被弗朗西斯退了回去，因为她始终坚持一个原则——没有经过完整的孕妇安全性试验，这种药就是不可以上市。弗朗西斯的坚持让代理商怒火中烧，不断给她施加压力。没过多久,其他国家海豹肢畸形儿开始暴发性出现,美国的人们才恍然大悟,纷纷为这位阻止沙利度胺上市的FDA女英雄献上鲜花,她也获得了美国公务员的最高荣誉——杰出联邦公民服务总统奖。

反应停事件使得人们对新药临床试验有了更进一步的认识,世界各国开始重视药物安全性问题,也直接推动了药物警戒管理的规范和发展。1962年,美国再次对《联邦食品、药品和化妆品法案》进行修订,对药品上市前监管的要求再度细化,规定开展的临床试验方案需经过FDA审查,且为提高试验科学性,要求提供对照研究结果。1963年,英国设立药物安全委员会,英国政府规定在新药进入临床研究及新药投入市场之前均需得到官方批准。1967年,日本厚生劳动省实行药品再审查制度,规定药企需定期向监管部门如实报告药品上市后的不良反应。

(三)《赫尔辛基宣言》

《赫尔辛基宣言》,全称《世界医学协会赫尔辛基宣言》,是1964年提出的一个医学伦理学宣言,该宣言制定了涉及人体对象医学研究的道德原则,是一份包括以人作为受试者的生物医学研究的伦理原则和限制条件,引起了世界广泛关注。《赫尔辛基宣言》比《纽伦堡法典》更加全面、具体和完善。以下是第一版《赫尔辛基宣言》提出的医学研究运用于人体时应当遵循的6项基本原则。

(1)接受测试者需要在清醒状态下同意。

(2)接受测试者需要对试验有概括了解。

(3)试验目的是为将来寻求方法。

(4)测试前须先有实验室或先做动物实验。

(5)由于是为治疗寻求方法,若试验使测试者身心受损,需立即停止试验。

(6)要先拟好测试失败的补偿措施,才可在合法机关的监督下,由具备资格者进行试验。

《赫尔辛基宣言》明确指出以人作为试验对象的生物医学研究一定要有极其

明确的研究目的；研究工作一定要由有经验的医学专家主持；要有明确的试验设计方案、实施计划、预期目的、医学监护等要求；受试者应自愿而不能被强制参加研究；试验的风险不能超过所带来的利益；要把可能的风险降到最低程度；试验人群的数量应限制到能达到试验要求所需的最少人数；研究工作应得到有关部门的批准；研究报告要准确、可靠；所有研究资料都应妥善保存等。

《赫尔辛基宣言》自1964年首次被提出以来，已经过10次修订，最新一次是2024年10月于赫尔辛基举行的第75届世界医学会全体大会上进行的。与2013年版相比，2024年版新增了"科学诚信"要求。《赫尔辛基宣言》第12条强调，"科学诚信"对于开展涉及人类参与者的医学研究至关重要。相关个人、团队和机构必须杜绝科研不端行为。与此同时，《赫尔辛基宣言》还对一些核心概念进行了更新和调整，比如将临床试验的"受试者"调整为"参与者"，对"脆弱群体"的定义和保护进一步细化，从"知情同意"进一步强调"自由和充分的知情同意"等。

（四）ICH成立

20世纪60年代发生沙利度胺药害事件之后，许多国家开始反思并加强药品监管，强化药品上市前审评和上市后要求，在药品安全性、有效性、质量控制方面取得了积极的进展。但是，随之也凸显出一些问题，比如各国药品注册技术要求存在差异、企业药物研发成本上升较快、药品在一些地方上市缓慢、医药费用增高等，逐渐引起了相关方面的关注。1989年，欧洲共同体、美国和日本三方开始探讨药品注册技术要求的国际协调问题，希望减少药品研发和上市成本，推动创新药及早用于患者治疗。1990年4月，三方在比利时布鲁塞尔召开会议，成立了国际人用药品注册技术要求协调会（International Conference on Harmonization of Technical Requirements for the Registration of Pharmaceuticals for Human Use，ICH）。

当时，ICH只限于欧洲共同体、美国和日本三方发起者，包括其药品监督管理机构和以研发为主的国际性的药企协会。ICH 的主要愿景目标是提高新药开发和注册过程的效率；促进公众健康，在不影响安全性和有效性的同时，避免不必要的重复临床试验，并尽量减少动物实验的使用。ICH 主要工作路径是通过协商，制定和实施统一的指南和标准来实现其目标。ICH 确立了两个主题：第一，在全球无论何地进行的临床研究都遵守同样的规则；第二，ICH-GCP 涵盖了我们在临床研究中应关注的 3 个主要问题，即保护受试者、试验的科学性、试验的完整性和真实性。

随着世界经济全球化的快速发展，2012 年，ICH 着手启动改革，希望由三方的封闭机制转换为更具代表性和包容性的国际性机制。2015 年 10 月 23 日，新的 ICH 按照瑞士民法正式注册成为一个法律实体，由原来的松散型国际会议转型为一个非盈利的、非政府的国际性组织，并着手制定了章程和工作程序。其名称由国际人用药品注册技术要求协调会修改为国际人用药品注册技术协调会（International Council for Harmonisation of Technical Requirements for Pharmaceuticals for Human Use），但简称仍然是 ICH，其愿景目标也没有变。

2017 年 6 月，原国家食品药品监督管理总局正式加入 ICH，标志着我国药品标准在国际合作领域迈出重要的一步。2018 年 6 月，国家药品监督管理局进一步成为 ICH 管理委员会成员，在 ICH 各项活动中发挥更加积极的作用。

二、中国 GCP 发展历史

我国 GCP 发展相对较晚，从引进、推进到实施经过了近 20 年的时间，其原因在于我国成立初期实行计划经济体制，制药工业基础薄弱，药品监管几近空白；且药品生产以仿制为主，临床试验相关制度不健全，监管理念也相对落后。

改革开放后，我国经济模式由计划经济转向市场经济，药品市场蓬勃发展，而科学的临床研究体系的缺乏在一定程度上阻碍了我国药物创新研发的发展。为进一步保障人民用药安全，我国开始学习借鉴欧美等国先进科学的药品监管理念，并从 1986 年我国开始关注并了解国际上 GCP 发展的相关趋势及信息。

1991 年，WHO 制定 GCP 指南，1992 年我国派员参加该指南的定稿会议。

1993 年，国家医药管理局等部门收集了各国和组织的 GCP 指导原则进行参考学习，并邀请了国外的一些专家来中国进行讲演，介绍国外 GCP 的实施情况。

1994 年，在相关部门的指导与支持下，国家医药管理局及卫生部门举办 GCP 研讨会，并开始酝酿起草我国的 GCP。

1995 年，由 5 位临床药理专家（李家泰、桑国卫、诸骏仁、汪复和游凯）组成的起草小组成立，开始起草我国的 GCP。

1998 年 3 月，卫生部颁布了《药品临床试验管理规范（试行）》。国家药品监督管理局组建后，对该版 GCP 进行了修订，于 1999 年 9 月正式颁发并实施我国第一部 GCP，并要求在我国以药品注册为目的的临床试验应分步实施 GCP。GCP 的颁布与实施，使得我国药物临床试验的开展有据可依、有规范可循，从而迈入科学发展的道路。该版 GCP 主要参考 WHO 及 ICH 的 GCP 而制定，为符合我国当时药物临床试验监管的实际情况，在很多方面进行了精简，导致该版 GCP 存在诸多不完善之处，但在当时的条件下符合我国国情，实际可行，且作为我国临床试验领域的第一部规范条例，对后期临床试验监管体系的建立具有重要意义。

2001 年 2 月修订颁布的《中华人民共和国药品管理法》明确规定，药物临床试验必须执行 GCP。至此，药物临床试验中实施 GCP 成为我国的法定要求。2003 年，按照 2002 年 9 月 15 日开始实施的《中华人民共和国药品管理法实施条例》的要求，国家食品药品监督管理局会同卫生部对 GCP 进行重新修订，正式发布《药物临床试验质量管理规范》（2003 年 9 月 1 日施行）。

2015 年底我国再次启动 GCP 修订工作，2016 年 12 月，国家食品药品监督管理总局首次公开征求对于《药物临床试验质量管理规范（修订稿）》的意见。

2017 年 6 月 1 日起，中国正式成为 ICH 的成员国。为适应 ICH 要求，

2018年，国家市场监督管理总局再次征求对于《药物临床试验质量管理规范（修订草案征求意见稿）》的意见，吸收了ICH-GCP的大部分内容。

经过数年的意见征求、讨论和修改，2020年4月23日，国家药品监督管理局重磅发布修订版《药物临床试验质量管理规范》，2020年7月1日起正式施行。新版GCP在基于我国国情的基础上更加贴近ICH-GCP，更加科学、合理，对于药物临床试验具有更加实际的指导作用。该版GCP的施行标志着我国药物临床试验发展进入一个新的纪元。

2020年版GCP的发布标志着我国已基本构建新的临床试验管理法规体系。作为国家药品监督管理局制定的部门规章，GCP是药物临床试验全过程的技术要求，也是药品监督管理部门和卫生健康主管部门对药物临床试验监督管理的主要依据。2020年版GCP总体框架和章节内容在2003年版基础上大幅调整和增补，从9000余字增加到29 000余字，由13章70条调整为9章83条，并补充完善术语条款。整体上说，新版GCP无论是在内容的完整性，还是可操作性上都有很大的进步，与ICH-GCP也更加接轨了。修订主要内容如下。

（1）细化明确参与方责任：伦理委员会作为单独章节，明确其组成和运行、伦理审查、程序文件等要求。突出申办者主体责任，明确申办者是临床试验数据质量和可靠性的最终责任人，加强对外包工作的监管。合同研究组织应当实施质量保证和质量控制。研究者具有临床试验分工授权及监督职责。临床试验机构应当设立相应的内部管理部门，承担临床试验相应的管理工作。

（2）强化受试者保护：伦理委员会应当特别关注弱势受试者，审查受试者是否受到不正当影响，受理并处理受试者的相关诉求。申办者制定方案时明确保护受试者的关键环节和数据，制订监查计划应强调保护受试者权益。研究者应当规范知情同意流程，关注受试者的其他疾病及合并用药，收到申办者提供的安全性信息后应考虑受试者的治疗是否需要调整等。

（3）建立质量管理体系：申办者应当建立临床试验的质量管理体系，基于风险进行质量管理,加强质量保证和质量控制,可以建立独立数据监查委员会,开展基于风险评估的监查。研究者应当监管所有研究人员执行试验方案,并实施临床试验质量管理,确保源数据真实可靠。

(4)优化安全性信息报告:明确了研究者、申办者在临床试验期间安全性信息报告的标准、路径及要求。研究者应向申办者报告所有严重不良事件。伦理委员会要求研究者及时报告所有可疑且非预期严重不良反应。申办者对收集到的各类安全性信息进行分析评估,将可疑且非预期严重不良反应快速报告给所有参加临床试验的相关方。

(5)规范新技术的应用:电子数据管理系统应当通过可靠的系统验证,保证试验数据的完整、准确、可靠。临床试验机构的信息化系统具备建立临床试验电子病历条件时,研究者应首选使用,相应的计算机化系统应当具有完善的权限管理和稽查轨迹。

(6)参考国际临床试验监管经验:临床试验的实施应当遵守利益冲突回避原则。对生物等效性试验所用药品应当进行抽样、保存等。病史记录中应该记录受试者知情同意的具体时间和相关人员。若违反试验方案或《药物临床试验质量管理规范》的问题严重时,申办者可追究相关人员的责任,并报告药品监督管理部门。

(7)体现卫生健康主管部门医疗管理的要求:伦理委员会的组成、备案管理应当符合卫生健康主管部门的要求;申办者应当向药品监督管理部门和卫生健康主管部门报告可疑且非预期严重不良反应。

三、临床试验中的人类遗传资源管理

人类遗传资源不管在探究人类起源方面还是在疾病控制方面,都具有极高的研究意义与巨大的经济价值。2000年12月2日中国人类基因组社会、伦理和法律委员根据联合国的相关原则达成共识:人类基因组的研究及其成果的应用应该集中于疾病的治疗和预防；在人类基因组的研究及其成果的应用中应始终坚持知情同意或知情选择的原则；在人类基因组的研究及其成果的应用中应保护个人基因组的隐私，反对基因歧视；在人类基因组的研究及其成果的应用中应努力促进人人平等、民族和睦和国际和平。

目前，全球至少 60 个国家和地区通过制定法律法规或指导原则，对人类遗传资源相关采集、收集和利用行为进行规定管理。中国是一个拥有十多亿人口的大国，人口结构复杂，具有丰富的民族多样性，因此就拥有丰富的人类遗传资源。在此背景下，需要对中国的人类遗传资源进行保护，需要对中国公民基于人类遗传资源而引申的权利进行保护。

为了有效保护和合理利用我国人类遗传资源，维护公众健康、国家安全和社会公共利益，《中华人民共和国人类遗传资源管理条例》已于 2019 年 3 月 20 日由国务院第 41 次常务会议通过，自 2019 年 7 月 1 日起施行。

人类遗传资源包括人类遗传资源材料和人类遗传资源信息。人类遗传资源材料是指含有人体基因组、基因等遗传物质的器官、组织、细胞等遗传材料。而人类遗传资源信息是指利用人类遗传资源材料产生的数据等信息资料。

根据《中国人类遗传资源国际合作临床试验备案范围和程序》规定，为获得相关药品和医疗器械在我国上市许可，在临床机构利用我国人类遗传资源开展国际合作临床试验、不涉及人类遗传资源的，也需要在科技部相关平台上进行备案。先在备案网上平台（（https://apply.hgrg.net/login）在线提交备案材料，备案材料提交成功，获得备案号后，即可开展国际合作临床试验。

2023 年 5 月 26 日，科技部正式公布了《人类遗传资源管理条例实施细则》（简称《实施细则》），于 2023 年 7 月 1 日起施行。

《实施细则》共 7 章 78 条，细化了《中华人民共和国人类遗传资源管理条例》中一些较为笼统和原则性的规定，包括人类遗传资源信息定义的聚焦、外方单位范围的明确、四个许可（采集 / 保藏 / 国际科学研究合作 / 遗传资源材料出境或对外提供的许可）审批的放松、两个备案（国际合作临床试验/遗传资源信息对外提供或开放使用的备案）的放宽、监督检查的强化、主体责任的落实、合作共赢的倡导、平台和数据库的建设等。

总体来说，《实施细则》有利于促进遗传资源合理利用，尤其是促进国际合作，体现了"松绑事前审批、加强事后监管"的立法导向。

四、GCP 常用英文

（1）国家药品监督管理部门演变

1998—2003 年：SDA（State Drug Administration），国家药品监督管理局。

2003—2013 年：SFDA（State Food and Drug Administration），国家食品药品监督管理局。

2013—2018 年：CFDA（China Food and Drug Administration），国家食品药品监督管理总局。

2018 年 4 月至今：NMPA（National Medical Products Administration），国家药品监督管理局。

（2）PI：principal investigator，主要研究者。某个具体项目的过程、数据和质量的直接责任人。

（3）SI/Sub-I：sub-investigator，助理研究者。协助主要研究者在中心执行和开展相关研究工作。

（4）IB：investigator's brochure，研究者手册。与开展临床试验相关的试验用药品的临床和非临床研究资料汇编。

（5）CRF：case report form，病例报告表。按照试验方案要求设计，向申办者报告的记录受试者相关信息的纸质或者电子文件。

（6）eCRF：electronic case report form，电子病例报告表。

（7）EDC：electronic data capture，电子数据采集。适用于临床试验数据采集和传输的平台软件。通过EDC系统可以自动生成电子病例报告表及其临床数据库，并保证计算机上的电子数据符合临床试验中保存和保留记录的监管机构要求。

（8）EC：ethic committee，伦理委员会。职责是保护受试者的权益和安全，并对临床试验的科学性、伦理性和研究者的资质等进行审查。

（9）ICF：informed consent form，知情同意书。每位受试者表示自愿参加某一试验的文件证明。研究者需向受试者说明试验性质、试验目的、可能的受益和风险、可供选用的其他治疗方法及受试者的权利和义务等，使受试者充分了解后表达其同意。

（10）AE：adverse event，不良事件。受试者接受试验用药品后出现的所有不良医学事件，可以表现为症状、体征、疾病或实验室检查异常，但不一定与试验用药品有因果关系。

（11）SAE：serious adverse event，严重不良事件。受试者接受试验用药品后出现死亡、危及生命、永久或严重的残疾或功能丧失，受试者需要住院治疗或延长住院时间，以及先天性异常或者出生缺陷等不良医学事件。

（12）SUSAR：suspected unexpected serious adverse reaction，可疑且非预期严重不良反应。临床表现的性质和严重程度超出了试验药物研究者手册、已上市药品的说明书或者产品特性摘要等已有资料信息的可疑并且非预期的严重不良反应。

（13）ADR：adverse drug reaction，药品不良反应。临床试验中发生的任何与试验用药品可能有关的对人体有害或者非预期的反应。试验用药品与不良反应之间的因果关系至少有一个合理的可能性，即不能排除相关性。

（14）Sponsor：申办者。负责发起、申请、组织、监查和稽查一项临床试验并提供试验经费的就是申办者，CRA和CRC均是受申办者的委托开展工作。

（15）PM：project manager，项目经理。负责具体项目的进度、质量、预算等的管理，申办者、CRO 和 SMO 都常常会根据需要配置项目经理。

（16）CRO：contract research organization，合同研究组织。一种学术性或商业性的科学机构，申办者可委托其执行试验中的某些工作和任务，其中一个很重要的工作就是提供 CRA 进行监查工作。

（17）CRA：clinical research associate，临床监查员。主要负责相关项目的临床监查，监查的目的是保证临床试验中受试者的权益受到保障，试验记录与报告的数据准确、完整无误，保证试验遵循已批准的方案和有关法规。CRA 可由申办者直接提供，也可由 CRO 提供。

（18）SMO：site management organization，现场管理组织。提供 CRC 的服务，直接协助研究者，履行研究者授予的所有职责。

（19）CRC：clinical research coordinator，临床研究协调员。主要负责协助研究者进行临床试验，协助研究者进行具体的临床试验实施，如受试者的入选、伦理委员会的申报、不良事件的报告、知情同意书的准备、病例报告表的填写、与申办者的沟通、研究者文件夹的管理等。CRC 的工作需要主要研究者授权才能开展。

（20）QA：quality assurance，质量保证。在临床试验中建立的有计划的系统性措施，以保证临床试验的实施，以及数据的生成、记录和报告均遵守试验方案和相关法律法规。

（21）QC：quality control，质量控制。在临床试验质量保证系统中，为确证临床试验相关活动符合质量要求而实施的技术和活动。

（22）TMF：trial master file，临床试验主文档。临床试验中产生的所有相关的纸质或电子文档。

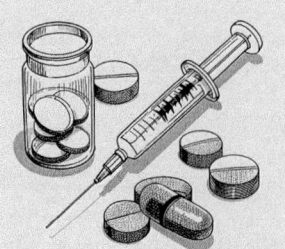

第五章
临床试验运营管理

一个临床试验要成功，除了要有好的设计以外，试验的运营和管理也至关重要。运营管理的好坏，与试验的质量、进度和成本等息息相关。对于创新药企来说，临床试验运营管理的好坏，与企业的估值甚至生死存亡都有密切的关系。

临床试验的运营管理涉及试验流程的各个环节，包括试验运营管理计划的制订、资料和文件的准备、申办者和研究者资格审查、研究者的选择与评估、人员培训，以及试验的启动、监查、总结和结果发表等。药物临床试验的运营管理需要申办者、研究者、众多第三方合作伙伴（如CRO、SMO等）的紧密合作与参与。药物临床试验质量取决于临床试验过程的规范化管理。为了保障临床试验的顺利实施，确保试验结果科学可靠，充分保证受试者的权益及安全，参与试验的研究团队中各个角色都必须明确各自的职责，在试验实施过程中各司其职、各尽其责，紧密协作，才能最大程度保证试验的质量。

一、准备阶段

临床试验启动前，主要进行试验的各项准备工作，包括获得IND批件、伦理委员会的批准、人类遗传资源办公室的批准、国家药物临床试验机构的立项批准，研究者制订试验运营管理计划及标准操作规程等。

（一）相关部门的审批

1. 获得国家药品监督管理部门的批准

根据 2019 年 12 月 1 日开始执行的《中华人民共和国药品管理法》和 2020 年 7 月 1 日开始执行的《药品注册管理办法》，临床试验申请采取默示许可制度，即在我国申报药物临床试验的，自申请受理并缴费之日起 60 个工作日内，申请人未收到国家药品监督管理局药品审评中心否定或质疑意见的，可按照提交的方案开展药物临床试验。

2. 获得伦理委员会批准

伴随国家药品监督管理局最新政策的出台，各个研究机构的办事流程也发生了变化。部分研究机构仍要求取得临床试验批件后方可选定研究中心，根据各伦理委员会的要求递交伦理审查资料，由伦理委员会秘书进行形式审查、资料补全后，安排伦理委员会会议审查时间，会议审查通过后发放临床试验伦理委员会批件。部分研究机构已经可以在申请人获得国家药品监督管理局临床试验受理回执后递交资料及会议审查，但需要用国家药品监督管理局临床试验批件来换取伦理委员会批件。

3. 获得临床试验机构立项

不同药物临床试验机构的办事流程不尽相同，有的药物临床试验机构立项于伦理委员会审查之前，有的可以同时进行，有的需要在伦理委员会审查通过后才可以立项。国内有些医院还设有专门的学术委员会，一般流程是学术委员会确认项目的学术性，比如有没有创新、是否重复及有无意义，同意受理后签字确认；受理后再提交伦理委员会审核。所以需要根据不同研究中心的具体要求准备资料，申请立项。

4. 获得国家人类遗传资源服务系统备案或批准

2019 年 7 月 1 日开始执行的《中华人民共和国人类遗传资源管理条例》及 2021 年 4 月 15 日起正式实施的《中华人民共和国生物安全法》，在强调人类遗传资源安全重要性的同时，将对人类遗传资源的监管正式提高到了法律层面。

近年来科技部也陆续颁布了一系列与人类遗传资源采集和应用相关的审批备案细则，尤其是2023年5月26日发布，2023年7月1日开始施行的《人类遗传资源管理条例实施细则》，明确了规则，优化了人类遗传资源活动行政许可与备案要求及流程，有利于加速相关审批流程。

《中国人类遗传资源国际合作临床试验备案范围和程序》规定，为获得相关药品和医疗器械在我国的上市许可，在临床机构利用我国人类遗传资源开展国际合作临床试验、不涉及人类遗传资源的，也需要在科技部相关平台上进行备案。

（二）临床研究中心的选定、临床试验方案和临床试验实施计划的最终确定

（1）临床研究中心的筛选

1）从在国家药品监督管理局登记备案的国家药物临床试验机构名单中筛选符合专业条件的临床研究中心，根据医院规模、治疗领域的特点、地域分布、样本量的大小等实际情况初步遴选临床试验参加单位和中心数量。

随着临床试验大数据体系的逐步建立和完善，目前也有一些公司将来源各个临床研究中心数据进行分析整合，用户可以根据治疗领域和适应证等信息，搜索哪些中心、哪些研究者承接了最多类似的临床试验，进度如何，哪些研究者之间有较好的研究合作关系等，这对于提高中心筛选也有很大帮助。

2）电话或邮件联系候选药物临床试验机构，获得其承接相关试验意向、机构要求及推荐的主要研究者。

3）电话联系或者登门拜访机构推荐的研究者，需要交流的内容包括研究者的专业特长、对临床试验项目的兴趣程度、团队成员组成结构、受试者的来源、相关临床试验检查检测设备、既往临床试验承接情况与执行表现、对临床试验方案的设想、对方案中的重点难点的看法、参研人员GCP培训、对合同签署和

研究者费用要求等情况，确认其资质、资源、能力和承担任务量的大小。

4）根据考察结果，首先确定临床试验组长单位，并与组长单位协商，共同确立临床试验参加单位，并据此草拟多中心临床试验协调委员会联络表和临床试验参加单位初选报告，确定各中心的病例数分配，安排试验进度。

（2）召开研究者会议，最终确定临床试验方案和临床试验实施计划。对于国际多中心的临床试验，大多数在国内开展时方案在国外已经实施，所以在召开研究者会议（investigator meeting，IM）时，各位研究者可以根据各自的临床实践与临床试验经验和单位的操作流程对研究方案和流程提出相应的意见和建议，但是能进行修改的可能性很小。

国内的临床试验研究者，尤其是全国的协调研究者要充分发挥作用，对方案设计的伦理性、科学性和可操作性严格把关。申办者要根据各个部门审批备案流程和临床运营管理实践经验制订科学、可行、全面而详细的临床研究计划，包括临床进度总体时间安排、临床启动计划、临床监查计划、数据管理计划、统计分析计划、质量管理计划、临床总结计划、临床费用预算、数据发表计划、可能出现的问题及解决方法，并根据研究者会上的讨论对临床试验方案进行修订。如有必要，对知情同意书、病例报告表和电子数据采集等进行修改和确认。

（3）将最终确定的临床试验方案、知情同意书和病例报告表等资料递交，获得研究中心伦理批准、机构立项，如适用，则还需要获得遗传办批件。

（三）签订临床试验合同

申办者在与各临床研究中心主要研究者协商研究费用等相关事宜后，起草研究协议，必要时提前与医院和公司法务沟通相关条款，达成一致后经公司和医院双方同意签字并加盖公章后生效。对于需要办理遗传办批件的临床试验主协议需要在获得遗传办批件后签署。

（四）临床试验启动会

临床试验启动会即通常所说的项目启动会，又称为临床试验启动前培训，主要目的是在临床试验正式启动前对研究者进行如何规范开展该临床试验的培训，应当引起足够重视，内容包括了解临床试验方案的内容，正确填写病例报告表，熟悉相关 GCP 的指导原则。研究者可以针对临床试验方案提出问题，通常包括试验方案中不够准确的描述、方案流程及在各自中心实施过程中可能存在的问题和困难。通常流程如下。

（1）先由申办者代表、CRO 代表或监查员对相关疾病诊治背景知识、前期研究数据、试验方案中的患者入选和排除标准、试验方案流程等核心内容做介绍。

（2）进行当前 GCP 及相关法规和临床试验运营管理制度培训。

（3）进行病例报告表填写及其他与该项临床试验相关的特殊技能或技术要求培训，如病理标本的留取、影像学评估方法、药品运输保存温度要求等。

（4）对启动会中提出的问题要做好记录，及时跟进答复。

近些年为了节省时间和成本，申办者已基本将临床试验的研究者会议与项目启动会合二为一，或者将研究者会议安排在所治疗疾病的相关专业学术会议中间进行。

（五）物资和药物准备到位

1. 临床试验物资

临床试验物资通常包括临床试验方案、病例报告表、知情同意书、临床试验研究者手册、药物管理表格、受试者筛选入选表、受试者鉴认代码表、服药日记卡（如适用）、生活质量问卷（如适用）、应急信封或盲底交接记录表、标本采集盒等。在实际临床运营管理工作中，很多中心也会提出一些特殊的物资要求，如存放标本的专用冰箱、血样离心机等，也需要提前做好准备。

2. 临床试验药物

按照临床试验药物申请流程，将临床试验药物及相关文件资料运送至各临床研究中心入库，并填写交接记录。

二、中心启动阶段

（一）召开中心临床试验启动会

提前与中心的研究者确定好召开启动会的时间，并要求主要研究者负责组织研究团队相应成员参加，包括研究者、研究护士、临床监查员、临床研究协调员、临床护士、临床试验药物管理员，必要时还要通知病理科医生和影像科医生等。临床监查员主要介绍临床试验方案中患者入选和排除标准、临床试验流程（每次访视应做哪些工作），以及（严重）不良事件的判断、处理和记录、药物的管理（发放、回收和记数等）、疗效判断等操作方面的细节问题，并进行 GCP 知识（尤其是研究者的职责）的培训。

中心启动会的培训资料、培训签到表、问题及答复等文件要留存到研究者文件夹中，以备查阅。启动会后，临床试验正式启动，可以开始遴选并入组受试者。

（二）做好中心临床试验人员的分工和授权，各个角色要熟悉各自的职责

临床试验启动后，主要研究者要根据国家医疗卫生法律法规及 GCP 要求、不同人员的资质进行相应授权，尤其注意护士临床研究协调员和非护士临床研究协调员的资质差异，不能超出各自的执业（职业）范围。

申办者的启动专员或监查员应有针对性地对研究团队成员进行方案环节的培训并讨论实施细节，如药物管理、药物配制和输注、标本采集等。

三、临床试验实施阶段

（一）受试者的招募和管理

1. 受试者招募

在试验开展过程中要定期总结临床试验入组进度，研究者可以利用晨会交班或者科会汇报的时间来讨论试验进展及存在的困难。如遇到患者入组困难，

可以先在医院信息系统里筛选，也可以投放患者招募广告（需提前向伦理委员会备案），或者与其他医院或相关专业科室取得联系，由其推荐受试者。一些申办者也会与患者招募公司或患者组织合作，拓宽患者来源渠道，早日完成患者入组任务。

2. 受试者管理

通常情况下，应严格按照方案流程安排受试者的访视，如遇疫情等特殊情况，要记录清楚完整。同时要按照知情同意书和临床试验协议中的相关条款，对试验相关的检查、化验费用及相应交通补贴费用等进行结算和报销。

（二）试验药物的管理

（1）药物临床试验机构应制定临床试验药物管理的标准操作规程（standard operating procedure，SOP），并严格按照SOP接收、储存、发放和回收试验药物。

（2）临床试验药物最好放在专业的GCP药房，实行专人、专柜、专账管理。目前，已有一些有条件的研究中心已经实现临床试验药物的电子化管理，并有专门的临床试验药物管理员负责。

（3）按照临床试验方案的规定方式和条件储存试验药物。对试验药物的接收、发放和回收，应做好记录，确保药物储存完好、发放正确、数目清晰准确。

（三）原始资料和受试者资料的管理

（1）临床试验的原始资料包括住院病案、门诊病案、检查化验报告单等，有时还包括外院报告单，所有原始资料都应由授权的研究者审阅、评判临床意义并签字、签日期。

（2）受试者资料的管理应设立专门的受试者文件夹，并将该文件夹存放在该项目专门的文件柜中。文件夹中文件应分类整理放好，及时归档，以免遗失。

（四）不良事件的管理

（1）在与注册相关的药物临床试验期间，申办者应当积极与临床试验机构等相关方合作，严格落实安全风险管理的主体责任。

（2）试验过程中的所有不良事件都应按照 GCP 规范记录，并在病例报告表中报告，同时记录合并用药。

（3）临床试验过程中发生严重不良事件时，研究者和申办者应当按试验方案和《药物警戒质量管理规范》要求，及时向国家药品监督管理局、国家卫生健康委员会，以及有关省、自治区、直辖市药品监督管理部门、申办者、本中心伦理委员会报告，并根据药物临床试验机构的具体要求在机构进行备案。

（五）临床试验质量控制

1. 临床监查工作

临床监查员应根据试验方案提前制订好访视计划，在入选了第一个、第二个患者后要及时安排一次监查访视，以便尽早发现可能存在的问题。监查的主要内容如下。

（1）核对原始记录（病历、检查化验报告单、受试者日志等）和病例报告表全部内容的一致性，以保证其准确无误；检查受试者知情同意书签署情况，及时更新研究者文件夹（包括研究者手册等）和物品；撰写监查报告，如实反映问题，并协助研究者处理突发事件。

（2）试验药物的核查（存放情况、接收发放回收情况记录、清点药物并与相应记录核对、检查盲法信封使用是否违反方案要求）。

（3）发现问题后，临床监查员应及时与研究相关人员（如研究者、临床研究协调员等）进行充分沟通，快速地找到问题并修正错误，避免在后面的试验进程中再次发生。

2. 药物临床试验机构的质量控制工作

药物临床试验机构内部配备专职质量控制人员，对试验质量进行定期检查，通常在首例入组、中期和试验结束时进行检查，并将检查结果以质量控制报告的形式上报机构，同时发放给研究者，必要时约谈研究者，督促进行整改并上交整改报告。

四、中心关闭与试验收尾阶段

（一）回收病例报告表

临床监查员预约药物临床试验机构质控员进行质量控制，整改结束后监查员按计划及时回收病例报告表。

（二）药物的回收和销毁

详细复核试验药物接收、发放、回收记录，并按照试验方案要求将剩余和回收药物寄回申办者或直接现场销毁，并做好记录。

（三）数据清理和锁定数据库

（1）如果为纸质病例报告表，则数据管理人员将回收的病例报告表内容及时录入建立的数据库中。

（2）数据管理人员及时填写质疑表，并经临床监查员交由相应的研究人员回答质疑，最后由主要研究者确认签字。

（3）确认解决所有质疑后，锁定数据库。

（4）数据库交由统计人员进行统计分析。通常数据清理和数据库锁定工作在一项临床试验中进行1~2次，不过随着电子病例报告表的普及，数据清理和数据库锁定工作越来越频繁，以便于及时发现问题，及时解决。

（四）统计分析

（1）统计编程人员根据需求编写统计运算程序，并出具相关表格。

（2）撰写统计分析报告。

（五）召开临床试验总结会

申办者召集各临床中心研究者和统计专家召开临床试验总结会，具体总结试验当中所遇到的不良反应及突发事件，并根据临床试验统计分析报告讨论试验药物的疗效和安全性等方面的最终结果及后续注册申报等计划。会议程序同临床方案讨论会。

五、临床试验结束后

（1）撰写临床试验总结报告

1）申办者独立或者和协调研究者一同起草临床试验分中心小结和总结报告。

2）临床试验分中心小结和总结报告最终由研究者审核并确定签字，之后交由药物临床试验机构盖章。

（2）与药物临床试验机构结清相关临床试验费用。

（3）临床试验资料存档：临床试验中所有文件均需按 GCP 要求存档。根据现行 GCP 要求，试验文档应保存至临床试验结束后 5 年。如果需要延长保存时间，申办者应与临床试验机构协商解决。

（4）根据研究结果拟订下一步研究或产品注册申报计划。

（5）文章撰写与发表。近年来，去中心化临床试验（decentralized clinical trials，DCT）越来越受到关注。去中心化临床试验是一种新型的临床试验模式，其核心在于将传统的集中式试验地点分散到多个地理位置，通过远程技术和数字健康技术来执行部分或全部试验活动。这种模式旨在提高临床试验的效率和参与者的便利性，同时降低试验成本。去中心化临床试验的优势如下：①提高效率和降低成本：相较于传统试验模式，去中心化临床试验能够更快地进行，并且费用更低。它通过减少对实体研究中心的依赖，优化了医疗资源的配置，从而降低了整体的研究成本。②提升受试者体验和参与度：去中心化临床试验减少了受试者前往研究中心的需求，提高了他们的配合度和满意度。这尤其适用于那些居住分散、行动不便或无法离开工作的人群。③扩大试验的覆盖范围：由于试验不再局限于特定的地理位置，去中心化临床试验可以吸引更广泛的参与者，增加样本量，提高研究结果的普遍性。

然而，去中心化临床试验也面临以下挑战：①法规和监管问题：在一些地区，去中心化临床试验的法规尚未完全跟上技术发展的步伐，导致实施过程中存在一定的法律和监管障碍。②数据质量和安全问题：远程数据收集和管理增加了数据泄露的风险，同时需要确保数据的质量和完整性。③技术依赖性：去中心化临床试验高度依赖于数字技术和远程医疗工具，这些技术的可靠性和可用性对试验的成功至关重要。

去中心化临床试验正在全球范围内逐渐普及，并在新冠疫情后显示出更大的潜力。尽管面临挑战，但随着技术的进步和法规的完善，其有望在未来成为临床试验的重要模式。

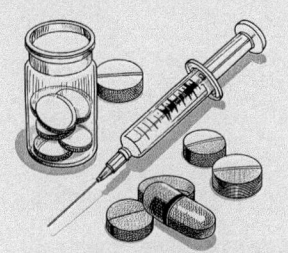

第六章
药学相关研究与生产质量管理

相信很多人都在心里问过这样一些问题：为什么不同的药物会采用不同的剂型？如膏剂、口服液、片剂、胶囊剂、栓剂、注射剂、吸入制剂等；为什么同样是口服用药，有些1天1次，有些1天2次，有些1天3次？为什么同样是注射剂，有些是静脉注射，有些是皮下注射，而有些是肌内注射？药品生产车间如何保证生产出来的每一批药品质量的一致性？药品的保质期是如何确定的？所有这些，都涉及药物的药学相关研究与生产质量管理。

一、药学相关研究

新药研发是一个漫长、复杂且多元的过程，其中药学相关研究，或称为CMC（chemistry，manufacturing and control）研究，主要包括药物生产工艺研究、杂质研究、质量研究、稳定性研究、工艺验证等方面内容，是药物研发的重要组成部分，贯穿于药物研发及生产的全生命周期。CMC研究是影响创新和药品研发上市进程的重要因素。严谨、专业的CMC研究不但为非临床试验阶段和临床试验阶段提供技术和物质支持，也是获批后的规模化生产和质量控制的保证。同时，CMC申报是药品注册申报资料中非常重要的部分，也是影响监督管理机构批准上市创新药的常见因素之一。在创新药的注册审批过程中，除了要进行临床试验现场核查外，还会进行生产现场核查。

创新药的研发是一个渐进明晰的过程，创新药的CMC研究也相应地具有同样的特点。与仿制药相对明确的CMC研究不同，创新药的研发具备很大的不确定性，主要体现在以下两个方面。

（1）CMC研究会伴随临床研究进程分阶段推进。在临床前研究和早期临床研究阶段，CMC研究主要是为研究提供质量有保证的研究用样品；随着临床研究的推进，CMC研究则致力于确定稳定、可重现、可工业化的生产工艺及构建完善的药品质量控制体系。

（2）随着对药物认识不断加深，结合临床试验治疗需要、工艺放大和生产需要，需要持续对剂型、规格、处方工艺、分析方法、质量标准等进行调整优化。可以说，在创新药研发进程中，与CMC研究相关的变更几乎是不可避免的，尤其是在早期开发阶段，变更发生得更为频繁。比如对于口服制剂，Ⅰ期临床试验常常会考虑采用诸如溶液剂或药物粉末直接填装胶囊等简单的剂型，后续则会结合临床治疗的需要及生产的可行性进行剂型优化。

总体而言，创新药的CMC研究应与药物所处研发阶段相适应。药物研发的不同阶段对CMC研究的要求不同，为了使CMC研究工作能支持药物研发的顺利推进，但又不至于花费过多的时间和资金，不同的研发阶段，CMC研究的侧重点应有所不同。

（一）临床前研究阶段

一种药物分子经过早期的靶点研究、分子设计、初步评价成为候选药物后，即进入临床前研究，主要包括药理学、药效学、毒理学、药代动力学等成药性的评价。这个阶段属于药物研发的初期，CMC研究目标以提供确切的试验样品为主，工艺打通、质量初步可控即可。

（1）化合物的性质：对化合物的性质进行初步了解和探索，为选择剂型、处方提供依据；此外，还要了解化合物的稳定性，选择合适的包装方式和储存条件，确保药物在研究过程中的质量稳定。

（2）剂型、处方和规格：首先要确定候选药物的给药途径，对于需要采用制剂进行的试验，在给药途径相同的情况下，可以选择比较简单的剂型，如口服制剂可以是溶液剂或药物粉末直接填装胶囊等简单的剂型。应根据原料药的溶解性、稳定性等性质初步确定制剂处方，如需要添加什么辅料等。根据毒理试验，初步拟定制剂的剂量和规格，可以根据需要设计多个规格。

（3）工艺：此阶段目标为提供满足试验需要的原料药和制剂，确定化合物的合成路线并合成原料药。通常情况下，原料药在实验室制备即可。而对于注射剂，需要在符合GMP要求的条件下制备，控制制剂的内毒素和微生物限度，确保实验动物不会因非药物本身原因出现不良反应甚至死亡。

（4）质量控制：此阶段无须开展过多的质量研究工作，但需要对溶解度、粒度等可能影响制剂生产的关键质量属性进行初步研究。原料药需对高风险的重金属元素和主要杂质进行适当控制，注射剂需要控制内毒素和微生物限度等关键指标。

（5）稳定性：需要进行初步的稳定性研究，以考察所制备样品是否能支持药物的相关研究，对主要的毒理试验批、注册批原料药和制剂需进行稳定考察。此阶段对候选药物的长期稳定性不太了解，且长期稳定性研究耗时长，一旦错过窗口期需要额外时间进行弥补，所以，最有效的策略是同时考察多种条件下的稳定性，为将来选择合适的条件提供充足的数据。

（二）验证性临床研究阶段

此阶段主要包括Ⅰ期和Ⅱ期临床研究，主要考察药品的安全性，初步考察有效性。此阶段受试者较少、周期较短，CMC研究主要确保药物质量的可控性和一致性。

（1）化合物的性质：通过进一步研究，对化合物的各项理化性质有了进一步的理解和认识，识别哪些是关键质量属性，在样品制备时进行合理控制，确保后续研究药物质量的一致性。

（2）剂型、处方和规格：一般来说，进入临床研究阶段，药物的剂型和处方应基本确定。而随着临床研究的深入，试验药物的规格可能有变化，因此剂型和处方的设计应在保证安全性的前提下尽可能确保制剂质量的一致性和杂质的可控性。

（3）工艺：Ⅰ期临床工艺研究的要求与临床前研究阶段类似，由于临床研究样品均应在符合 GMP 要求的条件下生产，故要按 GMP 的规定进行生产质量管理。在合成路线和处方确定的前提下，应基本确定起始物料、中间体、关键辅料、内外包材等关键物料；对无菌制剂，应基本确定灭菌工艺。

经过Ⅰ期临床研究证明了药品的安全性后，临床研究进入Ⅱ期，随着受试者的增加，临床用药量也增加，此时应参考同类化合物的生产工艺，对药物的生产工艺进行适当优化，以适应中试生产和将来放大生产的需要。此阶段可以对生产工艺进行变更，但须确保变更前后药物的质量一致，目标是进入Ⅲ期临床研究后生产工艺不会发生重大变更。若变更前后有质量不一致的情况，应进行充分评估，必要时进行桥接试验，证明这种变化不会影响药物的安全性和有效性。

（4）质量控制：Ⅰ期临床质量研究可以采用通用的方法，例如，按照《中华人民共和国药典》对原料药和制剂的一般要求进行相关的研究，以保证化合物质量的可控。对于原料药来说，根据所用的起始原料、得到的中间体及其杂质的信息，确定检测项目、方法和质量标准。

进入到Ⅱ期应对起始物料、关键辅料、中间体、成品分析方法进行开发和优化，并进行基本的验证，确保方法的可行性、有效性和可靠性，并根据多批次检测结果，对中间体和成品质量标准进行适当的变更升级，以更好地实行对药品质量的控制。

需要注意的是，用于制备临床研究样品的原料药杂质含量水平，应当完全符合相应的法规和指导原则的要求。同时，此阶段的研究需要根据临床试验或安全性的数据提出可以被接受的极限，而这种极限需要得到相关数据的支持。此阶段应积累批检测数据，为最终制定质量标准中各类杂质限度提供依据。

（5）稳定性：对已有稳定性数据批次继续进行考察以积累数据，而对新的临床试验批次均要进行稳定性考察。若影响因素试验和前期长期稳定性研究数据能明确判断新的批次最合适的储存条件，可据此制定明确的稳定性考察方案。同时，应用优化的分析方法和升级的质量标准，对新增批次进行稳定性考察。

（三）关键临床研究阶段

关键临床研究阶段通常是指Ⅲ期临床研究阶段，通过扩大受试者的规模，对药物安全性和疗效进行全面的研究，是药物安全性、有效性的确证性研究阶段。此阶段通过对 CMC 详细研究，为申报阶段准备相关的资料，以供上市审批用。

（1）处方：经过验证性临床研究阶段，药物的剂型、规格应已确定，因此，此阶段需要对药物的处方工艺进行详细的研究和筛选，确定关键工艺参数。经过此阶段的研究，药物的处方工艺应基本确定。

（2）工艺：此阶段应对生产工艺进行全面的研究，完善工艺开发研究过程、确定起始物料并建立合格供应商名单、确定各工序关键工艺参数、明确工艺验证和商业化初期的生产批量。最好确保此阶段生产工艺不发生重大变更，杂质谱不发生明显变化，供应商和生产场地也不发生变更。

对中美双报的项目，应根据中美 NDA 申报的差异，合理安排组织此阶段的临床研究样品生产。美国 NDA 申报注册批不要求进行工艺验证，而中国 NDA 申报注册批必须包含工艺验证批。可以随着临床试验的进展，根据拟进行 NDA 申报的时间点，以及生产、稳定性考察时间倒推，并结合临床试验对药品的需求，在Ⅲ期临床研究中期前后（或距 NDA 申报 1.5 年左右时）进行工艺验证。

需要指出的是，国内 NDA 申报注册的工艺验证批产品在获批后不能上市销售，但通过上市前 GMP 符合性检查的商业规模批次，符合放行条件的产品，在获得药品注册证书后可以上市销售。

（3）质量控制：鉴于原料药的生产工艺及制剂的处方工艺基本确定，因此，此阶段需要进行全面的质量研究工作，包括对起始物料、关键辅料、中间体和中控、成品的分析方法、杂质、质量标准进行全面的研究，识别关键质量属性。对于药物中的杂质需要进行定性和定量，并根据相关的研究结果确定其限度。

质量标准有关物质项下，对已知结构的杂质（包括工艺杂质和降解杂质）应按特定单杂质进行控制，其中稳定存在但结构不明确的杂质可按相对保留时间控制。对有关物质检查、含量测定等方法需要进行详细的方法学研究和验证，以考察方法的可行性，同时要根据药物的特性、处方和工艺的情况制定药物的质量控制标准，在工艺验证前应在 GMP 条件下完成方法学验证。

（4）稳定性：此阶段应对药物的稳定性进行全面的研究，包括在 GMP 条件下完成影响因素试验，制定合理的稳定性研究方案，选定适宜的包装和规格，确定药物的贮藏条件和有效期/复验期。

（5）包材相容性：原料药无包材相容性研究的要求，需采用原辅包登记平台上备案的药包材，通过稳定性研究证明包装可行。制剂需按国家药品监督管理局药品审评中心颁发的相关指导原则开展包材相容性研究，也可以委托具有资质的专业 CRO 来开展该项研究。

（四）临床试验阶段变更的管理

随着临床试验的进展，CMC 研究的广度和深度不断延伸。为了解决创新药临床试验期间更新的 CMC 研究数据滚动提交的问题，也为建立科学的创新药研发期间变更管理制度奠定基础，CDE 在调整创新药药学审评策略的同时，出台了创新药 CMC 研究年度报告制度，并在临床试验批件中明确要求自创新药首次获准进行临床研究之日起，申请人按年度提交化学药 IND 申请 CMC 研究年度报告。年度报告主要包括基本信息、本年度变更事项和本年度更新事项三方面的内容，申请人应如实报告本年度内所有的变更和更新事项。

年度报告制度的实施，可以使审评机构动态掌握药物的研发进展，及时发现潜在的安全风险，同时也促使申请人加强研究进程中数据的积累和总结，保证创新药研发过程中药学数据的完整性。

（五）上市申请阶段

CMC 研究的最终目标是保证上市药品的质量可控，对于上市申请，需在前述研究的基础上，基于历史批次的生产信息和分析数据，尤其是Ⅲ期临床研究样品的生产信息和质量特性，确定稳定、可重现、可商业化生产的工艺，构建完善的药品质量控制体系。

根据国家药品监督管理局药品审评中心的药品技术审评实践的反馈，在此阶段的 CMC 研究，应对以下四类问题予以重点关注。

1. BCS

药物生物药剂学分类系统（biopharmaceutics classification system，BCS）是一种科学框架，根据药物的溶解性和渗透性将其分为以下四类。

（1）BCS Ⅰ类：高溶解性、高渗透性。这类药物在体内吸收不受限制，通常具有较高的生物利用度，因此可以实现生物等效性试验豁免，即通过体外溶出度测试来替代体内生物等效性研究。

（2）BCS Ⅱ类：低溶解性、高渗透性。这类药物虽然溶解性较低，但其高渗透性使其能够在肠道中被有效吸收。因此，这类药物通常需要进行生物等效性研究。

（3）BCS Ⅲ类：高溶解性、低渗透性。这类药物的溶解性较高，但渗透性较差，可能需要优化制剂以提高其生物利用度。如果满足特定条件，如快速溶出，也可以实现生物等效性试验豁免。

（4）BCS Ⅳ类：低溶解性、低渗透性。这类药物的溶解性和渗透性都较低，通常需要复杂的制剂设计来提高其生物利用度，并且通常需要进行生物等效性研究。

明确目标化合物在 BCS 中属于哪类，有助于剂型的选择和化合物特性的认知，有利于药物的开发。BCS 不仅帮助制药公司评估新药和仿制药的开发风险和策略，还为有可能的生物等效性试验豁免提供了科学依据，从而简化了药品的研发流程并降低了成本。

2. 晶型、粒度的选择

尤其是对口服固体制剂，水溶性不好的晶型和粒度对药物的毒性和疗效有一定的影响，对此进行深入的研究有助于药物的开发。

3. 灭菌工艺条件

药物的灭菌工艺对药物的安全性影响很大，因此在进行药物工艺研究时应对灭菌工艺进行全面深入的研究，确定关键工艺参数，确保药物的质量。

4. 稳定性研究

应关注影响产品质量的包装密封系统方面的变化，这是保证药物质量的重要措施。

（六）上市后提升阶段

药品批准上市后，应持续开展工艺验证或再验证。此外，药品上市后，由于种种原因，药品的处方、生产工艺、生产批量、分析方法或质量标准、生产厂商或生产场地/车间、原辅料的来源、工艺设备等诸方面均可能会发生相应的变更，应按国家药品监督管理局药品审评中心于 2021 年 2 月发布的《已上市化学药品药学变更研究技术指导原则（试行）》进行相关的研究，必要时进行工艺验证，并提交相关的备案或补充申请。对重大变更提交补充申请的，应在补充申请获批后才能实施。

表 6-1 列出了不同阶段 CMC 研究重点和要点。

表 6-1　不同阶段 CMC 研究重点和要点

研发阶段	CMC 研究核心	CMC 研究要点
早期研发阶段（临床前、Ⅰ期）	保证药物质量的可及性	（1）明确化合物结构和性质 （2）剂型和处方：保证安全性和杂质可控 （3）工艺：基本实验室条件，满足Ⅰ期临床研究样品生产 （4）质量控制：着重采用通用方法 （5）稳定性：仅需保证Ⅰ期临床研究样品的质量稳定
全面开发阶段（Ⅱ期、Ⅲ期）	全面开发，产业化准备	（1）确定药物的剂型和规格，对于药物处方工艺进行详细研究和筛选 （2）需要在符合 GMP 要求的车间制备临床试验样品，工艺路线成熟，符合工业化生产需求 （3）全面的质量研究工作，有关物质检查、含量测定等制定详细的方法学研究，明确药物的质量控制标准 （4）在完成Ⅲ期临床研究时应对药物的稳定性进行全面的研究，制定合理的稳定性研究方案，选定适宜的包装，进行全面的稳定性研究，以确定药物的贮藏条件和有效期
上市申请阶段	满足上市审批的各项技术细节	（1）明确 BCS：有助于选择剂型和认知化合物特性 （2）晶型、粒度的选择：水溶性不好的晶型和粒度对药物毒性和疗效有一定影响 （3）全面深入研究灭菌工艺条件 （4）稳定性研究应关注包装密封系统方面的变化
上市后提升阶段	修订，满足药物的生产和销售需求	药品的处方、生产工艺、原辅料来源等的研究具体可参照《已上市化学药品药学变更研究技术指导原则（试行）》

二、药品生产质量管理规范

药品是关乎人民和患者生命健康安全的特殊商品，药品质量是药品安全性和有效性的保障。药品生产质量管理作为药品制造领域中的关键环节，对于保障药品安全、有效，提高药品质量稳定性，提升企业竞争力具有重要意义。

药品生产质量管理是一个涉及药品制造全过程的复杂系统，涵盖了从原材料采购、生产工艺、过程质量控制，到成品检验、储存和运输等各个环节。这一系统的核心目标是在确保药品安全、有效的前提下，最大程度地提高生产效率。

药品生产质量管理的相关法规是企业进行生产质量管理的指导原则，也是确保药品质量和安全的重要手段。在过去几十年中，随着科技的发展和医疗需求的增长，药品生产质量管理的相关法规也在不断更新和完善。我国药品生产质量管理的相关法规主要包括《药品生产质量管理规范》《药品生产监督管理办法》《药品注册管理办法》《药品召回管理办法》等，其中最重要的就是《药品生产质量管理规范》。

《药品生产质量管理规范》，即 GMP，简单来说，是对药品生产全过程实施质量管理，确保生产出优质药品的一整套系统、科学的管理规范，是药品生产和质量管理的基本准则。同时，GMP 是一套适用于制药等行业的强制性标准，要求企业在原料、人员、设施设备、生产过程、包装运输、质量控制等方面按国家有关法规达到卫生质量要求，形成一套可操作的作业规范，帮助企业改善企业卫生环境，及时发现生产过程中存在的问题并加以改善。GMP 是药品全面质量管理的重要组成部分，以确保药品质量，最大程度降低出现差错、混药和污染的风险。目前全球已有 100 多个国家和地区实施 GMP 管理制度。实践证明，GMP 是行之有效的科学化、系统化的管理制度。

我国于 1982 年开始制定《药品生产质量管理规范》，经历了多次修订。2011 年发布了《药品生产质量管理规范（2010 年修订）》（现行 GMP），并陆续发布了多个附录的公告，涵盖了无菌药品、原料药、生物制品、中药制剂等领域。

随着监管理念的变化，2019 年起取消了药品 GMP 认证，但这并不意味着规范的取消，而是要求企业将 GMP 活动融入日常管理中，实现 GMP 常态化日常监管。这一变革促使企业更加注重日常的质量管理，确保药品生产的安全有效。

2020 年，国家市场监督管理总局还颁布了《药品生产监督管理办法》，全面规范了药品生产许可管理，并全面加强了监督检查，细化了《中华人民共和国药品管理法》有关处罚条款的具体情形。

我国现行的GMP包括总则、质量管理、机构与人员、厂房与设施、设备、物料与产品、确认与验证、文件管理、生产管理、质量控制与质量保证、委托生产与委托检验、产品发运与召回、自检、附则，共计14章313条，对药品生产过程所涉及的方方面面都做出了明确的规定，现概要介绍如下。

（一）机构与人员

《药品生产质量管理规范》要求企业在实施过程中建立适应药品生产的管理机构和相应的人员队伍。

首先，企业应建立与药品生产相适应的组织机构，包括独立的质量管理部门，分为质量保证部门和质量控制部门。

其次，关键人员是规范的执行主体，至少应包括企业负责人、生产管理负责人、质量管理负责人和质量受权人。这些关键人员应具备相关专业背景、工作经验并参加培训，负责企业的日常管理、生产管理和质量管理。

最后，该规范还对人员卫生管理提出了要求，包括对所有人员进行卫生培训、健康检查、建立健康档案及限制未经培训人员和参观人员进入生产区和质量控制区等。工作服、个人卫生和洁净区的要求也被明确规定。

总之，组织机构和合格的人员队伍是实施《药品生产质量管理规范》的基础，有助于确保药品的质量和安全性。

（二）厂房与设施

药品生产环境主要区域为仓储区、质量控制区、辅助区、洁净区。仓储区应设立相应的库、区，根据物料特性及管理类型，其面积和空间与生产规模要相适应。

质量控制区的实验室设计需避免混淆和交叉污染。辅助区的设置有利于工艺操作的实施和满足员工的个人需求，常见的辅助区有产品和物料的检测设备空间、维修空间、缓冲间、员工休息室等。

洁净区的设置对药品生产至关重要，无菌药品生产分为A级、B级、C级和D级4个级别。其中，A级为高风险操作区，B级为A级洁净区所处的背景区域，C级和D级为重要程度较低的洁净区。

洁净区的着装要求也不同，A、B级洁净区的工作服应为灭菌的连体工作服，不脱落纤维或微粒，并能滞留身体散发的微粒。C级洁净区的工作服应当不脱落纤维或微粒。D级洁净区需要采取适当措施，以避免带入洁净区外的污染物。

这些严格的要求和规定，都是为了保证药品生产环境的空气洁净级别，从而确保药品的质量和安全性。

（三）设备

设备是药品生产中至关重要的资源，为了确保药品质量和生产效率，需要在设计、安装、维护、维修和清洁等方面进行适当管理和操作。

（1）设计与安装：药品接触的生产设备表面应平整、光洁、易清洗或消毒，并且耐腐蚀。设备不得与药品发生化学反应、吸附药品或释放有害物质。

（2）维护与维修：设备的维护和维修不得对产品质量造成影响，需确保设备在正常运行状态下。

（3）使用和清洁：制定详细的设备清洁操作规程，包括清洁方法、工具和清洁剂等。若需要对设备进行消毒或灭菌，应规定具体的方法、消毒剂的名称和配制方法。设备生产结束至清洁之间允许的最长间隔时间也需规定。

（4）标识：设备应明确标识状态，包括设备编号和内容物（如名称、规格、批号）。如果设备为空，应标明清洁状态。主要固定管道应标明内容物名称和流向。

（5）校准：按照操作规程和校准计划，定期对生产和检验用的衡器、量具、仪表、记录和控制设备，以及仪器进行校准和检查，并保存相关记录。

（6）制药用水：制药用水至少应符合饮用水标准。纯化水、注射用水储罐和输送管道所使用的材料应无毒且耐腐蚀。储罐的通气口应安装不脱落纤维的疏水性除菌滤器。管道的设计和安装应避免死角和盲管。纯化水和注射用水的制备、贮存和分配过程应防止微生物滋生。纯化水可采用循环系统，注射用水可采用 70 ℃以上的保温循环。

（四）物料与产品

企业在药品生产中应建立规范的物料和产品管理系统，确保物料和产品的正确接收、贮存、发放、使用和发运，以防止污染、交叉污染、混淆和差错。

（1）物料管理：建立规范的物料管理系统，使物料流向清晰可追溯。

（2）物料标准：使用的原辅料和与药品直接接触的包装材料应符合相应的质量标准。药品印刷所用油墨应符合食用标准要求。进口原辅料应符合国家相关进口管理规定。

（3）物料接收：制定操作规程，确保原辅料和与药品直接接触的包装材料按订单要求接收，并确认供应商已经质量管理部门批准。每次接收均应有记录，包括相关物料的名称、企业内部使用的名称或代码、接收日期、供应商和生产商的名称及批号、接收总量和包装容器数量、接收后的批号或流水号，以及其他相关说明。

（4）产品管理：中间产品和待包装产品应明确标识，包括产品名称、企业内部产品代码、产品批号、产品数量或重量、生产工序（如需要）、产品质量状态（如待验、合格、不合格、已取样）。

（5）不合格物料和产品管理：不合格的物料、中间产品、待包装产品和成品应在每个包装容器上明显标识，并妥善保存于隔离区。不合格物料和产品的处理应经质量管理负责人批准，并有记录。

（6）制剂产品的返工：制剂产品一般不得进行重新加工。不合格的制剂中间产品、待包装产品和成品只有在不影响质量、符合质量标准，并经过预定的操作规程和风险评估后,才允许进行返工处理,同时需有相应记录。对于经过返工、重新加工或回收合并后生产的成品,质量管理部门应考虑是否需要进行额外的检验和稳定性考察。

(7) 成品退货管理:建立药品退货的操作规程,并有相应记录。只有经过检查、检验和调查,有证据证明退货质量未受影响,并经质量管理部门根据操作规程评价后,方可考虑将退货重新包装、重新发运销售。不符合贮存和运输要求的退货应在质量管理部门监督下销毁。

(五) 确认与验证

确认与验证是《药品生产质量管理规范》的重要组成部分。企业应建立验证计划,确认厂房、设施、设备和检验仪器采用经验证的工艺、规程和方法进行生产、操作和检验。当影响产品质量的因素发生变更时,应进行确认或验证,并经监管部门批准。

清洁方法应经验证,确保其有效防止污染和交叉污染。清洁验证需综合考虑设备使用情况、清洁剂和消毒剂、取样方法和位置、残留物的性质和限度,以及检验方法的灵敏度等因素。

(六) 文件管理

企业必须编写、审核、批准和管理内容正确的书面质量标准、生产处方、工艺规程、操作规程和记录等文件。每批药品都应有批记录,包括生产、包装、检验和放行审核等相关记录。

质量管理部门负责管理批记录,并保存至少药品有效期后1年。其他重要文件,如质量标准、工艺规程、操作规程、稳定性考察数据,以及与确认、验证和变更相关的文件等应长期保存。

(七) 生产管理

为确保药品质量的持续稳定,最大限度减少出现污染、交叉污染、混淆和差错的风险,药品生产必须严格执行注册批准要求和质量标准。全过程控制能够有效确认、执行和控制药品制造过程,确保生产条件受控且状态可重现。主要规定如下。

(1)制定操作规程划分产品生产批次,确保同一批次产品质量和特性的均一性。

(2)建立操作规程,编制药品批号和确定生产日期,确保每批药品具有唯一批号,生产日期不晚于最后混合操作开始日期,不能以产品包装日期作为生产日期。

(3)检查每批产品的产量和物料平衡,确保符合设定限度,如有差异,必须查明原因后确认无潜在质量风险,方可按正常程序处理。

(4)禁止在同一生产操作间同时生产不同品种和规格的药品,除非不存在发生混淆或交叉污染的可能性。

(5)在生产过程中,使用的所有物料、中间产品或待包装产品,以及相关设备、操作室必须贴签标识或以其他方式标明产品或物料的名称、规格和批号,必要时还应标明生产工序。

(6)容器、设备或设施的标识应清晰明了,格式需经企业相关部门批准。标识除文字说明外,还可采用不同颜色区分物品状态,如待验、合格、不合格或已清洁等。

(八)质量控制与质量保证

企业应配备适当的设施、必要的检验仪器和设备,并确保拥有经过培训合格的人员来完成所有质量控制相关活动。

质量控制实验室的管理目的在于获取真实客观的检验数据,为质量评估提供依据。实验室的检验人员应具备相关专业学历并通过实践培训和考核。

物料和产品放行应符合一定要求,包括物料符合质量标准、有明确的质量评价结论,以及指定人员的签名批准放行。

对产品的放行，应进行质量评价，确保符合注册和规范要求，并确认主要工艺和检验方法经过验证，完成必要的检查、检验，考虑生产条件和记录，由相关主管人员签名，并按规程处理变更事项。任何偏差都应有明确的解释、调查和处理，涉及其他批次的偏差也应一并处理。

（九）委托生产与委托检验

委托方和受托方必须签订书面合同，明确规定各方责任、委托生产或委托检验的内容及相关的技术事项。委托生产或委托检验的所有活动，包括在技术或其他方面拟采取的任何变更，均应当符合药品生产许可和注册的有关要求。

（十）产品发运与召回

企业应当建立产品召回系统，必要时可迅速、有效地从市场召回任何一批存在安全隐患的产品。每批产品均应当有发运记录。根据发运记录，应当能够追查每批产品的销售情况，应当制定召回操作规程，确保召回工作的有效性。召回应当能够随时启动，并迅速实施。因产品存在安全隐患决定从市场召回的，应当立即向当地药品监督管理部门报告。

（十一）自检

质量管理部门应当定期组织对企业进行自检，监控规范的实施情况，评估企业是否符合规范要求，并提出必要的纠正和预防措施。自检应当有计划，对机构与人员、厂房与设施、设备、物料与产品、确认与验证、文件管理、生产管理、质量控制与质量保证、委托生产与委托检验、产品发运与召回等项目定期进行检查。可由企业指定人员进行独立、系统、全面的自检，也可由外部人员或专家进行独立的质量审计。

药品生产质量管理是一个动态的、不断发展演变的过程，随着科学技术的进步和社会需求的变化，药品生产质量管理日趋现代化和智能化，具体表现如下。

（1）积极引入现代化生产设备和技术，提高了生产效率。

（2）实行了严格的质量管理体系，使质量控制更加科学、规范和标准化。

（3）运用统计学和计算机技术，进行数据分析、质量控制和生产过程优化。

（4）利用大数据、云计算、物联网等技术，实现对药品生产过程的实时监控、分析和优化。

（5）采用人工智能方法，提高质量预测、风险评估和决策支持的能力。

（6）构建药品生产质量管理的生态系统，实现产业链各环节的无缝衔接和协同管理。

制药企业作为药品生产质量管理的主体和责任人，对生产的药品质量负有不可推卸的责任。与此同时，我国药品监督管理部门应通过不断完善监管制度、提高监管队伍的专业素质、加大监管力度等措施，确保药品生产质量的可控。

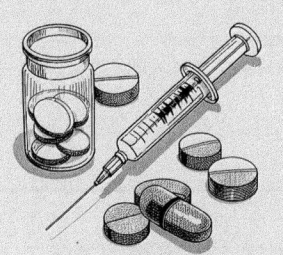

第七章
新药研发第三方合作伙伴

　　现代社会,分工越来越细,但新药研发是一个系统工程,涉及医学、药学、生产、运营、注册、监管等诸多方面的知识和应用,一家企业尤其是创新药企业基本不可能同时具备所有各方面的能力,所以需要与其他公司协作,充分借力行业内其他企业的专业知识和技能,提升自己企业的综合竞争力。

　　随着科学技术的发展,一些从事药物研发的大型制药企业,在面临不断出现新化合物和新技术,而仅靠企业自身能力难以应付时,就会将一些费力而耗时的临床与非临床研究工作委托出去,或者说需要由企业外部提供技术支持和服务。特别是近年来制药企业的合并与裁员频发,制药企业都希望能将员工数量和管理费用合理、稳定地控制在最小范围内,为企业提供很大的灵活性以防止在药物开发低潮时期的浪费及高峰时期的内部资源不足。所有这些变化,都在客观上增加了向外委托部分研发工作的需求。

　　而一些生物高技术企业在发展早期通常受限于开发研究规模较小,因而往往缺少分支机构和专业化人员来组织实施大规模的临床试验,但借助于CRO提供的服务,他们也能及时获得所需要的专业人员和分支机构。

　　与此同时,制药企业要在监管日趋严格、竞争日趋激烈的环境中求得生存与发展,就必须尽可能缩短新药研究开发时间,同时想办法控制研发成本和降低失败风险。常见做法包括引进(license-in)其他公司在研资产或转让

（license-out）公司在研资产，采用人工智能、数字化等新技术，加强与第三方研发机构合作等，其中与第三方研发机构合作开发为最常见模式，也是最被普遍采用的模式。

企业在新药研发过程中的合作伙伴主要包括CRO、SMO、合同研发生产组织、第三方检测与评估机构，以及与数据管理、统计分析、写作与发表、物流管理等方面相关的机构，下面介绍三类常合作的。

一、合同研究组织

CRO自20世纪80年代初起源于美国，它是通过合同形式为制药企业、医疗机构、中小医药医疗器械研发企业在基础医学和临床医学研发过程中提供专业化服务的一种学术性或商业性的科学机构。

按照工作性质和业务侧重点，CRO大致分为临床前研究CRO和临床研究CRO。临床研究CRO以接受委托临床试验为主。

CRO最显著的特点是专业化和高效率，作为制药企业的一种可借用的外部资源，可在短时间内迅速组织起一个高度专业化的具有丰富临床研究经验的临床研究队伍，有利于医药企业提高资源集中度，形成企业内部的规模优势，大大提高制药企业新药上市的速度，降低制药企业的管理和研发费用。

CRO根据自身优势提供某一阶段、某一部分的研究服务，如代理药品注册申请及临床试验报批、申报资料的翻译及准备、试验方案的起草和完善、研究者及参试单位的选择、工艺优化、制剂服务、标准操作规程的制定、监管服务、数据收集、产品支持等。不过现在，CRO提供一站式服务已成为趋势。对制药企业而言，能从一个CRO得到多种服务是非常高效的，且综合成本也会降低，因此CRO越来越多地向提供综合性药物研发服务的方向发展。

一个发展较为成熟的CRO，应在以下几方面具备专业化优势：①通晓政府有关药品的管理法规和实施细则。②了解药品临床试验的国际惯例和指导原则。③在多个学科领域从事药品临床试验的经验。④选择研究者组合制定有效可行的试验计划。⑤按国际化标准操作规程组织实施临床试验。⑥临床试验过程中实施质量控制和质量保证。⑦对临床试验结果进行数据处理和统计分析。⑧按照规范要求起草临床试验总结报告。

ICH-GCP规定，申办者可将其部分或全部与试验相关的职责及职能转交给CRO，但申办者永远需要对试验数据的质量及其完整性负责。CRO应实施质量控制及质量保证。ICH-GCP中有关申办者的部分条款亦适用于CRO，但其适用限度根据CRO在临床试验中所承担的职责及职能而定。

我国2020年版GCP中明确，申办者可以将其临床试验的部分或者全部工作和任务委托给CRO，但申办者仍然是临床试验数据质量和可靠性的最终责任人，应当监督CRO承担的各项工作。申办者委托CRO工作应当签订合同，合同中应当明确的内容包括：委托的具体工作及相应的标准操作规程；申办者有权确认被委托工作执行标准操作规程的情况；对被委托方的书面要求；被委托方需要提交给申办者的报告要求；与受试者的损害赔偿措施相关的事项；其他与委托工作有关的事项。

我国2020年版GCP中同样明确，对申办者的要求，适用于承担申办者相关工作和任务的CRO。CRO应当实施质量保证和质量控制。如存在任务转包情况，CRO应当获得申办者的书面批准。

作为被选择的委托对象，CRO一般可为申办者提供以下范围的专业化服务：①注册事务（如申请临床试验、申报生产，或进口药品注册、遗传办批件申请等）。②项目管理（提供由项目经理负责的临床试验项目管理）、监查服务（提供由监查员团队完成的研究中心监查）。③医学事务（由医学专员提供项目医学支持、申报资料的医学翻译、临床试验方案起草和定稿、临床试验报告撰写）。④数据管理（完成病例报告表中的数据管理和数据库的导出）。⑤统计分析（完成数据统计报告）。⑥质量管理（质量控制、质量保证和第三方独立稽查等）。⑦中心实验室检测。

申办者选择 CRO 时应进行必要的审核，以确认其有能力完成所要委托的工作，或者说是否具备承担相应职责的资格。在审核时可着重考虑其既往业绩及合同履行能力，既往客户评价及满意程度，企业内部组织管理结构，员工素质水平及稳定性，员工培训的程序和记录，特定领域的专业化经验，标准操作规程，必要的设备及设施条件，资料的安全及保密措施等。

在合同执行过程中，申办者可按事先约定或临时商定的时间及程序进行工作稽查或核查。稽查、核查的主要内容如下：①项目负责人及主要参试人员的工作情况。②包括研究者在内的所有人员的培训情况。③设定标准操作规程的执行情况。④试验方案或知情同意书修改后的落实情况。⑤对所有严重不良事件的记录及报告情况。⑥与申办者及研究者信息交流的情况。⑦研究计划的进展情况及需要解决的问题。⑧研究用药的管理和保存。⑨文件资料的管理和保存。

二、现场管理组织

SMO 是与 CRO 相对应的，在研究基地协助临床试验机构进行现场管理、临床试验和具体操作的专业服务机构，旨在利用 SMO 研究者助理角色，协助研究者及时、高效地完成临床试验，获得高质量试验数据，从而提高研究者从事药物临床试验的积极性，保证药物临床试验质量，推动国内临床试验规范化和国际化进程。

我国从 20 世纪 90 年代末开始，在少数临床试验比较活跃的医院开始出现临床研究助理，当时是临床研究护士和 CRC 的混合概念，大多为退休护士承担 CRC/CRN（clinical research nurse，临床研究护士）的工作，一直到 2008 年之前，我们可以看作是中国 SMO/CRC 行业的萌芽阶段，只有国际多中心临床试验和少部分国内的临床试验聘用 CRC。

2009—2014年，以人力派遣为主要业务的SMO纷纷成立，SMO的数量及CRC的数量呈几何速度增长，CRC人数超过100人的SMO如雨后春笋，业界甚至将2014年称之为"CRC之年"。2009—2014年，可以看作是中国CRC行业的起步阶段，药物临床试验机构开始重视CRC的聘用，关注CRC的能力和水平。而依托在药物信息协会（Drug Information Association，DIA）下的中国SMO协作组暨"中国CRC之家"也于2014年11月成立，为CRC提供了培训学习的机会，也为SMO管理人员提供了交流互动的平台。

2015年国家食品药品监督管理总局改革以来，尤其是著名的"722事件"后，中国临床试验研究者越来越意识到CRC的重要性，几乎中国所有的临床试验均需要配备合格的CRC。2017年10月，中共中央办公厅和国务院办公厅联合印发了《关于深化审评审批制度改革鼓励药品医疗器械创新的意见》，促进了我国创新药和医疗器械的研发，临床试验数量逐年增长，CRC的市场需求量也出现急剧增长，SMO的规模和中国CRC行业的规模有了突飞猛进的发展。截至2021年，我国至少有超过300家注册的SMO，其中至少5家的CRC超过2000人，最大体量的SMO，CRC数量已经超过4500人。不过在2021—2023年，创新药投资泡沫破裂后，SMO和CRC数量都有一定程度的减少。

与CRO不同，SMO在研究中心提供服务，直接协助研究者并提供临床协调服务，履行研究者授予的研究相关职责。在主要研究者的管理和指导下，从事非医学性判断的事务性工作，根据GCP和研究方案的要求，协助研究者完成以下各项工作：①临床试验管理，包括项目启动会、研究者会议的安排。②伦理资料准备及递交、机构备案及合同签署等工作。③严重不良事件及可疑且非预期严重不良反应等相关安全报告。④试验各个阶段研究中心的文档收集、整理、归档。⑤受试者管理工作，包括受试者招募、筛选潜在的受试者、获取知情同意书、安排受试者访视、安排实验室各项检查、获取检查结果等。

⑥试验标本的处理、保存和运送工作。⑦临床研究药物及其相关物资的管理和计数，包括药物及其相关物资的接收、保存、分发、回收和归还，并完成相关记录。⑧在研究者授权下协助研究者填写病例报告表及差异解决（需要进行医学判断的除外），并得到研究者的审阅及签字。⑨协调CRA的中心访视工作，提前准备各种文档供CRA监查；协助研究者进行错误答疑（涉及医学判断的答疑除外）。⑩协调申办者或管理部门的稽查和视察。⑪按照试验计划与机构办公室人员及申办者、CRO等进行全面的沟通（邮件、口头、传真）并记录。⑫协助研究者完成临床试验的其他相关工作。

不过，与申办者和CRO的委托关系类似，主要研究者是临床试验项目实施质量的最终负责人，对于项目实施的监督管理责任是无法授权或委托给SMO的。

中国的医疗模式和欧美等医药产业发达国家存在较大差异，中国巨大的人口规模、有限的医疗资源、高度集中的就诊模式、严格的机构资质要求等因素决定了中国临床试验都集中在一、二线的高端医院，而在这些医院工作的医疗工作者常规医疗任务繁重，从而导致一个普遍的问题，即"临床研究只是副业""临床试验是医生的包袱"，这就直接导致医生在临床研究方面的投入和参与不足，无法有效落实执行临床试验操作。此时，SMO作为为研究中心和研究者提供专业临床试验项目业务的组织，可以受研究机构委托完成很多临床试验工作，如提供协助研究者工作的CRC服务，提供研究护士（需具有相关专业资质和执业资格，并经医疗机构合法注册），协助机构履行管理职责等。也有一些SMO不仅仅提供某些临床试验项目的服务，而是开始和临床研究机构进行深层次合作，从场地、装修、设备、管理、标准操作规程到团队培训，共同建设专业的临床研究中心。此外，由于研究者通常都处于比较强势和主导的地位，有时候SMO需要依靠研究者来争取临床研究项目。

SMO派遣CRC到研究中心进行某项临床试验项目时，需要注意以下两点内容：①利益回避：SMO 派遣的 CRC 不应与申办者或 CRO 存在利益关系。因此，在工作中要避免如下利益冲突：CRA 兼任 CRC 工作，申办者或 CRO 直接派遣 CRC，SMO 与申办者或 CRO 存在利益关系。②信息保密：SMO 派遣的 CRC 需对研究中心和申办者的所有信息保密，包括但不限于受试者信息、研究机构信息和申办者的研发信息等。

但在中国实际的临床试验运营管理中，要完全避免上面两点还是有不少挑战的。一方面，大多数制药企业出于对临床试验质量和速度的要求，直接与 SMO 签订合同并将临床协调人员派遣到研究中心工作，协助研究者更快更好地完成临床试验。另一方面，许多大型 CRO 下面既有 CRO 业务，也有 SMO 业务，通常做法是将这两部分业务分别放在不同的分子公司法人实体，但实际工作过程中还是难以完全避免双方间的互动和交流。

在电子化临床试验发展的今天，SMO 的参与更易于保证临床研究数据电子化采集和管理的及时性，因为研究者根本无暇及时完成电子病例报告表录入和在线数据答疑，而 SMO 的加入很好地分担了这部分工作，使得研究者在临床研究过程中，对受试者的诊断和治疗所花费的时间同正常的临床工作相似。因此，SMO 最大的优势是可以直接减轻研究者的负担，提高研究者的依从性，同时保证研究的质量。

三、合同研发生产组织

合同研发生产组织（contract development and manufacturing organization，CDMO）主要为药企及生物技术公司提供临床新药工艺开发和生产制备、已上市药物工艺优化和规模化生产服务，包括临床前和临床试验研究用药的生产，以及商业化药品生产。

创新药企与 CDMO 的合作与管理是现代医药产业中一个重要的策略，旨在提升研发效率，降低生产成本并控制风险。这种合作模式已经成为创新药企加速药物上市进程的重要手段。

与 CRO 不同，CMO/CDMO 主要侧重于药物的生产服务。其中，CMO（contract manufacture organization，合同定制生产机构）是指以合同定制形式为制药企业提供中间体、原料药、制剂的生产，以及包装等服务的企业。传统的 CMO 仅提供以委托企业提供的技术路线为基础的代工生产服务。随着制药企业对成本控制和效率提升的要求不断提高，制药企业希望 CMO 能够承担更多工艺研发、改进的创新性服务职能，CDMO 应运而生。

CDMO 除了提供传统 CMO 的生产服务，更强调对生产工艺的研发和创新。CDMO 往往在新药临床阶段的早期即与客户开展深度合作，为客户提供制药工艺的开发、设计及优化服务，并在此基础上提供从公斤级到吨级的定制生产服务。

医药 CDMO 定制研发生产包含临床阶段和商业化阶段，一般是从临床试验 I 期或者 II 期开始给国内外客户提供新药合成所需的中间体，进而在上市审评审批、商业化生产阶段与客户进行深度绑定。而技术开发服务作为 CDMO 业务的产业链前端延伸，包括新药化合物发现、合成，以及各类前期工艺研发服务。可以说，医药 CDMO 是对临床前研究、临床试验到产品生产等整个产业链的深度贯通，为企业提供创新性的工艺研发及生产服务，以高附加值技术输出取代单纯的产能输出，利用自身技术优势及生产能力，承接制药企业的工艺开发和生产职能，从而使制药企业可以更专注于药物的研发。

中国自 20 世纪 80 年代以来一直实行药品上市许可与生产许可合并的管理模式，从 2015 年下半年开始，一系列与药品上市许可持有人制度相关的法规政策相继出台，逐步形成以药品上市许可持有人制度为中心的新制度。药品上市许可持有人制度允许药品上市许可与生产许可分离，中小型创新药企在药品上市许可持有人制度的支持下不断涌现，降本增效成为首要目的，而 CDMO 专业化和规模化优势明显，可帮助中小型药企专注于研发核心环节，提高研发效率。因此药品上市许可持有人制度为 CDMO 全面打开中小型药企这部分本身资金实力不足的市场提供了极有利的政策环境。

CDMO 服务内容一般包括工艺设计、工艺放大、化学结构或组分确认、质量及稳定性研究、杂质研究、定制生产等多种研发和生产内容。工艺开发和生产过程完成后，公司将服务形成的中间体或原料药等商品交付给客户完成全部服务过程。

制药企业在选择 CDMO 时，需要综合考虑其技术能力、产能、质量管理体系、监管合规记录、市场地位及是否能够提供全面的服务。此外，CDMO 的声誉、项目管理能力及其在特定产品领域的专业性也是重要的考量因素。在日常 CDMO 合作中，制药企业客户往往会通过合格供应商资格认定、定期或不定期质量审计等形式，参与 CDMO 服务过程，将产品注册有关安全、有效和质量可控的要求，贯彻到定制研发和生产的全过程中。

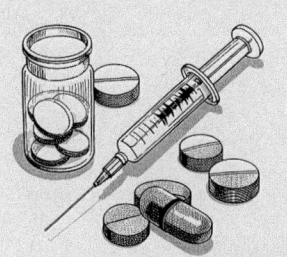

第八章
创新药知识产权管理

　　知识产权（intellectual property，IP）是一种法律概念，指的是权利人对其智力劳动创作的成果和经营活动中的标记、信誉所依法享有的专有权利。这种权利通常由国家通过法律赋予创造者，使其在一定时期内享有对智力成果的专有权或独占权。常见的三大知识产权主要有商标权、专利权和著作权，商标权和专利权也被统称为工业产权。知识产权是现代企业的重要资产，与相对应的有形资产一样，知识产权具有价值和使用价值，可以进行市场交易。对知识产权的利用主要包括转让、许可、质押等方式。

　　创新药的知识产权保护是一个庞大、复杂的系统工程，涉及许多法律法规和政策文件，创新药企业应该及时了解并充分利用好相关政策法规，保护自身知识产权和市场利益。

一、创新药专利布局

　　专利，顾名思义，就是指专有的权利和利益。依据这一权利，发明创造人在一定期限内享有独占权。作为交换，发明创造人需公开其发明创造内容。任何能够解决技术问题并能够产生技术效果的或理论上成立的技术方案都可以申请专利。准确来讲，专利指由国家相关部门依照专利法的规定授予权利人对其智力劳动所创作的成果依法享有的专有权利。

专利必须具有新颖性、创造性、实用性的特点。新颖性是专利获得授权的必要条件，是指专利申请的技术方案在申请日前，不属于已有技术的一部分，即该发明或者实用新型不属于现有技术，也没有任何单位或者个人就同样的发明或者实用新型在申请日以前向国务院专利行政部门提出过申请，并记载在申请日以后公布的专利申请文件或者公告的专利文件中。创造性是专利最重要的属性，是指专利申请的技术方案相对于已有技术，具有明显的技术进步。实用性是指专利申请的技术方案可以用于工业生产，具有实用价值，能产生积极效果。

专利具有专有性、时间性、地域性的性质。

（1）专有性：也称独占性，是指专利权人对其发明创造享有独占的制造、使用、销售和进口的权利。

（2）时间性：专利权的行使只在法律规定的时间内有效，期限满后过期的专利会成为公共财富，任何单位和个人均可无偿使用。

（3）地域性：一个国家授予专利权人的专利权，只在该国法律管辖的范围内有效，对其他国家没有约束力。

技术创新是医药企业发展的核心，而专利布局是技术创新的保护屏障。从某种意义上说，专利权是创新药行业存在的商业基础。创新药行业通过专利保护技术、产品或服务的创新性和独特性，防止他人复制、模仿和侵权，从而获得市场份额和优势。

专利布局是指企业或个人在技术创新和研发过程中，有意识地选择和申请一系列相关的专利，以保护其技术、产品或服务的知识产权，并在市场竞争中取得优势。通俗地说，专利布局就是申请专利的时候需要将所有产生的情况预备，防止有人使用任何方法绕过。

药品专利是一个体系，可以分为发明专利、实用新型专利和外观设计专利，其中发明专利是最重要的，包括产品专利、方法专利、用途专利等，而产品专利是所有专利的核心，又可以进一步细分为化合物专利、晶型专利、组合物专利、制剂专利等（图 8-1）。

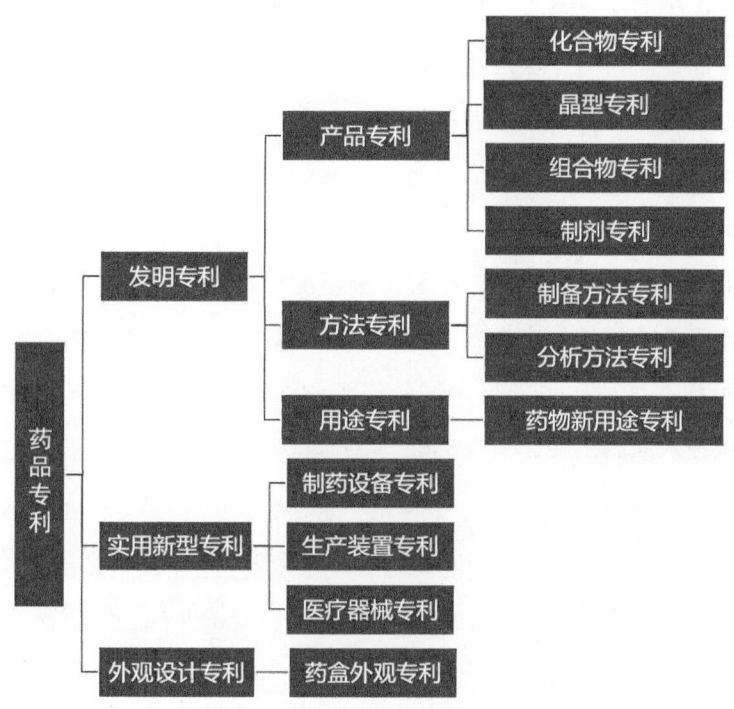

图 8-1　药品专利分类概览

（一）化合物专利

化合物专利是创新药专利布局最关键的一环，可谓重中之重。从知识产权体系来说，化合物专利是创新药产品最为重要的知识产权；从开发过程来看，化合物专利是新药开发过程项目推进与投融资的重要筹码；从市场竞争来看，化合物专利也是仿制药企业首先发起进攻的重点目标。

化合物专利内容涵盖通式化合物、药学上可接受的盐、活性代谢产物、前药、手性药物/光学异构体、中间体、衍生物、药物杂质等。

1. 通式化合物

通式化合物也称为基础化合物，该类化合物的专利仅指化合物核心结构的专利，通常称为核心专利，其不包括以酸根、碱基、金属元素、结晶形式等结构改变实施保护的化合物专利。

化合物核心专利的特点是技术含量高、权利要求保护的范围宽、对真正目标化合物的隐蔽性强。通式化合物专利一旦获得授权，则是对化学物质或药物活性成分的绝对保护，通常难以规避，针对药物活性成分的权利要求一般也很难被专利无效掉。

专利申请的时机也很重要，申请过早可能导致上市没多久化合物专利就过期了，过晚可能有被抢先申请专利的风险。多数情况下，化合物专利会在临床前研究阶段申请，如在Ⅰ期临床试验启动前。这有助于保护化合物的核心专利，并防止技术泄露。

2. 药学上可接受的盐

很多化合物最后作为药物上市都是以盐的形式存在，如马来酸依那普利、盐酸帕罗西汀、二甲苯磺酸拉帕替尼等。化合物的盐可在某种程度上改善药物本身的物理溶解性，提高药物的生物利用度。由通式化合物本身出发，在其基础上进行化合物盐的二次创新，间接延长了具体药物的专利保护期。典型案例如辉瑞公司曾经最畅销的降血脂药阿托伐他汀（商品名：立普妥），通过两次有效的美国专利申请，保护了含有阿托伐他汀的通式化合物及其药学上可接受的内酯水解盐和钙盐的专利，将该药物在美国的专利保护期延长了5年。

3. 活性代谢产物

在进行化合物的药代动力学研究时，可能会发现，某一种或几种代谢产物比药物本身的活性更强。因此可以对活性代谢产物进行专利布局，并进一步将代谢产物开发成新一代的药物，以取代原化合物的市场。例如，辉瑞（原惠氏）原研的抗抑郁药盐酸文拉法辛（商品名：怡诺思）于1993年12月在美国批准上市，化合物专利已于2008年过期。而为了对抗通用名药的激烈竞争，以及填补怡诺思专利到期后可能出现的市场空缺，公司特意推出琥珀酸去甲文拉法辛（商品名：Pristiq），并于 2008 年 2 月获得 FDA 批准。去甲文拉法辛是文拉法辛的活性代谢产物，其抗抑郁的效果与文拉法辛相似，但可明显减少因药物相互作用引起的风险。该药物的化合物专利 2022 年 2 月才到期，相当于是将原产品的专利保护期延长了 14 年。

4. 前药

前药也称前体化合药、药物前体、前驱药物等，是指药物经过化学结构修饰后得到的在体外无活性或活性较小、在体内经酶或非酶的转化释放出活性药物而发挥药效的化合物，如吉利德科学公司成功开发并上市的新型抗病毒药物富马酸替诺福韦二吡呋酯，即替诺福韦的水溶性双酯前药。

5. 手性药物／光学异构体

在进行手性药物开发时需要考虑：光学异构体是否比消旋体的药效更好？光学异构体相对于消旋体是否有明显的增效作用？是否有涉及毒性的异构体？在实际的研发过程中，可能会发现有药效的活性异构体，或者通过异构体转化方法，将无活性异构体转化成活性异构体，此时可以申请布局在基本专利中没有具体提及或者描述的、具有不可预见优点的、更具活性的异构体化合物专利，如抗血小板聚集药硫酸氢氯吡格雷（商品名：波立维），其左旋异构体在 50 mg/kg 的给药剂量时会产生明显的神经毒性，但是右旋异构体无神经毒性，因此上市的是右旋异构体。

（二）晶型专利

晶型是药物保护的最常见形式，通常在开发出基础化合物后，申请人会陆续申请晶型专利，扩展并加强对基础化合物的保护。化学结构相同的药物，可因结晶条件不同而得到不同晶体，药物多晶型现象也是影响药品质量与临床药效的重要因素之一。

药物优良的晶型可提高药物活性成分的热力学稳定性及制剂的稳定性，有利于制剂成型；通过结晶可提高药物活性成分的纯度，提高溶解度，增加生物利用度，提升药效。在实际研发工作中，对药物晶型的专利保护包括但不限于单晶、多晶、共晶、结晶水合物、溶剂化物、无定型固体、颗粒的粒度等。

药物晶型建议遵循"一晶型一专利"的保护原则，以使新颖性的审查与后续的保护相衔接，由此促进药物晶型的良性创新与保护。

（三）组合物专利

药物组合物包括以下类型。

（1）含有1种新化合物和可药用载体的组合物，如利培酮微球、白蛋白紫杉醇等。

（2）含有1种新化合物和一种或多种已知药用化合物的组合物，例如，吉利德科学公司治疗丙型肝炎的复方制剂丙通沙（Epclusa），就是索磷布韦（sofosbuvir）与维帕他韦（velpatasvir）的复方制剂。

（3）含有2种或2种以上已知药用化合物的组合物。该组合物必须是新的，且有药效学比较数据证明该药物组合物中2种或2种以上组分具有明显的协同作用。例如，赛诺菲公司的安博诺（Coaprovel），就是血管紧张素受体拮抗剂厄贝沙坦（irbesartan）与利尿剂氢氯噻嗪（hydrochlorothiazide）的复方制剂，具有疗效协同、简化治疗等优势，长期治疗可提高患者治疗依从性并有利于血压控制达标。

（四）制剂专利

制剂专利涉及的方面有制剂开发、制剂生产工艺改进、制剂升级等。制剂研究应在综合考虑化合物的各种性质基础上，开发出最合适的产品剂型（如片剂、胶囊剂、颗粒剂、注射剂等普通剂型）、制剂工艺（如干法制粒、湿法制粒、粉末直接压片）等，以及改进车间生产工艺。另外，制剂开发还涉及新剂型，药物通常是先以标准的片剂、胶囊剂或者注射剂形式上市，但是，随着药物核心专利失效日的来临，药物的研发公司会寻求开发出新的剂型以满足不同的市场范围和不同患者人群的需求。

对现有药物进行的剂型改良，如由普通剂型转变为高端剂型（如缓控释制剂、皮下植入剂、纳米混悬剂等），然后针对新剂型进行工艺的二次开发，并申请专利，可有效扩展现有药物的使用范围，延长专利保护期，如拜新同就是硝苯地平的控释片。

（五）制备方法专利

制备方法专利涉及对化合物、晶型、制剂等产品的化学或生物制备新方法、新路线，精制或纯化方法，以及制剂工艺等。此外，药物中间体的制备专利对方法专利保护有很好的加强作用，杂质的制备与分离专利对药物的活性成分、质量分析也是很好的补充。

制备方法专利应该具备以下创新点或者有益效果：提高产率，改善质量，节约能源，防止环境污染，避免使用毒性试剂和溶剂，使用非复杂和非昂贵的起始物料，容易分离和提纯最终产物，容易按比例扩大生产规模等。但是方法类专利的弊端在于，就算发现被侵权，也比较难举证。所以有时候，制药企业会把一些核心的工艺方法、精制方法专利按照技术秘密加以保护，而不是进行专利形式的保护。

（六）分析方法专利

药物及其中间体、制剂、有效成分或有效部位、蛋白、抗体等的分析方法、检测方法是用科学手段解决如何检验出药品中是否含有某种成分或成分含量多少的问题，是在专利授权范畴内的。分析、检测方法专利能否得到授权，最重要的还是要体现出该方法满足专利授权的三性（新颖性、创造性、实用性）条件。

（七）药物新用途专利

药物新用途或新适应证是快速发现新药的有效途径，其优势为成药性好、研发经费低、有广阔的知识产权空间，典型案例如辉瑞公司最开始研制用于治疗冠心病的药物西地那非（sildenafil），在1991年实验发现其对冠心病的治疗效用不能达到研究预期，但是在临床试验中陆续发现了其可用于治疗勃起功能障碍、肺动脉高压的新用途，相继于1998年、2005年经FDA批准并应用于临床，至今仍在使用。

（八）制药设备、生产装置、包装等专利

在评价此类专利创造性的时候，可以有针对性地进行发明专利或实用新型专利的申请。对于同一个主题的专利申请，如该专利具备较高的创造性，可以同时提交发明专利和实用新型专利申请，实用新型专利一般不经过实审，会在大约半年后得到授权，获得10年的实用新型专利保护；而发明专利会经过实审程序，如发明也具备授权条件，则可放弃实用新型的权利，转变成20年的发明专利保护，即延长了10年的专利保护期。

制药企业在谋划专利布局时，需要综合考虑诸多因素，找到最适合自家企业的专利布局策略，以下是需要重点考虑的要素。

（1）技术方向与市场趋势：企业应将专利布局与技术发展方向相结合，重点保护具有潜在商业价值的技术领域。

（2）竞争对手的专利情况：了解其专利布局和技术优势，有针对性地申请专利，以建立有效的技术防线。

（3）专利的全面保护：对于重要产品和技术，不仅要申请核心技术的专利，还应备案相关的改进或备用技术方案，确保全面保护创新技术。

（4）企业自身的实际情况：考虑企业的技术水平、财力和人力资源等方面的实际情况，制定符合企业实际的专利布局策略。

（5）时间和地域因素：针对不同地区和市场的需求，进行相应的专利布局，避免地区差异导致的技术侵权问题。特别是有计划要出海的创新药企业，一定要多了解各国在药品专利方面法规和流程方面的差异，尽早布局。

综上所述，在研发阶段有节奏、有针对性地对药物进行专利布局，可以为该产品上市后赢得一定的市场份额提供技术保障。

二、非专利知识产权保护

除了专利,与创新药关联的知识产权主要还包括商标权、试验数据保护、孤儿药/罕见病药独占权、儿科用药独占权、首仿独占权、商业秘密等。临床研究过程中的临床试验方案、总结报告、发表的文献等项目管理文件也属于非专利知识产权的内容。

(一)商标权

商标权是民事主体享有的在特定商品或服务上以区分来源为目的排他性使用特定标志的权利。商标注册是取得商标权的基本途径。我国《中华人民共和国商标法》第三条规定,经商标局核准注册的商标为注册商标,商标注册人享有商标专用权,受法律保护。药品商标对于提升产品的辨识度和品牌忠诚度都发挥着重要作用。就这方面来说,铸刻在拜耳所有产品和包装上的拜耳十字(图 8-2)应该是这一领域最成功的应用示例之一,从最早的阿司匹林等产品上的应用开始至今已经超过 100 年的时间。

图 8-2 拜耳公司商标

药品商品名称和药品商标都具有区分不同药品生产者的作用。药品商品名称是指一家企业生产的区别于其他企业同一产品、经过注册的法定标志名称,其特点是专有性。药品商品名称体现了药品生产企业的形象及其对商品名称的专属权。药品商品名称只能由汉字组成,不得使用图形、字母、数字、符号等标志，其不得与他人使用的药品商品名称相同或者相似，还必须在得到主管机关批准后方可使用。在药品包装上，药品商品名称不得与通用名称同行书写，其字体和颜色不得比通用名称更突出和显著，其字体单字面积不得大于通用名称所用字体的 1/2。

相比于药品商品名称，药品商标构成要素更为广泛，可以包括文字、图形、字母、数字等要素及其组合。因此，药品标签上使用商标可以丰富标签的内容，方便消费者识别产品来源。在药品包装上，药品商标应当印刷在药品标签的边角，含文字的，其字体单字面积不得大于通用名称所用字体的 1/4。

药品商品名称在满足《中华人民共和国商标法》相关规定的情况下可以作为商标获得注册，所以很多企业都会将药品商品名称作为商标注册的一部分，一方面，在实际使用中方便用户识别品牌；另一方面，也有利于加强对于品牌的保护。例如，药品商品名称"新康泰克"同时也是相关企业的注册商标。

（二）试验数据保护

试验数据保护旨在防止竞争对手在一定时期内利用原研药企业的临床试验数据申请仿制药上市，在一定程度上保护了原研药企业在投入大量资源进行临床试验后能够获得相应的市场回报。

我国在试验数据保护方面的法律法规细则尚待进一步完善。2018 年，国家食品药品监督管理总局出台了《药品试验数据保护实施办法（暂行）（征求意见稿）》，向社会公开征求意见；2022 年 5 月，国家药品监督管理局公开发布《中华人民共和国药品管理法实施条例（修订草案征求意见稿）》并征求意见，将数据保护期统一设立为药品注册上市后 6 年。

（三）孤儿药/罕见病药独占权

罕见病亦称"孤儿病"，指发病率很低的疾病，一般为慢性病并且病情较重，常危及生命。罕见病发病机制复杂，所以其诊疗难度大，临床诊治存在巨大挑战。罕见病药，即孤儿药，是专门为治疗、治愈或控制罕见病而设计的药物。

2010年，中华医学会医学遗传学分会公布的"患病率小于1/50万或新生儿发病率小于1/1万"是我国首个较权威的罕见病定义。2021年，《中国罕见病定义研究报告2021》中将罕见病定义为"新生儿发病率小于1/1万、患病率小于1/1万且患病人数小于14万的疾病"。国家卫生健康委员会、科技部、工业和信息化部、国家药品监督管理局、国家中医药管理局5个部门分别在2018年和2023年联合发布了《第一批罕见病目录》和《第二批罕见病目录》，分别包含121种和86种罕见病，其所列均为罕见病中的常见疾病，如重症肌无力、戈谢病、特发性肺动脉高压等。

从现状来看，海外市场，尤其是欧美发达国家对罕见病药物政策支持全面、力度大。梳理国外部分发达国家的罕见病药物支持政策，市场独占期普遍在7~10年，减免部分税收，并给予优先审评审批，部分情况可豁免后期临床试验或减小试验规模，另有专项补助金支持罕见病药物研发。

相对而言，我国的罕见病支持政策还有待进一步完善，有关部门和社会各界也一直在行动。从2007年《药品注册管理办法》开始，中共中央、国务院、国家卫生健康委员会、国家药品监督管理局、国家药品监督管理局药品审评中心等部门先后出台多个文件，对罕见病的药物治疗给予了大力支持，相关政策主要有加速审评审批、减免临床试验申请、加长市场独占期和实行税费优惠4个方向。临床急需的短缺药品、防治重大传染病和罕见病等疾病的创新药和改良型新药可以申请优先审评审批，临床急需的境外已上市、境内未上市的罕见病药品审评时限为70日；境外已上市的罕见病药品满足要求后可直接批准进口。2022年，《中华人民共和国药品管理法实施条例（修订草案征求意见稿）》首次提及对罕见病新药给予最长不超过7年的市场独占期，并提供增值税优惠等。

致力于开发罕见病药物的公司可以充分利用政策优惠加速药品研发和上市速度，获取市场独占期，或者先通过罕见病适应证获批上市，再进一步扩展到非罕见病适应证。

（四）儿科用药独占权

相对成人，儿科患者是特殊用药人群，儿科用药是在患者快速生长时期和（或）出生后器官、系统的发育时期给药。受脏器发育尚未完全等因素的影响，儿童对药物更为敏感，耐受性较差，此时更应谨慎用药。

也正因如此，大多数制药公司都会尽量避免在注册临床试验中纳入儿童患者，一方面，是因为儿童临床试验开展困难；另一方面，是儿童用药市场普遍较小。这意味着对于儿科医生来说，用药选择要小得多。

为此，近年来国家不仅在研发审批环节给予儿科用药绿色通道，而且在基本药物目录的制定过程中，对儿科用药进行重点强调，鼓励增加儿童用药占比。

2022年，《中华人民共和国药品管理法实施条例（修订草案征求意见稿）》明确指出，国家鼓励儿童用药品的研制和创新，支持药品上市许可持有人开发符合儿童生理特征的儿童用药品新品种、新剂型、新规格，对儿童用药品予以优先审评审批。在药物研制和注册申报期间，加强与申办者沟通交流，促进儿童用药品上市，满足儿童患者临床用药需求。对首个批准上市的儿童专用新品种、剂型和规格，以及增加儿童适应证或者用法用量的，给予最长不超过12个月的市场独占期，其间不再批准相同品种上市。鼓励申请人在提交药品上市许可申请时提交儿童用药剂型、规格和用法用量等的研发计划。

与罕见病用药的市场独占不同的是，儿科用药的市场独占时间较短，是一种附加独占，用于延长其他市场独占或专利，如已获成人适应证的药品增加儿童适应证。

（五）首仿独占权

国家鼓励仿制药发展，促进质量疗效与原研药品一致、临床可替代的仿制药平衡发展，以提高药品可及性，降低医疗负担。

2021年发布的《药品专利纠纷早期解决机制实施办法（试行）》规定，对首个挑战专利成功并首个获批上市的化学仿制药，给予市场独占期。国务院药品监督管理部门在该药品获批之日起 12 个月内不再批准同品种仿制药上市，共同挑战专利成功的除外。市场独占期限不超过被挑战药品的原专利权期限。

需要特别强调的是，这里的 12 个月市场独占期，与美国的首仿 180 天市场独占期概念是不一样的，必须是首个挑战专利成功并首家获批上市的才可获得，不涉及挑战专利的不算。2024 年 1 月，正大天晴的依维莫司片获得上市批准。药品注册证书显示，正大天晴的依维莫司片不仅是国内"首仿获批"，还是我国药品专利纠纷早期解决机制（药品专利链接制度）实施以来，全国首个挑战专利成功的产品，从而获得 12 个月的市场独占期，即在其获批之日起 12 个月内，国家药品监督管理局不再批准同品种仿制药上市。

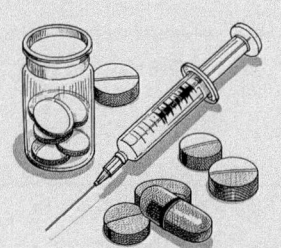

第九章
研发与商业化：硬币的两面

毋庸讳言，制药企业之所以有动力投入巨大的资金和努力进行药物研发，就是为了有朝一日产品获批上市后在商业上取得巨大的成功，获取丰厚利润。但残酷的现实是：国际上统计数据表明，在 10 个成功上市的药品中，只有 3 个药品的销售利润能够达到或超出其研发的成本，这里面有些是因为上市后竞争激烈，推广不达预期，也有些是早期研发策略限制了产品的商业化发展空间。从这个意义上说，创新药的研发与商业化，其实是硬币的一体两面，是无法割裂的。

一、研发策略与商业策略的关系

（一）研发策略是商业策略的重要组成部分

企业作为商业机构，创造利润是其天职，也是其存在的核心目的。从本质上说，企业的所有决策都是基于短期或长期的商业目的。从这个角度上说，研发策略本身就是商业策略中的重要组成部分。

由于新药研发需要巨大的投入，同时面临巨大的不确定性和较长的时间周期，制药企业在研发项目立项时，除了医学、科学上基于当前未满足的医学需求和前期研究数据的考量外，也一定会考虑许多商业和市场的因素，如目标市场规模、当前和未来的市场竞争格局、竞争对手研究数据和研发进度等。大多数企业都会建立一个研发项目评估委员会，涵盖公司内部多种职能的代表以进行综合评估，其中一定会包含商业和市场方面的代表。

事实上，跨国企业都会有一个常设的 NPP（new product planning）或者 PSDP（product strategy development & planning）部门，负责与研发部门对接，根据研发进度提供市场分析和销售预测等数据供研发项目评估委员会参考和决策，参与所有研发立项的决策过程。而在 I 期临床试验结束，进入 II 期临床试验时就会成立涵盖临床研发、临床运营、注册事务、医学事务、市场准入、NPP 或市场等部门的 FDT（full development team）团队，定期同步研究进展，及时解决产品研发和市场开发过程中的困难和问题。在产品进入 III 期临床试验时，许多公司会将 FDT 团队更名为产品上市准备（launch readiness team）团队，并纳入更多与销售、市场、医学和准入相关的商业模块人员。

新药研发是一个持续的过程，现在许多创新药，如作用于肿瘤和自身免疫性疾病的生物类药物，往往都会有许多适应证，如著名的"药王"阿达木单抗就有 10 种以上适应证。截至 2023 年，帕博利珠单抗（商品名：可瑞达）在美国已获批的适应证就超过 20 种。可以想象，这么多的适应证并不是一下子就同时获批的，那么在制定研发策略时，先针对哪种适应证，后针对哪种适应证，也都需要周密而谨慎的科学和商业评估。

扩展适应证是产品生命周期管理中的重要一环。由于多适应证情况的存在，许多产品在首次获批上市后，仍然会有相当多的注册研究还在进行中，而产品上市后，在真实的临床实践中应用也会产生许多有价值的证据和线索，反过来也可以为产品的下一步研发提供新的方向。而产品上市后在商业上的表现也将直接影响公司对于后续应该加大还是减少进一步研发投入的决策。

（二）研发策略对上市后商业成败有重大影响

医药产品的销售推广，主要依靠的是循证医学证据，而第一批产品相关的循证证据，基本只能来源于注册临床试验。所以，注册临床试验在设计阶段

PICO(population,intervention,comparison,outcome)4个关键要素上的选择，将直接影响临床试验患者入组的速度、产品获批的时间和适应证，进而直接影响产品上市后的市场竞争力、进入临床诊疗指南和医保准入难易程度等。可以说，商业上能否成功，很大程度上取决于前期研发策略上的选择。下面两个经典案例能很好地说明产品研发策略对商业成败的直接影响。

1. OK 大战：PD-1 抑制剂领头羊之争

这方面最经典的例子莫过于两个头部的 PD-1 抑制剂——来自百时美施贵宝的纳武利尤单抗（商品名：欧狄沃，以下简称 O 药）与来自默沙东的帕博利珠单抗（商品名：可瑞达，以下简称 K 药）在非小细胞治疗（non small cell lung cancer，NSCLC）领域的一线之争了。

公开数据显示，在 2023 年全球药品销售排行榜中，K 药以 250.11 亿美元的销售额，一举超越之前长期霸榜的阿达木单抗和后起之秀 GLP-1 受体激动剂司美格鲁肽，位居榜首，成为"全球药王"；而 O 药虽然在 2023 年也取得了令人瞩目的成绩——销售额 100.35 亿美元，但也被 K 药远远地甩在身后。

回顾 PD-1 市场之争，核心在于获批的适应证。而在肿瘤领域，一直以来都有"得肺癌者得天下"的说法。肺癌是全球最大的癌种，每年因肺癌死亡的人数大约为 150 万人。非小细胞肺癌则是最常见的肺癌类型，大约占全部肺癌人数的 85%。

早在 2016 年，K 药和 O 药均已获批用于治疗非小细胞肺癌，但都只是二线疗法，也就是在一线疗法治疗失效后，才被用于治疗患者的药物。这无疑会让其受众狭窄许多。所以，谁若能率先成为该领域患者治疗的第一选择，必然能让销售额直线上升。2014 年，O 药和 K 药分别开启了用于非小细胞肺癌一线治疗的三期研究，代号分别为 CheckMate-026 和 KEYNOTE-024。

从临床设计来看，O 药的目标很明确，希望能拿下更大的市场，直接扼杀 K 药。对比来看，O 药 CheckMate-026 患者组 PD-L1 表达阳性比例设置极低，其选取的标准是 PD-L1 ≥ 5%，而 K 药 KEYNOTE-024 患者入组标准为 PD-L1 ≥ 50%。两者相差 10 倍。

除此之外，KEYNOTE-024 相较于 CheckMate-026，入组标准和排除标准都要严格许多。入组标准方面，KEYNOTE-024 有预期寿命至少 3 个月、器官功能正常等 7 项指标；而 CheckMate-026 则只有"无先前的全身性抗癌治疗"这一硬性指标；排除标准方面，KEYNOTE-024 有 17 种排除入组疾病标准；CheckMate-026 只有 5 种。

O 药设置的低入组标准，使其市场空间远远大于 K 药。当然，必然也会使得临床试验成功的难度大幅增加，也算是一种带有风险的狙击猎杀行动。但从此前的数据来看，O 药成功的概率并不小，因为此前开展的二线治疗非小细胞肺癌的临床数据显示，PD-L1 ≥ 5% 的患者疗效普遍不错。

一旦 O 药大获成功，K 药大概率将彻底失去逆袭的可能。不过，这一次幸运之神眷顾的是默沙东。2016 年 6 月，默沙东率先公布 KEYNOTE-024 达临床终点，并凭借此研究结果在 2016 年 10 月率先获批成为 NSCLC 的一线用药。而百时美施贵宝则在 2016 年 8 月意外爆冷，宣布 CheckMate-026 Ⅲ 期研究未达临床终点。受该消息影响，百时美施贵宝股价一度下跌超 30%，市值蒸发 200 亿美元，而 K 药也就开启了反超与封神之路。

虽然百时美施贵宝在 CheckMate-026 研究失败后调整了临床研究策略，选取了高肿瘤突变负荷（TMB ≥ 10）为新的生物标志物，并在 CheckMate-227 研究中证明了 O 药联用伊匹木单抗在无进展生存期上显著优于化疗，并递交了补充生物制品许可申请（supplement Biological License Application，sBLA）。但是在 2019 年 3 月，新数据显示肿瘤 TMB 水平高和低的患者，生存结果没有差异，百时美施贵宝与 FDA 讨论后已撤回了其 sBLA。

CheckMate-026 的失败让研究者更加重视分子标志物在免疫治疗中的意义，积极探索分子标志物，包括 PD-L1、TMB、MSI 和 TIL 等，对于后续的临床研究和科学探索具有一定的推进和借鉴作用。但从研发和商业角度上看，可以毫不夸张地说，在肺癌一线治疗领域败北，是 O 药的"滑铁卢"。

从某种意义上说，新药研发的成功，除了要有科学技术的支持和胆识，有时还需要看能否得到幸运女神的眷顾。

2. 吉非替尼凭借亚洲逆袭翻身

吉非替尼（商品名：易瑞沙），由英国阿斯利康公司开发，是全球范围内肺癌领域研发的第一个靶向治疗药物。吉非替尼针对肿瘤治疗研究领域的"明星"靶点——表皮生长因子受体（epidermal growth factor receptor，EGFR），通过对 EGFR-TK 的抑制，特异性阻碍肿瘤的生长、转移和血管生成，并增加肿瘤细胞的凋亡。

2002 年，易瑞沙率先在日本上市，2003 年，美国 FDA 基于阿斯利康进行的 IDEAL 1 和 IDEAL 2 两个 II 期临床试验结果，有条件批准易瑞沙在美国上市，被批准作为化疗失败或者发生转移的非小细胞肺癌患者的三线治疗方案。

按照附条件批准的要求，阿斯利康在上市后很快发起了 III 期临床试验——ISEL 试验。2004 年 12 月，试验结果正式公布：和安慰剂相比，易瑞沙并没有表现出明显的疗效优势。ISEL 试验的结果给了易瑞沙的前途毁灭性一击。由于该临床试验令人失望的表现，2005 年 FDA 不允许易瑞沙在新患者中使用。同年阿斯利康也撤回了易瑞沙在欧洲的上市申请。

但是在对 ISEL 试验结果的进一步亚组分析后发现，易瑞沙治疗组中的亚裔患者与非亚裔相比，有效缓解率分别为 12.4% 和 6.8%，中位无进展生存期分别为 4.4 个月和 2.9 个月，中位总生存期分别为 9.5 个月和 5.2 个月。很明显，易瑞沙对亚裔患者有效率更高。虽然这时候还没有人能明确地知道这意味着什么，但是它埋下了"卷土重来"的种子。

2004 年 8 月，易瑞沙在中国的进口药品注册临床研究也完成了。结果表明，27% 的患者取得明显疗效，和日本的数据接近，并获得国家食品药品监督管理局上市许可。

在阿斯利康资助的Ⅲ期临床试验进行时，美国两位科学家 Paez 及 Lynch 分别在《科学》(Science)杂志和《新英格兰医学杂志》(the New England Journal of Medicine)上发表论文，提出 EGFR-TK 区基因突变与 EGFR-TKI 疗效相关，即 EGFR 基因突变可以预测 EGFR-TKI 治疗的敏感性。

经过团队及专家协商，阿斯利康做了一个大胆的决定：以临床特征为指引，伴随 EGFR 突变基因检测，开展一项新的易瑞沙临床研究。这就是由香港中文大学 Tony Mok 教授与广东省人民医院吴一龙教授联合开展的一项肺癌治疗历史上跨时代的全球多中心临床试验——易瑞沙泛亚洲研究（Iressa Pan-Asia Study，IPASS）。

从 2006 年 3 月到 2007 年 10 月，试验招募了来自中国、印度尼西亚、日本、马来西亚、菲律宾、新加坡和泰国的泛亚太地区 87 个中心，共 1217 名患者。这些患者被随机分成两组，609 名患者接受易瑞沙（250 mg/d），608 名患者接受卡铂加紫杉醇。主要终点是无进展生存期。试验前，所有患者均进行了 EGFR 基因测试，其中 60% 的试验患者 EGFR 基因突变阳性。3 年后，该试验结果正式发布：在 EGFR 基因突变阳性患者中，与常规治疗组相比，易瑞沙组的中位无进展生存期从 6.3 个月提升到 9.5 个月，有效缓解率从 47.3% 提升到了 71.2%；但是在基因突变阴性患者中，易瑞沙组药效不如常规治疗组。

试验结果有力地证明，EGFR 基因突变阳性肺癌患者是易瑞沙治疗的主要受益者。具有 EGFR 基因突变的晚期非小细胞肺癌患者在亚洲人群中高度富集，突变阳性率可达 50% 以上；而在欧美患者中，该突变阳性率仅为 15% 左右。从这个意义上说，易瑞沙不愧是上帝送给东方人的礼物。

IPASS 结果于 2008 年在欧洲肿瘤内科学会年会公布，2009 年正式在《新英格兰医学杂志》发表。2009 年，欧盟批准易瑞沙用于 EGFR 突变的非小细胞肺癌的各线治疗。2015 年，美国 FDA 正式批准易瑞沙重新上市，限于

EGFR 基因突变阳性及 L8582 基因突变的非小细胞肺癌患者使用。

IPASS 被称作"肺癌研究史上里程碑式的研究"。它明确了 EGFR 基因突变是易瑞沙获益的预测因子，确立了易瑞沙作为 EGFR 突变肺癌的一线治疗地位。更为深远的意义是，IPASS 将人类抗癌治疗历史带入新阶段，自此拉开了肿瘤精准靶向治疗，尤其是肺癌靶向治疗的序幕，标志着现代医学从循证医学时代进入精准医学时代。

二、创新药商业化模式

如前文所言，创新药的研发策略与商业策略是密不可分的，研发策略是商业策略的重要组成部分。也就是说，创新药的商业化并不是从产品获得监管部门的批准以后才开始的，而是从研究项目立项就开始了。归纳起来，创新药的商业化模式主要有自营、合作销售和出海三类。在实际公司运营中，在不同的品牌资产、不同的产品生命周期会交叉运用不同的商业化模式。

（一）自营

自营，顾名思义，是指企业新建商业团队或依靠已有的包括医学、市场、准入、营销、互联网+等完备功能的成熟商业化团队，快速将获批产品推向市场，通过学术推广和销售组合将产品应用到更多合适的患者中，进而获取相对应的销售收入和商业利润。这种模式适合大型跨国制药企业和已拥有广阔的销售渠道、成熟产研销能力的大型制药企业（big pharma），如恒瑞、正大天晴，以及已在资本市场上市、拥有雄厚资本实力的生物制药企业（biopharma），如百济神州、信达生物等。

（二）合作销售

自建商业队伍需要时间和巨大的资金投入，并不适合绝大多数的生物技术企业，所以他们往往会选择合作销售的商业化模式，通过与大型跨国制药企业/大型制药企业/生物制药企业/合同销售组织（contract sales organization,

CSO）合作，将产品的全部或部分商业化权益，有时也包括研发权益，授权给大型跨国制药企业/大型制药企业/生物制药企业/合同销售组织，获取一定比例的销售提成，借助合作伙伴的商业化优势，在专利期内使其创新药的市场空间能够快速兑现，收获首付款、里程碑付款、销售分成等，帮助自身持续发展。典型案例有基石药业与辉瑞、亚盛医药与信达生物、康方生物与正大天晴、康宁杰瑞与先声药业的合作等。

（三）出海

中国人口众多，医疗市场体量庞大，目前已成为仅次于美国的全球第二个医药市场。不过相较于国内市场，部分海外发达国家展现出更为广阔的创新药市场潜力。以美国为例，在支付能力方面，2023 年我国人均医药支出为 164.2 美元，相比之下，美国的人均医药支出高达 1780.1 美元，约为我国的 10.8 倍。由于医保体制的差异，发达国家往往能为创新药提供更广阔的定价空间，从而为创新药的研发带来更高的回报。以在美国上市的本土创新药为例，如泽布替尼、本维莫德、特瑞普利单抗和呋喹替尼等药物，其定价通常远高于中国本土市场。这也意味着，国产创新药进入海外市场后，同一款产品能够获得更高的利润回报。创新药中美定价对比见图 9-1。

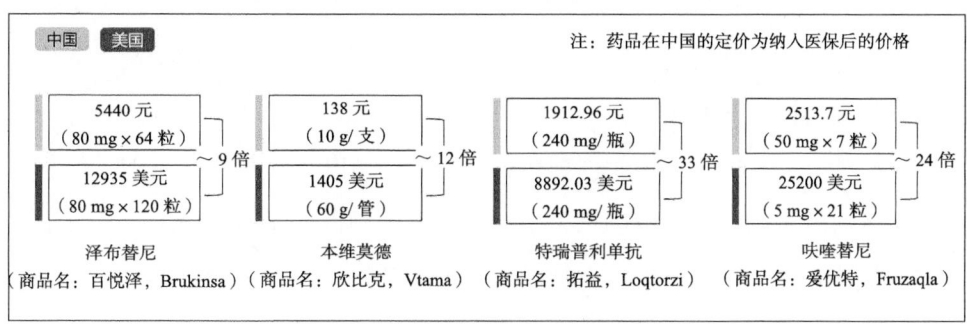

图 9-1 创新药中美定价对比

此外，随着国内创新药研发实力的快速提升，我国药物创新性和研发效率的优势受到全球的认可，新药出海对于企业而言势在必行。但出海本无须如此迫切，只是在带量采购、医保谈判、创新药内卷加剧等冲击下，国内创新药企业被迫寻找新的出路和发展空间。考虑到海外市场存在着巨大的市场空间和想象空间，国内企业争相将海外战略付诸实践，加速全球化进程。

百济神州是本土创新药出海的先行者。泽布替尼作为中国第一款由本土企业自主研发、FDA获准上市的抗癌新药，标志着中国原研新药在国际化道路上迈出了重要一步。截至2023年底，泽布替尼已在包括美国、中国、欧盟、英国、加拿大、澳大利亚、韩国和瑞士在内的超过70个市场获批多种适应证，2023年实现年销售额12.6亿美元，成为国内第一个取得"十亿美元分子"里程碑的创新药，其中美国市场贡献了75%的销售收入。

泽布替尼的成功出海，亦是中国生物医药创新升级的一个缩影。近年来，创新药企们通过加大研发投入，推动技术创新，成功研发出一系列具有自主知识产权的新药，并在国际市场上获得认可。2019年至2024年上半年，已有7款中国创新药获得美国FDA批准上市：百济神州的泽布替尼（2019年）、传奇生物的西达基奥仑赛（2022年）、冠昊生物子公司天济医药的本维莫德（2022年）、君实生物的特瑞普利单抗（2023年）、和记黄埔医药的呋喹替尼（2023年）、亿帆医药子公司亿一生物的艾贝格司亭α（2023年）及百济神州的替雷利珠单抗（2024年）。

当前形势下，越来越多的创新药企纷纷选择拓展国际市场，以期获得更多的发展机遇和市场份额，中国药企出海的创新案例也日益丰富。不过，对于每一家创新药企而言，如何选择合适的出海策略及把握恰当的时机，都是需要根据自身实际情况进行深入思考的课题。

综合来看，目前创新药出海的方式主要有以下4种。

1. 自主出海

自主出海指的是中国药企独立进行临床研究与建立商业团队，全面掌控海外市场研发与商业化运营，并独享商业化收益。同时，此模式还能为国内其他药企的产品上市商业化提供经验借鉴。然而，该模式对药企的资源投入、国际化能力及风险承受能力要求较高。目前，资本雄厚且拥有丰富海外经验的大型药企更有实力采取这一出海路径。随着出海竞争加剧及中国药企对国际话语权重视度的提升，中国药企将在出海路径中把控更多自主权，通过自主出海的模式走向海外。

2. 联手出海

在此模式下，中国药企能广泛筛选海外企业，寻找那些在海外商业化能力强且能助其在海外临床积累经验的合作伙伴。但此模式下，中国药企难以直接掌控海外市场销售策略及结果，商业化收益也可能受到合作伙伴的制约。目前，已有很多企业认识到自建临床研究团队的价值，预计未来将有更多企业在此模式上布局研发。

3. 借船出海

授权国际临床研究与商业化的路径。此路径相对而言投入门槛较低，尤其适合资源有限且国际化经验尚浅的企业。选择此模式可以快速获得丰富的资金，缓解资金压力，但也意味着企业将难以在海外市场研发及商业化过程中占据主导地位。目前乃至未来一段时间，这将是中国药企出海的主流方式。

4. NewCo 模式

近年来，一种新的创新药国际化模式——NewCo（new company）模式受到越来越多的关注。NewCo 模式，是指通过海外资本设立新公司，并将特定管线资产的海外权益授权给这家公司，专注于这些管线的发展。同时，邀请多方参与，以补充现金流，并为投资人提供退出机制。药企通过 NewCo 模式对外授权产品的权益，能够获得资金回笼和风险分散的机会。与此同时，相较于将产品出让给大型跨国药企，在 NewCo 模式之下，产品将被优先视为核心资产，吸引更多优质发展资源聚焦于此，从而最大化产品价值。产品若能一举获得成功，也为投资者在海外市场的退出提供了新的途径。此外，其优势还在于海外权益授权能为中国药企带来股权的交换，中国药企后续可以参与公司决策，并锁定更多远期收益，确保在产品出海进入商业化阶段后，仍持有相当比例的海外权益。

尽管 NewCo 模式在海外已有应用先例，但在国内尚属较新的尝试。公开信息显示，近年来首起采用 NewCo 模式的出海事件可追溯至 2021 年的艾力斯对 ArriVent 的授权合作事件，随后在 2024 年的 3 个月内接连发生三起，授权方包括恒瑞医药、康诺亚生物及嘉和生物。

以恒瑞医药和 Hercules 的合作为例：2024 年 5 月，恒瑞医药宣布将具有自主知识产权的 GLP-1 产品组合有偿许可给 Hercules 公司。Hercules 公司由贝恩资本生命科学基金与 Atlas Ventures、RTW 资本、Lyra 资本联合出资 4 亿美元，于 2024 年 5 月在美国特拉华州设立。此次交易涉及的 GLP-1 产品组合包括 HRS-7535、HRS9531 及 HRS-4729，从临床进展来看，HRS9531 进入临床Ⅲ期，HRS-7535 处于临床Ⅱ期，HRS-4729 则处于临床前开发阶段。根据协议条款，Hercules 公司将获得在除大中华区以外的全球范围内开发、生产和商业化 GLP-1 产品组合的独家权利。而作为对外许可交易对价的一部分，恒瑞医药将取得 Hercules 公司 19.9% 的股权。GLP-1 产品组合授权许可费包括首付款和近期里程碑总计 1.1 亿美元。基于 HRS-7535 临床开发进度及 FDA 首次获批上市，恒瑞医药将收到累计不超过 2 亿美元的临床开发及监管里程碑款。基于 GLP-1 产品组合在许可区域实际年净销售额情况，Hercules 公司将向恒瑞医药支付累计不超过 57.25 亿美元的销售里程碑款。

NewCo 模式为国内创新药企开辟了一条新的国际化道路，随着越来越多的实践案例出现，国内创新药企正积极利用自身的创新产品，深度融入全球生物制药行业的资本运作。

三、商务拓展：连接研发与商业化的桥梁

商务拓展（business development，BD）是近年来医药企业里发展迅速的职能部门，其主要职能包括新产品的许可和购买，企业的合作、兼并、收购等，通过与制药公司、研发机构等合作，借助商业谈判、市场调研、产品引进或卖出等方式，推动公司业务发展。医药 BD 需要具备丰富的医药行业知识和良好的沟通协调能力，能够为公司带来新的业务机会和增长。

（一）中国生物医药 BD 发展迅速

长期以来，大型跨国制药企业的研发效率一直广受诟病，这与大公司的组织架构复杂、决策流程漫长、内部利益冲突等因素相关，似乎也不容易找到很好的解决办法。与此同时，许多创新生物制药企业虽然拥有一些独特的创新产品管线，但往往面临融资困难、现金短缺、缺乏商业化和大规模生产的能力等困境。这就为双方的合作创造了条件和可能。

回顾历史，我们就会发现，跨国公司许多非常畅销的药品都是通过并购或购买获得的，远的有辉瑞从 Warner-Lambert 获得阿托伐他汀（商品名：立普妥）、罗氏从 Genentech 获得注射用曲妥珠单抗（商品名：赫赛汀），近的有默沙东从 Organon 获得帕博利珠单抗（商品名：可瑞达），百时美施贵宝从 Ono Pharma 获得纳武利尤单抗（商品名：欧狄沃），赛诺菲从 Regeneron 获得度普利尤单抗（商品名：达必妥）。可以说，商务拓展，凭借庞大的资金实力获取优质资产，一直以来就是跨国公司研发策略的重要组成部分。

相对应地，随着创新药泡沫的破灭，许多创新药企也不再一味追求公司上市，不再一味追求成为大型制药企业或生物制药企业，而是认真思考将转让作为项目变现、退出机制或国际化的重要手段。

很长一段时间以来，跨国公司是看不上中国的创新药研发资产的。一直以来，国内创新药企给人原始创新能力不强的印象。中国创新药的业务发展经历了多个重要阶段，从早期的探索到如今的国际化进程，反映了中国生物医药行业的快速成长和不断进步。

2007年，微芯生物完成了中国创新药历史上的第一笔BD交易，将西达苯胺以2800万美元许可给沪亚，这标志着中国创新药BD的起步。

2008年，国家设立了"重大新药创制"科技重大专项，这是中国创新药发展的一个重要里程碑。这一政策的实施让产业界看到了创新驱动的国家战略对医药行业的支持。此后，中国创新药的发展逐渐加速，特别是在2015年药品审评审批制度改革以后，随着积累的创新药数量增加，中国创新药开始逐步走向国际市场。

从2018年至2023年，中国企业转让交易项目数量与金额均快速增加。近年来，中国创新药BD的发展呈现出显著的国际化趋势。例如，恒瑞医药在2023年达成了多起海外BD授权，包括与默克达成最高可达14亿欧元的交易，BD交易额超过40亿美元，而其中最引人注目的还是百利天恒与百时美施贵宝的合作。

2023年12月11日，百利天恒宣布：子公司SystImmune和百时美施贵宝就BL-B01D1达成独家许可与合作协议。根据协议条款，两家公司将在美国联合开发和商业化BL-B01D1。SystImmune将通过其关联公司全权负责在中国大陆的开发、商业化和生产，并负责生产某些在中国大陆以外使用的药品。百时美施贵宝将全权负责在全球其他地区的开发和商业化。相对应地，百时美施贵宝将向SystImmune支付8亿美元的预付款和高达5亿美元的近期或有付款。SystImmune有资格在实现某些开发、监管和销售业绩里程碑后获得最高达71亿美元的额外付款，潜在总价值最高达84亿美元。

根据动脉网数据，2023年中国药企BD交易总额再创新高，达505.9亿美元，交易事件共 124 件，其中转让事件 53 件，交易金额高达 425.9 亿美元，占比 84.2%。表 9-1 列出了 2023 年中同市场前 10 位 BD 交易情况，其中前 9 位均为转让交易，仅抗体偶联药物相关的交易就有 6 件。

表 9-1　2023 年中国市场前 10 位 BD 交易

授权方	引进方	项目	交易类型	交易金额（亿美元）	临床阶段	靶点	药物类型
百利天恒	BMS	BL-B01D1	转让	84	临床Ⅰ期	EGFR/HER3	双抗 ADC
诚益生物	阿斯利康	ECC5004	转让	20.1	临床Ⅰ期	GLP-1	小分子
百力司康	卫材	BB-1701	转让	20	临床Ⅰ/Ⅱ期	HER2	ADC
翰森制药	GSK	HS-20093	转让	17.1	临床Ⅰ期	B7-H3	ADC
科望医药	安斯泰来	ES009	转让	17	临床Ⅰ期	PD-L1/SIRPα	大分子
映恩生物	BioNTech	DB-1303 DB-1311	转让	16.7	临床Ⅲ期	HER2	ADC
翰森制药	GSK	HS-20089	转让	15.7	临床Ⅰ期	B7-H4	ADC
恒瑞医药	默克	SHR-A1904	转让	15.5	临床Ⅰ期	Claudin-18.2	ADC
药明生物	GSK	四款 TCE 双特异性/多特异性抗体	转让	15	–	–	大分子
Ensem Therapeuti	百济神州	ETX-197	引进	13.3	IND	CDK2	小分子

坦率地说，截至目前，国内疾病和药物的基础研究水平对标美国等全球先进体系仍有差距，仍难以支撑新药研发层出不穷的原始创新。但眼下，国内创新药企逐渐找到自身在全球制药生态中不可被取代的定位，如国内临床试验的客观环境和监管环境都相对宽松，逐步形成了在机制、靶点比较明确的药物中，更强的开发和优化能力。这正是海外新药研发生态所不具备的要素，也是大型跨国制药企业愿意为国内创新药资产买单的核心动力。

除了大型跨国制药企业，国内一些大型制药企业，如恒瑞医药、复星医药、华东医药、中国生物制药等，也通过 BD 合作不断丰富自身产品管线并提升研发能力，其中既有引进，也有转让。

总的来看，中国创新药 BD 的发展历程反映了从国内市场的初步探索到国际市场的深度参与，体现了中国生物医药行业在全球医药市场中的崛起和竞争力的增强。未来，随着更多创新药的研发和国际化进程的推进，中国创新药 BD 将继续走向成熟并取得更大的成就。

（二）BD 项目评估

BD 是医药企业战略需求的必然产物。随着医药行业的发展和竞争的加剧，许多医药企业需要 BD 部门的活动和交易来寻求企业进一步发展的动力。在 BD 交易过程中，价格 / 估值往往是买卖双方最关注的指标，而这也是最难达成统一意见的要素。除此之外，双方还会根据以下侧重点来动态权衡 BD 交易利弊：买方主要会通过三个维度来观察潜在的目标，按重要性依次为好团队、好产品及好技术平台；而卖方会与买方签订首付款 / 里程碑付款 / 销售分成的许可交易合同，需要重点考虑买方的临床研究能力及商业化能力。下面以引进为例探讨如何进行 BD 项目评估。

创新药研发专业性很强，有很高的技术壁垒，不确定性也很大。而 BD 需要在此过程中进行合理的风险评估和战略决策，这就对 BD 工作提出了很高的要求和挑战。一方面，BD 需要决定是否与创新药研发者进行合作或收购，以获取先进技术和药物管道；另一方面，BD 必须面对监管审批的风险和不确定性。创新药通常需要通过严格的审批程序才能上市销售，这要求 BD 具备强大的法规合规能力。在实际操作中，创新药 BD 市场竞争激烈，有意向交易的双方交流节奏非常快，通常需要在数据有限、资源限制、时间限制的条件下，迅速对标地做出"资产评估"。在这种情况下，BD 该从哪些维度来对项目做出准确评估呢？

简单来说，评价维度可以分为内部因素和外部因素。内部因素可以从两个角度分析：管线和自家公司的战略契合度，以及管线和自家公司运营能力的契合度；外部因素则主要考虑与产品和市场相关的要素（表9-2）。

表 9-2 医药 BD 项目评估框架

内部因素		外部因素	
战略契合度	运营契合度	产品相关	市场相关
·公司愿景 ·治疗领域 ·现有管线	·销售协同 ·获得的技术/能力 ·生产协同 ·文化协同	·目标适应证 ·作用机制 ·剂量/给药方式 ·疗效 ·安全性	·市场容量 ·市场准入 ·定价 ·市场份额 ·知识产权

1. 内部因素

（1）战略契合度：在对潜在的购买管线进行全面评估之前，BD 人员应首先确保该资产适合公司的战略。在评估管线的战略契合度时，应该确定管线与企业战略的一致程度，以及是否与现有投资组合互补，具体如下。

①该产品能否推动公司成为特定疾病领域的领导者？

②该产品是否可以与类似适应证不同疗法的其他投资组合资产共同配置？

③该产品是否与投资组合中的其他疗法竞争，有什么负面的影响？

④它是否使公司能够通过不同的适应证接触到其重点治疗领域内的更多患者？

说白了，就是把产品的定位"量化"，再看看公司最近的战略，看看两者是否有交集，或者交集有多大。

（2）运营契合度：当公司能力和产品在运营角度高度兼容时，公司才能够更好地实现资产的最佳价值，因为一般交易的产品都是处在上市前，纳入公司管线后，公司是否有能力持续推进临床研究、药学相关研究及商业化等，都需要仔细考虑，否则很可能会阻碍公司创造价值，同时推高产品的成本并减慢商业化进程。

2. 外部因素

（1）产品相关：产品相关因素涉及潜在药物本身的科学性，即是否具有

"满足未被满足的临床需求"价值所需的科学属性，具体的事项包括作用机制、生产工艺、临床前/临床研究数据、竞品、公司类似产品等。

（2）市场相关：分析市场相关因素的目的是确定该疗法是否适合市场，以及公司可以多快实现产品价值，具体因素涉及可能的患者群体规模、处方医生的意愿、可用的治疗替代方案、未满足的临床需求等。

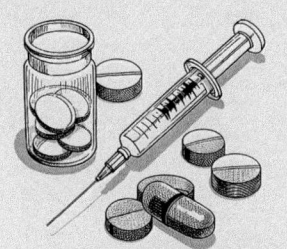

第十章
中国医药市场商业模式演变

商业模式，简单来说就是企业赚钱模式或者盈利模式。根据史立臣在《医药新营销：制药企业、医药商业企业营销模式转型》一书中的定义，商业模式是为实现客户价值最大化，把能使企业运行的内外各要素整合起来，形成一个完整的、高效率的、具有独特核心竞争力的运行系统，并通过最优配置和组合的形式满足客户需求、实现客户价值，同时使企业运营系统达成持续盈利目标的整体解决方案。

随着改革开放40多年的发展，中国医药行业的商业模式也在不断地变迁发展，整体趋势是产品从仿制走向创新，商业模式从简单走向复杂，从粗放走向专业，从"一技在手，走遍天下"到需要统合多部门的资源和能力（图10-1）。

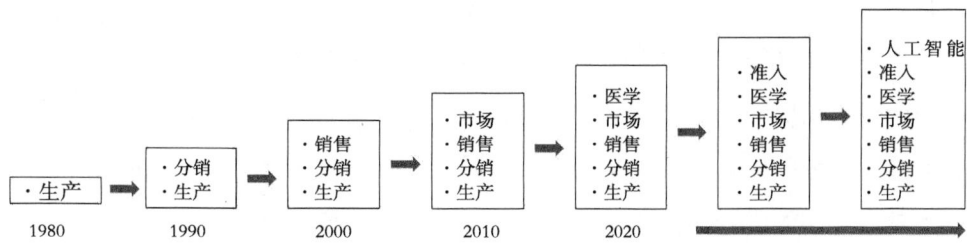

图10-1 中国医药市场商业模式发展演变

一、中国医药市场演变大事记

（一）从产品时代、渠道为王时代到整合市场营销时代

1990年前，基本上可以称为"产品时代"。那时候，整个社会还处于缺医少药的状态，只要是合格的药品，基本都能很快就被抢光了，恒瑞医药当年就是凭着生产"依托泊苷"和"环磷酰胺"这两款肿瘤化疗药获得了发展的第一桶金。

"产品时代"后就进入了"渠道为王"时代。当时药品流通渠道的主体是各级医药商业公司。在这个阶段，新药（新产品）上市的第一任务是搞定医药公司，只要搞定医药公司，基本可以迅速打开医院市场。医药商业公司经常组织各大医院药剂科主任、采购、库管等召开新产品上市发布会，当场订货，基本上一场发布会可以打开一个地级市主要医院市场，凸显了渠道的力量。在这个时期，每年举办4次的药品交易会也是非常重要的渠道，大部分制药企业都会参与，集中与各地的医药商业公司签订交易合同。

此后，以中美天津史克制药有限公司（简称中美史克）、中美上海施贵宝制药有限公司（简称中美上海施贵宝）、西安杨森制药有限公司（简称西安杨森）等为代表的合资公司纷纷在中国投资建厂，带来了众多重磅炸弹级产品，如中美史克的芬必得、康泰克；中美上海施贵宝的金施尔康、日夜百服宁、泛捷复；西安杨森的吗丁啉、达克宁等。跨国药企不仅引进了资金、新产品，还带来了新的营销理念与管理理念。真正的医药代表由此产生，但此时外资药企的医药代表主要的任务还是信息传递。随着时间推移，内资企业开始学习外资企业推广产品的模式，设立销售部，中国医药市场从此进入"市场营销时代"。随着越来越多的内资药企建立销售团队，市场竞争越来越激烈，原来以医药专业院校毕业人员为主的医药销售队伍快速涌入了许多非医药背景的从业人员，加上国内产品以仿制药为主，不需要复杂的专业教育背景和学术信息传递。渐

渐地，在外资企业里以专业、学术信息传递为主的医药代表职能在大多数内资企业里变成了以做客情为主，同时结合带金的方式促进销量的增长，媒体也时不时会报道医务人员因涉嫌药品购销违法而犯罪的案件。

除引入了医药代表这个职业以外，外资企业还带来了人们在市场营销和品牌管理方面观念的提升，外资企业纷纷建立了强大的市场部，通过对市场和客户充分的分析和了解，针对性地制定品牌策略、发布关键信息和开展市场推广活动，从改变医生治疗观念入手，逐步改变医生的处方行为，诞生了许多经典的案例，如吗丁啉提出"胃动力"概念，拜唐苹强化"餐后血糖"的意义，立普妥的"强化降脂"概念，泰能"重拳出击"的降阶梯策略，博路定的"耐药基因屏障"等，也成就了许多药品品牌，取得了商业上的巨大成功。

而随着市场环境的变化和市场竞争的日趋激烈，医学和市场准入在中国医药商业模式中的重要性，在创新药方面尤为突出。当前创新药的推广已进入整合营销时代，必须整合生产、渠道、品牌、医学、准入等多方力量和资源，方有可能取得成功。

（二）GSK行贿事件与医学驱动的深化

2013年的葛兰素史克（中国）投资有限公司（简称GSK）行贿事件对中国医药市场影响深远。2013年夏天，GSK在中国涉嫌商业贿赂案发，公安部发布的通告称：因涉嫌严重商业贿赂等经济犯罪，GSK中国部分高管被依法立案侦查。此后，全球知名药企GSK中国行贿事件持续发展，警方进一步披露GSK中国部分高管涉嫌经济犯罪案情。包括多名高管在内，累计超过20名药企和旅行社工作人员被警方立案侦查。

2014年9月，GSK中国公司贿赂行为被长沙市中级人民法院正式裁定为"公司行为"，被判罚金人民币30亿元，包括GSK中国公司前中国区总经理等被告分别被判处不同刑期。

GSK事件后，各大公司纷纷加强了合规建设，许多公司都修改了医药代表的岗位职责和绩效考核方式,让其不再直接与销量挂钩,并对学术会议和推广活动加强了监管。与此同时,GSK事件也大大促进了医学事务部门在制药企业内部的崛起,各大公司医学事务部门人员规模快速扩张,成为药品商业模式中的重要一环。由于医学事务部门工作侧重于关键意见领袖(key opinion leader,KOL)层面,且属于非推广性质,能够与专家进行对等的医学科学交流,满足了专家对临床研究开展、文章发表、前沿学术资讯获取等方面的需求,也受到了专家的欢迎和肯定。

(三)药品审评审批制度改革与创新药企崛起

随着我国医药产业快速发展,药品的质量和标准不断提高,较好地满足了公众用药需求。但同时药品审评审批过程中存在的问题也日益突出,注册申报资料质量不高、仿制药重复申报量大、部分仿制药质量与国际先进水平存在差距、临床急需新药时上市审批时间过长等,严重影响了药品创新的积极性。

2015年注定是中国药品监管史上不同寻常的一年。2015年7月22日,国家食品药品监督管理总局(CFDA,即现在的NMPA)发布《关于开展药物临床试验数据自查核查工作的公告(2015年第117号)》(图10-2)。

图10-2 CFDA发布《关于开展药物临床试验数据自查核查工作的公告》

公告要求,所有已申报并等待审批注册申请的1622个产品的申请人开展自查工作。自查发现临床试验数据存在不真实、不完整等问题的,可以在2015年8月25日前向国家食品药品监督管理总局提出撤回注册申请。未主动撤回的项目将接受国家食品药品监督管理总局的核查。对核查中发现临床试验数据真实世界数据存在问题的相关申请人，3年内不受理其申请。药物临床试验机构存在弄虚作假的，吊销药物临床试验机构的资格；对临床试验中存在违规行为的人员通报相关部门依法查处。将弄虚作假的申请人、临床试验机构、合同研究组织及相关责任人员等列入黑名单。CFDA用"四个最"来概括这次核查工作——最严谨的标准、最严格的监管、最严厉的处罚、最严肃的问责。最终核查名单中的1622个项目中，超过80%主动撤回或未通过核查，一些机构和CRO被立案调查，行业内将这次事件称为"722事件"。

2015年8月，国务院印发的《关于改革药品医疗器械审评审批制度的意见》（国发〔2015〕44号），以解决药品注册申请积压为突破口，以问题为导向，以提高质量为目的，提出了解决药品注册申请积压、仿制药质量和疗效一致性评价、立卷审查制度、开展临床试验核查、审评信息公开等要求；同时以促进产业转型升级和创新发展为目的，以鼓励创新为核心，提出了优先审评、药品上市许可持有人、适应证团队、项目管理、沟通交流及专家咨询委员会等改革举措。

2017年10月，为了进一步深化审评审批制度改革，中共中央办公厅、国务院办公厅印发的《关于深化审评审批制度改革鼓励药品医疗器械创新的意见》（厅字〔2017〕42号），提出了优化临床试验审批程序、接受境外临床试验数据、加快临床急需药品审评审批、支持罕见病治疗药品研发、实行药品与药用原辅料和包装材料关联审批等改革措施，审评审批制度改革进入了快车道。2017年6月，中国正式加入ICH，标志着中国开始真正融入国际药品监管体系。这两个纲领性文件和配套的一系列文件法规的出台及中国正式加入ICH，点燃了制药企业和资本市场对创新药的投资热情。在资本的全力推动下，众多生物制药公司如雨后春笋般成立，直接推动了市场对医药研发人才的巨大需求，许多在海外工作的科学家纷纷回国创业，许多外企研发人才纷纷往这些新成立的创新企业流动。根据医药魔方和东吴证券的统计，NDA数量和上市创新药逐年上升，国产占比显著提升。2017—2023 年中国 NDA 产品累计 588 款，以进口产品为主，占比近 65%，但国产药品数量自 2018 年起明显增加，2023 年大批国产创新药进入 NDA 阶段，共计 64 款，2017—2023 年国产 NDA 产品数量的复合年增长率超 36%。与此同时，2017—2023 年，我国创新药上市数量波动上升，从 43 款增加至 79 款。国产创新药比例有显著提高。从 2017 年的 2% 增加至 2023 年的 41%；从创新药种类来看，生物药比例也在逐渐上升，从 2017 年的 7 款增加至 26 款（图 10-3）。

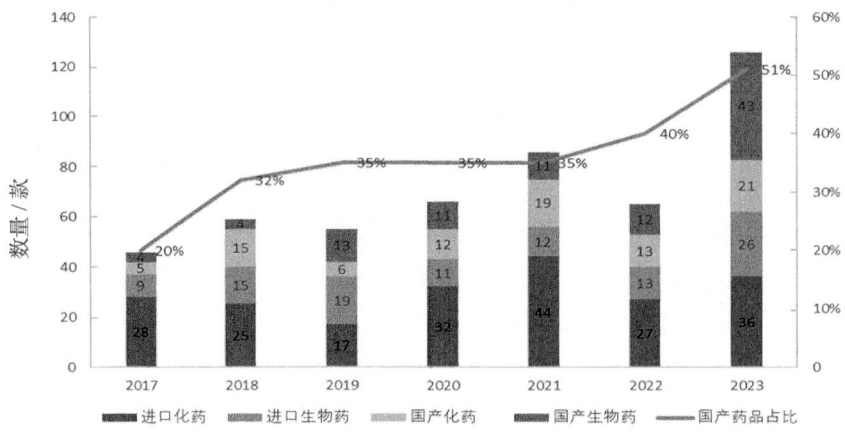

a.2017—2023 年中国 NDA 创新药统计

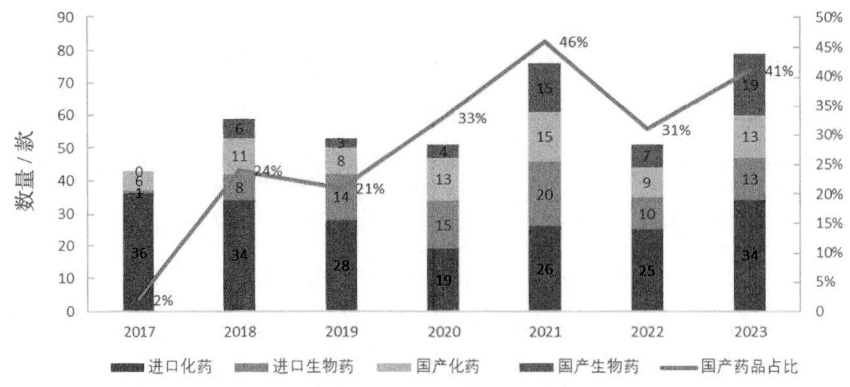

b.2017—2023 年中国创新药上市统计

图 10-3　2017—2023 年中国创新药 NDA 与上市数量统计

（四）国家医疗保障局成立与市场准入

在推进创新药审评审批制度改革的同时，国家也在积极地推动仿制药的一致性评价工作。长期以来，中国医药市场的一个独特现象是大量已经过了专利期的原研药品，仍然可以在市场上保持相对高的价格并以相当的速度成长。2020年前，中国市场上销售前20的处方药，大多数被已过专利期的原研药品（如波立维、络活喜、立普妥、拜唐苹、博路定等）占据。这些原研产品在各地招标过程中往往享受单独原研药的质量层次待遇，每次招标都只是象征性地小幅降价，整体仍然保持相当高的价格。这与国际上原研产品一旦专利过期就会遭遇"专利悬崖"（patent cliff）、销量和市场份额在仿制药的冲击下急剧下降的情况形成了鲜明的对比。出现这种现象的主要原因是中国仿制药的质量参差不齐，标准不一，无法真正做到与原研产品生物等效、临床等效。

2016年2月6日，国务院办公厅发布的《关于开展仿制药质量和疗效一致性评价的意见》（国办发〔2016〕8号），提出要通过一致性评价工作提升制药行业的整体水平，保障药品的安全性、有效性，促进医药产业升级与结构调整，增强国际竞争力。此后，药品一致性评价工作大大提速。

2018年3月，十三届全国人大一次会议批准了国务院机构改革方案，成立国家医疗保障局，将人社部分管的城镇职工医保、城镇居民医保、生育保险、卫生和计划生育委员会分管的新型农合职能整合交给医疗保障局；将国家发展和改革委员会统一管理的医药价格职能移交给医疗保障局；将民政部的医疗救助职能划转给医疗保障局。2018年5月31日，国家医疗保障局正式挂牌成立（图10-4）。

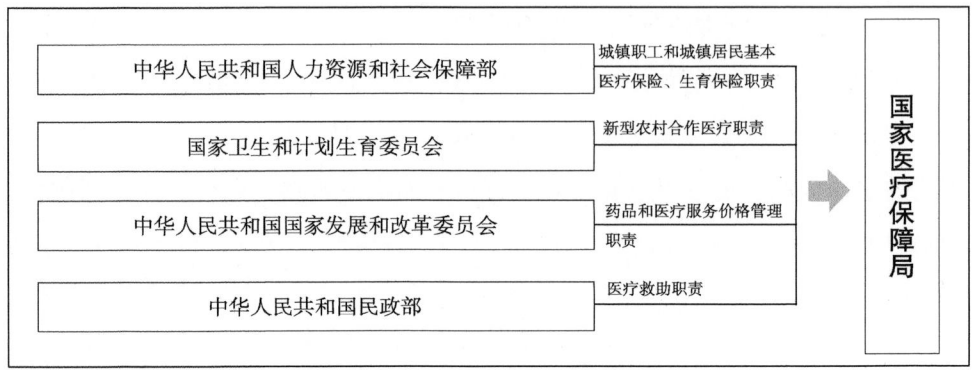

图 10-4　2018 年国家医疗保障局成立

根据国家医疗保障局网站的介绍，其主要职责包括以下内容。

（1）拟定医疗保险、生育保险、医疗救助等医疗保障制度的法律法规草案、政策、规划和标准，制定部门规章并组织实施。

（2）组织制定并实施医疗保障基金监督管理办法，建立健全医疗保障基金安全防控机制，推进医疗保障基金支付方式改革。

（3）组织制定医疗保障筹资和待遇政策，完善动态调整和区域调剂平衡机制，统筹城乡医疗保障待遇标准，建立健全与筹资水平相适应的待遇调整机制。组织拟定并实施长期护理保险制度改革方案。

（4）组织制定城乡统一的药品、医用耗材、医疗服务项目、医疗服务设施等医保药品目录和支付标准，建立动态调整机制，制定医保药品目录准入谈判规则并组织实施。

（5）组织制定药品、医用耗材价格和医疗服务项目医疗服务设施收费等政策，建立医保支付医药服务价格合理确定和动态调整机制，推动建立市场主导的社会医药服务价格形成机制，建立价格信息监测和信息发布制度。

（6）制定药品、医用耗材的招标采购政策并监督实施，指导药品、医用耗材招标采购平台建设。

（7）制定定点医药机构协议和支付管理办法并组织实施，建立健全医疗保障信用评价体系和信息披露制度，监督管理纳入医保范围内的医疗服务行为和医疗费用，依法查处医疗保障领域违法违规行为。

（8）负责医疗保障经办管理、公共服务体系和信息化建设。组织制定和完善异地就医管理和费用结算政策。建立健全医疗保障关系转移接续制度。开展医疗保障领域国际合作交流。

（9）完成党中央、国务院交办的其他任务。

（10）职能转变。国家医疗保障局应完善统一的城乡居民基本医疗保险制度和大病保险制度，建立健全覆盖全民城乡统筹的多层次医疗保障体系，不断提高医疗保障水平，确保医保资金合理使用、安全可控，推进医疗、医保、医药"三医联动"改革，更好地保障人民群众就医需求，减轻医药费用负担。

（11）与国家卫生健康委员会的有关职责分工。国家卫生健康委员会、国家医疗保障局等部门在医疗、医保、医药等方面加强制度、政策衔接，建立沟通协商机制，协同推进改革，提高医疗资源使用效率和医疗保障水平。

"超级医保局"的成立是中国医药行业的里程碑事件。国家医疗保障局拥有医保药品目录制定并动态调整的职能、医保支付价格制定并动态调整的职能，负责指导药品集中采购规则制定和药品集中采购平台建立。这一职能配置为统筹推进"三医联动"改革提供了组织保障，并确立了医保在"三医联动"改革中的引领作用。

1. 建立药品集中采购制度

2018年11月14日，中央全面深化改革委员会第五次会议审议通过《国家组织药品集中采购试点方案》。次日，上海阳光医药采购网发布《4+7城市药品集中采购文件》，由国家医疗保障局组织的药品集中带量采购模式在11个城市开始试点。最终共有25个品种中选，中选价格平均降幅为52%，最高降幅为96%。

2021年初,国务院办公厅印发的《关于推动药品集中带量采购工作常态化制度化开展的意见》(国办发〔2021〕2号)对药品集中采购和使用做出又一次的制度性安排,为深化药品集中带量采购制度改革指明了方向。药品集中带量采购成为主流采购模式,步入常态化、制度化开展的新阶段。

截至2024年底,国家医疗保障局已成功组织10批药品集中采购,共涉及436个品种,平均降价幅度为48%～75%。

2. 常态化医保药品目录更新

医保药品目录是医保患者报销药品支出的重要依据,医保药品目录的调整对患者用药和医保报销会产生一系列的影响。国家医疗保障局是药品市场的"超级买方",医保药品目录调整也关系到医药企业的发展。因此,医保药品目录调整可谓牵一发而动全身,需要统筹协调各方关系,把握好平衡。

2020年7月,国家医疗保障局发布的《基本医疗保险用药管理暂行办法》,明确国务院医疗保障行政部门根据医保药品保障需求、基本医疗保险基金的收支情况、承受能力、目录管理重点等因素,确定当年《国家基本医疗保险、工伤保险和生育保险药品目录》调整的范围和具体条件,研究制定调整工作方案,原则上每年调整一次。同时建立《国家基本医疗保险、工伤保险和生育保险药品目录》准入与医保药品支付标准衔接机制,新纳入《国家基本医疗保险、工伤保险和生育保险药品目录》的药品同步确定医保药品支付标准:独家药品通过准入谈判的方式确定医保药品支付标准,谈判药品协议为2年;非独家药品中,国家组织药品集中采购中选药品,按照药品集中采购有关规定确定医保药品支付标准;其他非独家药品根据准入竞价等方式确定医保药品支付标准。执行政府定价的麻醉药品和第一类精神药品,医保药品支付标准按照政府定价确定。

自成立以来,国家医疗保障局已连续7年开展医保药品目录调整工作,累计将835种药品新增进入国家医保药品目录,其中谈判新增530种,竞价新增

38 种。同时 438 种疗效不确切或易滥用、临床已被淘汰、长期未生产供应且可被其他品种替代的药品被调出目录。

2024 年 11 月 28 日，国家医疗保障局公布了 2024 年国家医保药品目录调整结果，这是自 2017 年医保药品目录更新后，国家医保药品目录已连续 8 年更新，显示医保药品目录更新已进入常态化。

在 2024 年医保药品目录调整中，有 91 种药品新增进入国家医保药品目录，其中 89 种以谈判或竞价方式纳入，另有 2 种国家药品集中采购中选药品直接纳入，同时 43 种临床已被替代或长期未生产供应的药品被调出。2024 年参与谈判或竞价的 117 种目录外药品中，89 种谈判或竞价成功，成功率和价格降幅与往年基本相当。本轮调整后，国家医保药品目录内药品总数达到 3159 种，其中西药 1765 种、中成药 1394 种。中药饮片部分 892 种。

二、中国医药行业现状与发展趋势

受政治、经济、科学技术发展、医疗和药品管理政策变化等诸多因素的影响，近年来，中国医药市场发生了很大的变化。在新的形势下，特别需要关注以下趋势。

（一）医药卫生支出稳步增长

经济的持续发展、城市化的推进及不断加速的老龄化趋势，都在不断提升人民的医疗卫生需求，与之相对应的，国家在医疗卫生方面的投入也在逐年增加。根据历年发布的《中国卫生健康统计年鉴》数据，自 2010 年以来，我国卫生费用支出金额逐年升高。2023 年，全国卫生总费用初步核算为 90 575.8 亿元，占 GDP 的 7.2%（图 10-5）。

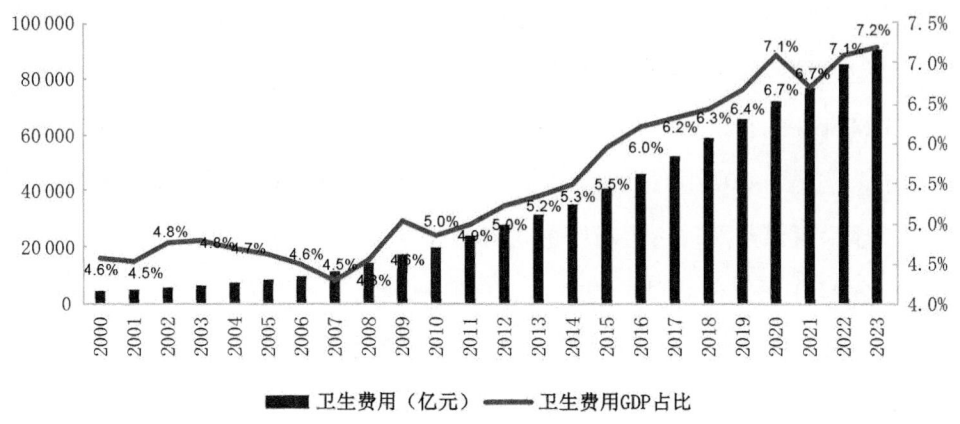

图 10-5 中国卫生费用支出趋势

根据中共中央、国务院于 2016 年印发的《"健康中国 2030"规划纲要》，到 2030 年，我国主要健康指标将进入高收入国家行列，全民医保体系将成熟定型，并实现全人群、全生命周期的慢性病健康管理，总体癌症 5 年生存率提高 15%。

目前，我国已成为全球第二大医药市场，市场空间和潜力巨大。在大多数跨国制药企业战略规划中，中国市场已成为战略市场，成为全球商业战略中不可或缺的重要组成部分。

（二）越来越严格的监管和合规要求

药品监管涉及药品研发、生产、流通、推广和临床应用全流程。在研发生产领域，随着中国在 2017 年 6 月正式加入了 ICH 和 2019 年新版《中华人民共和国药品管理法》实施，整体监管体系逐渐向国际靠拢，尤其是在药物临床研究和安全性监管上，要求比原来大大提高。

而在商业领域，《RDPAC 行业行为准则》对外资医药企业与医疗卫生专业人士（HCP）及医疗（卫生）机构（HCO）之间的互动、推广行为起到了重要的规范及指引作用。我们可以观察到，2013 年 GSK 事件后，在大多数跨国制药企业中，一些传统的市场营销（marketing）部门的职能，比如患者教育（patient education）、独立医学教育（independent medical education，IME）等都已经逐步转移到非推广性部门 [如医学事务（medical affairs）部门] 的职责中来。

2020 年 9 月 30 日，国家药品监督管理局发布了《医药代表备案管理办法（试行）》公告，并于 2020 年 12 月 1 日开始执行。该办法对医药代表工作的主要任务和如何开展学术推广进行了规范。

2024 年 11 月 28 日，国家药品监督管理局综合司发布的公告显示，为规范医药代表从业行为，有序合规开展药品学术推广活动，国家药品监督管理局牵头组织对《医药代表备案管理办法（试行）》进行修订，经征求公安部、国家卫生健康委员会、国家市场监督管理总局、国家医疗保障局、国家中医药管理局、国家疾病预防控制局 6 个部门意见，形成《医药代表管理办法（征求意见稿）》，现向社会公开征求意见。文件明确指出，药企需要开展药品学术推广活动的，应当聘用医药代表；规定了医药代表的主要职责，首次明确了医药代表必须具有医学、药学或相关专业本科及以上学历（或者中级及以上专业技术职称）。

2021 年 3 月 25 日，中国化学制药工业协会正式发布了《医药行业合规管理规范》，为我国医药行业内外资相关企业提供了科学有效的行业合规管理与风险控制标准。与《RDPAC 行业行为准则》管理领域仅限于医学互动交流活动所进行的非处方药和处方药的推广行为相比，此次中国化学制药工业协会发布的《医药行业合规管理规范》所涵盖的推广行为和管理领域更广泛：产品包括药品、医疗器械等推广行为；领域包括反商业贿赂、反垄断、财务与税务、集中采购、环境、健康和安全、不良反应报告、数据合规及网络安全等。

2023 年 5 月，国家卫生健康委员会等 14 个部门联合印发《2023 年纠正医药购销领域和医疗服务中不正之风工作要点》，要求健全完善行风治理体系，重点整治医药领域突出腐败问题。这是纠正医药购销领域和医疗服务中不正之风部际联席工作机制成员单位进行调整后，首次对纠风工作进行部署。2023 年 7 月 28 日，中央纪委国家监委召开动员会，部署纪检监察机关配合开展全国医药领域腐败问题集中整治工作。

2024年10月11日，国家市场监督管理总局发布《医药企业防范商业贿赂风险合规指引（征求意见稿）》，向社会公开征求意见。2025年1月14日，国家市场监督管理总局发布了《医药企业防范商业贿赂风险合规指引》的正式文本。该合规指引共计4章49条，4章分别为总则、医药企业防范商业贿赂风险合规管理体系建设、医药企业商业贿赂风险识别与防范、医药企业商业贿赂风险处置。其中最受行业关注的是"医药企业商业贿赂风险识别与防范"一章，它覆盖了医药行业9大业务场景的注意事项和风险识别，包括学术拜访交流、业务接待、咨询服务、外包服务、折扣、折让及佣金、捐赠、赞助、资助、医疗设备无偿投放、临床研究、零售终端销售，这是监管机关首次就医药行业的业务活动合规性提出指引意见。

（三）产品的生命周期缩短，市场竞争更趋残酷激烈

对于跨国制药企业来说，随着仿制药质量一致性评价和集中带量采购的常态化推进，已过专利期的药品在国内市场难以再享受招标质量层次的优待和价格溢价，欧美市场的"专利悬崖"现象已经在中国市场重现。不过药品审评审批制度的改革，使得跨国公司创新产品进入中国市场的速度大大加快，从原来平均落后欧美6~8年大大缩短到1~2年，基本与国际同步，个别产品，如阿斯利康/珐博进的罗沙司他等甚至做到中国市场全球首发。在绝大多数跨国制药企业中，中国市场已成为其全球研发和商业布局的重要组成部分，这对于中国医生、患者和医药行业从业人员来说是一个多方共赢的局面，这意味着中国医生的临床诊疗方案将更加国际化，患者有更多机会获取国际最先进的治疗，从业者也有更多的职业发展机会。

近些年来，以恒瑞医药、齐鲁制药等为代表的本土大型制药企业和以百济神州、信达生物、君实生物等为代表的创新生物制药企业，在创新药的研发和商业化方面取得了长足的进步，将中国新药研发实力从国际第三梯队推进

到了第二梯队，但仍以跟进型创新药的"快速跟进"策略为主，尚缺乏真正首创新药的原创性创新，这就造成热点靶点大家一哄而上、厂家扎堆的现象。以近几年最热门的 PD-1/PD-L1 抑制剂来看，截至 2023 年底，已在中国上市的 PD-1/PD-L1 抑制剂多达 16 种，远远超过国际主要医药市场相关靶点获批产品数量，成为名副其实的"红海"（表 10-1）。

表 10-1 PD-1/PD-L1 获批信息汇总

靶点	通用名
PD-1	纳武利尤单抗
	帕博利珠单抗
	特瑞普利单抗
	信迪利单抗
	卡瑞利珠单抗
	替雷利珠单抗
	派安普利单抗
	赛帕利单抗
	斯鲁利单抗
	普特利单抗
PD-L1	度伐利尤单抗
	阿替利珠单抗
	恩沃利单抗
	舒格利单抗
	索卡佐利单抗
	阿得贝利单抗

如此拥挤的市场，必然引发市场的价格战，进而导致相关市场规模萎缩和市场吸引力下降，而商业化的不成功或失败会导致企业无法通过商业化持续创造为研发输血。

面对如此困境，国家药品监督管理局药品审评中心于 2021 年 11 月 15 日正式发布了《以临床价值为导向的抗肿瘤药物临床研发指导原则》（2021 年第 46 号）（图 10-6），明确提出"新药研发应以为患者提供更优（更有效、更安全或更便利等）的治疗选择作为更高目标"，指出了"'对照药'是体现新药临床价值的基础""应该关注阳性对照药是否反映和代表了临床实践中目标患者的最佳治疗选择",可以说是回归了新药研发以患者为中心,以临床价值为导向的初衷。

图 10-6　国家药品监督管理局药品审评中心发布《以临床价值为导向的抗肿瘤药物临床研发指导原则》

在这种激烈竞争的形势下,无论是对跨国企业还是国内企业,新药的产品生命周期都在缩短,留给企业的机遇时间窗口也被大幅压缩,唯有"以快制快",尽快完成临床试验、缩短上市时间,并早日获得上市批准。同时在产品获批前做好充分准备,以确保获批后即可在较短的时间内形成较高的销售峰值,具体策略包括:快速实现市场准入、加速进入医保目录、迅速积累临床研究证据,以及快速进入治疗指南和临床路径推荐。最终,通过尽快创造较高的销售金额、利润和市场/客户占有率,从而形成新的竞争壁垒。对于国内创新药企来说,除了在国内市场血拼外,出海也许是一条避免在国内市场不断"内卷"可选择的道路,但国际化无疑也是一条充满艰辛的道路。要做到这一切,专业的人才和团队是关键。吸引、培养、使用、保留好专业人才的策略,决定了企业的生存发展。

(四）医学科学复杂性增加，医生需求发生变化

21 世纪以来，人类在生命科学、医药研发等方面取得了许多突破性的进展，进而带动了疾病临床诊疗的巨大进步，也对临床医生提出了新的并且更高的要求，也带动了制药企业在商业模式上的变化。

随着医学科学的进步，近几年获批的新药，无论是肿瘤免疫治疗，还是嵌合抗原受体 T 细胞（chimeric antigen receptor modified T cells，CAR-T）疗法、抗体偶联药物（antibody-drug conjugate，ADC）等，对于作用机制、生产工艺、使用方法、适应证的把握、安全性的监测和管理、生物标志物的应用、数据解读等，都要求有更专业的知识，这些都是传统销售代表很难掌握和讲清楚的。

与此同时，随着社会的发展，制药企业最重要的外部客户——医生的需求也正在悄然发生改变，他们已经不再满足于与制药公司之间传统的客情关系，而更倾向于和公司建立一种以科学驱动的合作关系（science driven relationship）。现在销售代表和医学联络官（medical science liaison，MSL）去见客户，经常会被问：在某类患者身上你们产品的数据如何，你有什么循证医学证据吗？我现在有一个很好的想法，我们能不能一起合作来做一个由研究者发起的研究（investigator initiated trial，IIT），以此产生证据来回答临床尚未解决的问题？我手上有很多长期随访的患者数据，如何才能更好地将其进行整理、分析和发表？没有扎实的专业知识储备，很难与客户开展这样科学的对话。

近些年来各公司医学事务团队发展迅速，正是为了适应这样的内外部变化。在医学团队的诸多职能中，人数占比最多的就是分布在全国各地的 MSL。MSL 的一个重要的职能，就是通过专业医学教育和沟通，确保医生能正确将公司产品应用在合适的患者身上，同时将客户对治疗、产品的看法和见解反馈给公司，帮助公司调整策略和行动方案。

（五）处方和医疗决策的驱动力量正在发生转变

随着国内医药卫生体制改革的不断深入和推进，驱动医学处方和做出医疗

决策的力量正在发生变化，循证决策和价值医疗日渐成为主流。集中招标采购、医保药品目录、临床治疗指南、临床路径、单病种付费、疾病诊断相关组（diagnosis related groups，DRG）/按病种分值付费（diagnosis-intervention packet，DIP）、医保支付价格等，对治疗和处方决策具有越来越大的影响。在医疗决策和医药产品定价中越来越强调价值的重要性，包括临床价值、经济价值、社会价值等，尤其是2018年成立了国家医疗保障局后，包括产品价格谈判、医保药品目录修订、药品集中采购等，往往需要提供卫生经济学的数据、预算影响分析等。

与此同时，技术的进步改变了医生获取知识和信息的渠道和方式，尤其是自新型冠状病毒感染暴发以来，网络会议和数字化技术的快速普及应用，大大提升了医生获取最新专业诊疗资讯的效率。而AI辅助诊断决策等人工智能工具也开始进入部分医疗领域，正在推动传统诊疗模式的创新。

而在患者方面，随着ChatGPT等人工智能技术的发展，获取医学信息和知识变得越来越容易，具有丰富医学知识的患者也越来越多。可以预见，将来患者在其治疗决策中，也将扮演越来越重要的角色，会有越来越多的患者在看病就诊过程中提出更专业的问题，与医生进行更专业的讨论。而可穿戴健康监测设备的普及和应用，也将大大改变疾病管理的方式。

患者方面值得关注的另一个趋势是患者组织的兴起。患者组织一般由某一种或某一类疾病的患者或患者家属发起，他们代表了患者的利益，为患者提供抚慰和支持，也代表患者发出声音并积极推动相关政策制定和治疗现状的改变。中国比较知名的患者组织有血友之家、淋巴瘤之家、蔻德罕见病中心等。

患者组织主要在以下3个方面发挥作用：第一，推动新药加速上市，包括优化临床试验方案，提高患者对临床试验的认识和理解，尽早入组，加速临床试验的开展，在药物审评中呼吁加速审评等。第二，推动新药快速纳入医保。患者组织会代表患者去呼吁政府部门早日将新药纳入医保，并且收集患者的疾病负担、基本信息等数据，生成白皮书报告，让医保评审专家客观地了解目前患者的情况，推动新药纳入医保。第三，帮助患者正确认识疾病。患者组织是患者了解新药研发信息不可或缺的渠道，也是向患者传递肿瘤治疗情况及成功案例的重要途径，可以帮助患者建立归属感，树立战胜疾病的信心。

（六）处方外流和分级诊疗推动市场格局改变

随着药品"零差价"政策在全国各地的落实执行，药剂科从医院的"利润中心"变成了"成本中心"，处方外流已是大势所趋。《2021年医药终端格局和工业百强结构变化》报告显示，2019年院内市场规模达到13 000亿元左右，院外市场约9000亿元。与此同时，IQVIA数据显示，2020年在我国院外市场中，零售渠道处方药销售约占47.9%，且该比重在近年来呈增长态势。而国家陆续出台的诸多政策也在推动外方调配从医院转向院外。2021年4月，国家医疗保障局和国家卫生健康委员会联合发布了《关于建立完善国家医保谈判药品"双通道"管理机制的指导意见》（医保发〔2021〕28号），明确提出要通过建立"双通道"，即定点医疗机构和定点零售药店两个渠道，满足谈判药品供应保障、临床使用等方面的合理需求，并同步纳入医保支付机制。2023年2月，国家医疗保障局更进一步发布了《关于进一步做好定点零售药店纳入门诊统筹管理的通知》，明确提出各级医保部门要采取有效措施，鼓励符合条件的定点零售药店自愿申请开通门诊统筹服务，并完善了定点零售药店门诊统筹支付政策，明确参保人员凭定点医药机构处方在定点零售药店购买医保药品目录内药品时产生的费用可由统筹基金按规定支付。这些政策和变化对药品准入、医学教育、患者管理都提出了新的要求。

另一个将对医药市场格局产生重大影响的政策是分级诊疗。其实分级诊疗是我国多年来一直持续推进的基本医疗改革政策，不过从2017年开始，国家更加明确和重点推行分级诊疗制度。分级诊疗，就是以加强基层医疗卫生机构服务能力建设为重点，以常见病、多发病、慢性病分级诊疗为突破口，引导优质医疗资源下沉、工作重心下移,形成"小病在基层、大病到医院、康复回基层"的合理就医秩序。分级诊疗关键词主要包括基层首诊、双向转诊、急慢分治、上下联动的分级诊疗模式。

分级诊疗中,对不同层级的医院功能做了重新定义:城市三级医院主要提供急危重症和疑难复杂疾病的诊疗服务,对辖区内下级医疗机构进行业务指导,接收下级医疗机构转诊,并承担人才培养、医学科研和公共卫生、突发事件紧急医疗救援等任务。城市二级医院主要接收三级医院转诊的急性病恢复期患者、术后恢复期患者及危重症稳定期患者。基层医疗卫生机构和康复医院、护理院等主要提供常见病、多发病诊疗和超出功能定位、超过服务能力疾病的向上转诊服务,为诊断明确、病情稳定的慢性病患者、康复期患者、老年病患者、晚期肿瘤患者等提供治疗、康复、护理服务。县级医院主要承担接收三级医院转诊的急性病恢复期患者、术后恢复期患者及危重症稳定期患者,提供县域内居民常见病、多发病诊疗和突发事件现场医疗救援,抢救急危重症患者,向上转诊疑难复杂疾病患者,接收基层医疗卫生机构上转患者等工作任务。

初诊和转诊会导致药品使用量从传统的三甲医院向非三甲医院转移,而疾病恢复、术后恢复和危重患者康复需要大量的药物进行持续治疗,这就导致基层医疗体系会更多地使用三甲医院才使用的药物。整体而言,分级诊疗会导致药品的种类和数量都大规模地向基层医疗单位转移,估计转移额度为20%~40%,这将会构建起一个新的庞大市场,存在巨大的未被满足的医疗需求。我们也注意到,不少大型外资制药企业和国内大型药企都成立了专门针对广阔市场或县域市场的团队,试图在这个快速崛起的市场中分得一杯羹。

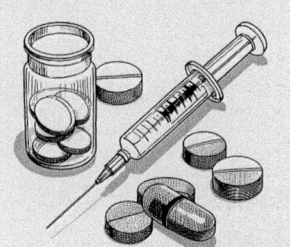

第十一章
创新药市场营销概述

　　创新药是现代医药领域发展的重要推动力之一，而市场营销是企业实现商业模式落地和价值创造的重要手段和关键环节。到底什么是市场营销？根据市场营销学科的奠基人菲利普·科特勒在《科特勒市场营销教程》中的定义，市场营销是指个人或群体通过创造和与他人交换产品和价值，获得其所需所欲的社会过程，具体包括通过产品和服务的设计、定价、促销、分销和交换等，以达到个人和组织的目标。相应地，市场营销管理是指定义和选择目标市场，并通过创造、传播和传递更高的顾客价值来获得、保持和增加客户的一门艺术和科学。

　　在当前和未来的医药企业市场竞争中，营销已不再只是战术层面的创新，而是基于制药企业发展战略，以商业模式为核心，以客户需求为导向，把企业的每个经营要素都看成或者作为营销体系中的一个节点，并相互建立联系，使每个节点都能在一个统一的系统中充分发挥各自的作用。

　　医药市场是一个强监管的市场。为保护患者和公众利益，政府相关部门制定了许多法律法规来规范药品市场管理，确保药品质量和药品在流通、使用过程中的规范性。所以，制药企业在生产、销售等活动中比一般企业要受到更多的限制和监管。

　　由于存在较高的专业壁垒，从购买决策模式上看，药品尤其是处方药、传统的快消品和一般消费品存在很大差异。一方面，医药产品购买的决策者和产品使用者往往是不同的，患者虽然是药品最终的消费者和产品使用者，但其消费行为决策选择更多是由处方医生做出的；另一方面，产品的消费者和费用的支付者往往也是不同的，患者虽然是医药产品的消费者和产品的使用者，但是药品费用往往由医保、商业保险等支付方来支付，这也就形成了特殊的药品市场营销模式。

在药品营销链条上的诸多利益相关方中，医生、患者、支付者和监管者是最重要的外部利益相关方。而在制药企业内部，市场、销售、医学和市场准入部门承担了市场营销最核心的职能。创新药要取得商业上的成功，需要制药企业内部各部门紧密协作，并与外部的利益相关方建立良好的合作关系，才能使创新治疗药品更好地应用于临床实践，帮助合适的患者延长生命，提高生活质量，改善临床结局。

在整个过程中，传统市场营销的4P模型（product、price、promotion、place）及后来演化的4C模型（customer、cost、communication、convenience）在药品的营销中也具有非常重要的指导意义。

一个品牌市场营销和商业运营能力的集中体现就是每年的品牌规划（brand plan，BP）。通常来说，一个产品的市场营销的品牌规划（brand planning）通常包括以下3个步骤。

第一步：市场分析（situation analysis）。就是看我们对市场的了解有多少（what we know），明确目前公司和产品在市场上处于什么样的位置（where we are）。古语云：知己知彼，百战不殆。通过分析，我们要清晰地了解目标市场有多大，当前格局是怎样分布的，市场环境、疾病领域、市场观念和行为正在和将要发生什么变化，公司和产品的竞争力如何，外部有哪些机会和威胁，内部又有哪些优势和劣势，过去一段时间的策略执行过程中有什么经验教训（lesson & learn），对将来有什么启示。市场分析是策略制定的基础，市场分析做得好不好，对第二步的"战略选择和品牌定位"至关重要。所以艾森豪威尔才会说：Plan is nothing，planning is everything。

第二步：战略选择和品牌定位（where to play & how to win）。现状已经清楚，接下来就要选择方向和目标了，因为资源总是有限的，如何在有限的资源条件下选择最合适自己企业和产品的策略和路径，就是策略制定的核心。可以说，策略制定科学和艺术的结合，核心在于如何做出最佳选择，所以我们看到品牌规划就是由一系列的选择组成的，如目标市场、目标客户、关键信息、竞争手段、资源分配等的选择。每个公司和产品都需要综合考虑内外部的各种因素，做出最适合自己公司和品牌的决策与行动计划。

第三步：执行计划与监控（tactical plan）。再好的策略，如果没有好的执行力，也很难实现预期的目标。我们已经制定好了策略，选择好了通往目标的路径，并在这基础上制订了相应的行动计划，但现实是复杂的、多变的：计划在执行过程中的实际效果如何？有没有达到当初的预期？当初制订计划时的基础和条件现在是否还成立？所有这些都需要密切地监控和管理。许多时候，我们也会根据不同的假设制定不同的备选行动方案或应急方案。

接下来我们就这3个步骤做更详细的拆解。

一、市场分析

医药产品市场分析通常包括宏观政策环境分析、疾病与诊疗状况分析、客户分析、竞争分析等。

（一）宏观政策环境分析

医药市场受政策影响很大，所以了解宏观政策环境是品牌规划中必不可少的重要一环。影响企业和行业发展的外部因素众多，外部宏观政策环境分析最常用的工具是PEST分析。

PEST分析工具常用于企业或产品外部宏观环境的分析，其中P（即politics，政治要素）是指对组织经营活动具有实际与潜在影响的政治力量和有关的法律法规等因素；E（即economic，经济要素）是指一个国家的经济制度、经济结构、产业布局、资源状况、经济发展水平及未来的经济走势等；S（即society，社会要素），是指组织所在社会结构中成员的民族特征、文化传统、价值观念、宗教信仰、教育水平及风俗习惯等因素；T（即technology，技术要素）是指企业业务所涉及国家和地区的技术水平、技术政策、新产品开发能力及技术发展的动态等。技术要素不仅包括那些引起革命性变化的发明，还包括与企业生产有关的新技术、新工艺、新材料的出现和发展趋势及应用前景。

具体到创新药的营销环节来说，政策因素主要包括国家有关医药卫生、健康医疗、市场准入等方面的政策法规。举例来说，《"健康中国2030"规划纲要》和《"十四五"国民健康规划》就明确了国家在卫生健康领域的政策方向和工作重点；药品零差价、集中招标采购和分级诊疗政策对中国医药市场格局产生了重大影响；而国家医保谈判、DGR/DIP等医保支付管理方面的政策对创新药市场准入和临床诊疗模式产生了关键性的影响。因此，密切关注政策走向，并分析其对企业和产品经营活动的影响，是每个从事医药商业管理工作人员的必修课。

经济发展与人们的健康意识、健康支出息息相关。当经济增速放缓时，国家和个人用于医疗卫生费用支出的增速往往也会下降。我国是一个幅员辽阔的国家，不同地区经济发展不均衡，这在很大程度上决定了不同区域的医药市场容量和区域药品市场结构。通常来说，经济基础较好的地区，往往也是创新药的主要市场。

社会要素对疾病的流行、演化和诊疗模式也有很大的影响。许多疾病在不同地区的发生率存在明显差异，这往往是由不同地区人民在人口结构、生活方式、饮食习惯、文化传统等方面的差异造成的。

技术的发展与进步是社会进步的重要推动力，创新药本身就是技术进步的产物。具体到创新药的市场营销领域,技术因素往往与和客户的互动模式相关,如互联网、社交媒体、短视频等的兴起让医生和患者获取医药相关资讯变得越来越便捷,也使得企业与客户的互动方式变得更加多元和丰富。

PEST因素很多,企业应该将关注点侧重于对企业运营有重大影响和可采取的适度应对措施的相关因素上面。

(二)疾病诊疗状况分析

疾病诊疗状况分析是市场分析的核心。创新药归根到底是为疾病诊疗服务的,所以对相关疾病的诊疗模式、路径和流程等的分析和了解是制定正确的市场营销策略和方案的基础和前提。在疾病诊疗分析过程中,有两个最重要也是最经典的分析工具:患者流(patient flow)和患者旅程(patient journey)。对患者流和患者旅程的深度分析和了解,有助于发现业务增长机会、未满足疾病诊疗状况的需求,以及促进业务增长的杠杆点等。

1. 患者流

患者流是指某种疾病类型整体患者的流动情况,比如患病率、知晓率、就诊率、诊断率、治疗率、治疗方案选择率、患者持续治疗情况等,反映在一个时间截面上的各个诊治流程中的患者分布,主要分为以下6个步骤和环节(图11-1)。

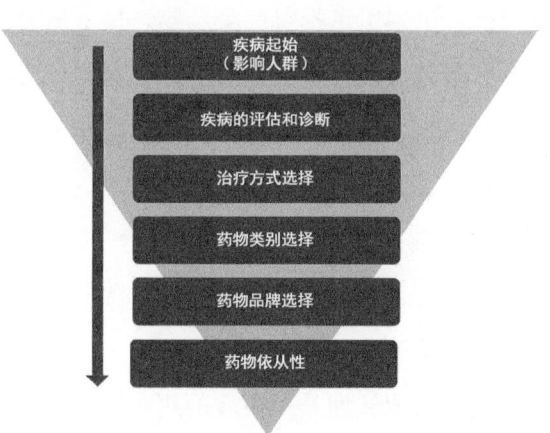

图11-1 患者流的6个步骤

（1）疾病起始，即疾病影响人群，主要来源于疾病的流行统计学数据，如疾病的流行率、患病率、发病率、年龄和性别构成、城乡分布等，这里要特别注意疾病患病率和发病率的区别。

（2）疾病的评估和诊断，主要考虑出现临床症状比例、就诊率和诊断率等。不同疾病在症状表现、疾病知晓率、诊断方法可及性等方面往往存在很大差异，这也是现实市场容量往往与理论市场容量存在巨大差异的重要原因。

（3）治疗方式选择。疾病的治疗选择是一个复杂的决策，除了临床疗效和安全性之外，还需要综合考虑诸多因素，如患者年龄、职业、经济情况、日常照护等。与此同时，同一疾病往往有许多不同的治疗选择，每种选择各有利弊，如肿瘤患者往往需要在手术、放疗、化疗、靶向治疗、免疫治疗，甚至中药治疗、姑息治疗等之间进行选择。

（4）药物类别选择。在实际工作中，治疗同一种疾病的药物往往有许多隶属于不同类别、不同作用机制的药物，如最常见的治疗高血压的口服药物，就可以分为钙离子拮抗剂、血管紧张素转换酶抑制药、血管紧张素受体拮抗剂、β-受体阻滞剂、利尿剂等。选择哪个类别的药物，也往往需要综合考虑患者病情、指南推荐、药品价格、医保，甚至DRG/DIP等诸多因素。

（5）药物品牌选择。决定了选择哪一类药物，接下来就要进一步选择具体的药物品牌，为患者开具处方。对制药企业来说，只有处方落实到了自己的产品上，才算是"进球"成功。以治疗高血压的血管紧张素受体拮抗剂为例，就有氯沙坦、缬沙坦、厄贝沙坦、替米沙坦、坎地沙坦、奥美沙坦等，这些药物虽然都属于血管紧张素受体拮抗剂，但在与血管紧张素Ⅱ 1型受体的亲和力、药代动力学、临床循证证据等方面存在一定差异。除此之外，原研创新药在过了专利期之后，还往往面临诸多仿制药的冲击。

（6）药物依从性。药物依从性是指患者的用药行为与医嘱的一致性，即患者接受、同意并正确执行治疗方案，包括准确的服用时间、复诊时间及遵守相关药物的饮食限制等。良好的用药依从性可以保证药物治疗疗效,降低治疗失败的风险;而用药依从性差可能会导致病程延长、病情反复或加重,甚至引起严重的不良反应或死亡。在现实的临床实践中,患者的依从性往往不尽如人意,忘服、漏服、未按正确剂量服用、自行停药等不依从的现象非常普遍,是造成治疗效果不佳或临床复发的重要原因。

患者流一般要以树状或漏斗的流程图的形式绘制,每一步都需要量化,并可以计算。每一个适应证至少可以绘制一个患者流。我国拥有规模庞大的市场,不同区域和不同类型、级别医院在诊疗模式上也经常存在巨大差异,所以在实际工作中,还可能根据城市级别、医院级别、综合医院和专科医院等分别绘制不同的患者流图,以更好地了解和把握不同市场机会。

图 11-2 是一个常见的患者流示例。

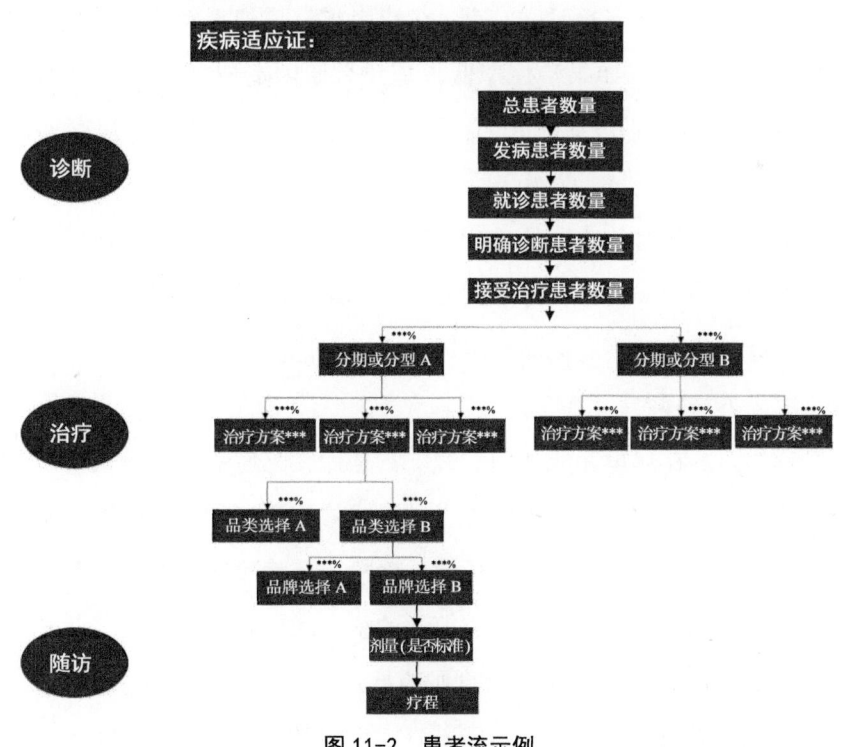

图 11-2 患者流示例

简要来说，患者流是一个定量的分析工具，主要关注患者的数量、比例、流向、流速、流量等方面。患者流可以帮助我们了解目前市场概况和医生决策流程，评估市场的规模、机会、竞争、趋势、影响因素等，进而帮助我们定量地找到增长的来源。具体有以下几点：

①发病率上我们和国际上是否有不同？如果有，这些不同是由认知导致的还是人种导致的？

②诊断率的高低：患者如何进入医疗系统？患者是否可能不就诊？如果诊断率低，那是什么原因造成的？是国内的标准有问题，还是我们诊断的技术不足，还是疾病教育问题？不同地区和不同医院在诊断率上存在差异吗？患者在不同地区和不同医院之间是如何流转的？

③医生如何评估和诊断患者？通常进行哪些检测？从患者首次来医院就诊到临床确诊，通常需要多长时间？有多少患者没有得到正确的诊断？

④治疗率的高低：如果治疗率低，是什么原因造成的？是医生患者对这种疾病的认知问题，还是别的原因？不同地区和不同医院在治疗率上存在差异吗？

⑤医生可以使用哪些不同的治疗方案？是什么驱使他们做出选择，包括是否治疗、选择的药物类别、治疗方式的选择、给药方式的选择等？

⑥医生可以从哪些不同的品牌中进行选择？他们选择哪种剂量？是什么推动了医生的处方选择？

⑦患者如何及在哪里完成他们的处方？是什么驱使患者坚持重新续方和配药？患者如何坚持处方指导？导致患者继续或停止治疗的不同原因有哪些？

在绘制患者流时，疾病的流行病学、诊断率、治疗率等数据通常来源于对相关疾病诊疗指南、专家共识和文献综述的整合和提炼，而疾病分期分级、治疗方式、品类和品牌选择比例等数据则需要进一步综合市场份额、市场调研、专家访谈等数据来决定。近年来，随着真实世界数据（real world data，RWD）

概念的普及和数据可及性的提升，从 RWD 中提炼市场洞察甚至根据 RWD 绘制患者流也日渐成为一种重要的方法。

通过以上这些数据分析和对比，可以帮助制药企业找到业务增长点和突破的机会或改进点（source of business or source of growth），从而更好地优化资源投放，把握机会。

2. 患者旅程

患者旅程也称为患者体验地图，是指患者的诊疗旅程，是从一个典型患者的视角出发体验的经历，包括患者从有症状开始寻求解决方案，到患者去医院就诊，在导诊台被分诊，在不同科室间辗转，接受检查，如何确诊，医生建议使用药物治疗，患者买药吃药，后续随访和疗效评估，是否复发并调整治疗，或痊愈结束治疗等一系列过程，以及在整个过程中，患者的行为、观念和心理/情感上经历了什么样的变化。

患者旅程大体会经历 3 个阶段：诊断阶段、治疗阶段、随访阶段。如果将这 3 个阶段进一步细分，可以分解出大约 12 个步骤：意识到健康可能存在问题、就诊、检查、诊断、转诊、治疗方案选择、治疗前预处理、首次治疗、治疗监测、维持治疗、调整治疗、治疗终止/康复。当然，不同疾病类型的患者或者同一疾病类型的患者出现在不同的科室，经历的步骤也不相同，不是所有步骤都会经历。即使经历同样的步骤，但是因为每个患者所处的环境、医院不同，也可能经历不同的旅程。

患者旅程中同时涉及很多利益相关方，包括患者和患者家属、医院、医生、医保、药物渠道、各种资讯媒体等，这些都会影响患者的旅程，如新型冠状病毒感染暴发期间，患者外出就医会受到部分影响，很多线下就诊转到了线上，而药品院外市场的发展也使得线上购买或通过直接面向患者（direct to patient，DTP）的药房进行药品配送变得更加简便和快捷。线上问诊和远程医疗的发展也使得患者旅程发生了很多变化，这些都是需要特别予以关注的地方。

通常来说，患者旅程包括who、where&when、what information、what experience、what behavior and decision、how much paid、how they feel，即5W2H方面的信息。5W2H模型关注每一个节点患者生理、心理的体验和不同角色与患者之间的互动：他们做了什么？他们想做什么？他们为什么这么做？谁是行为的影响者？患者、医生、支付方的接触点有哪些？感觉如何？有哪些未满足的需求？

图11-3是一位典型膀胱癌患者的患者旅程，从中可以看到患者的行为、治疗方案、心理情感等方面随着疾病的进展发生的演化过程。

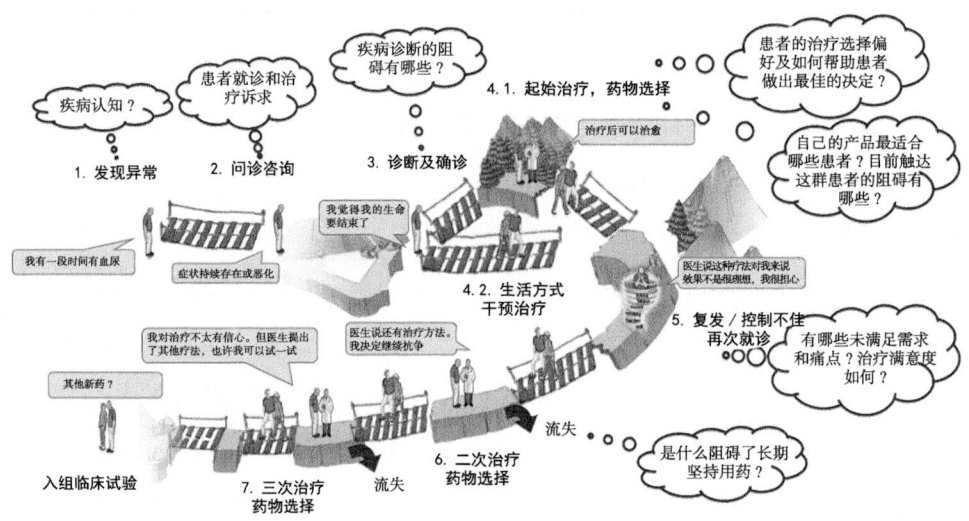

图 11-3　患者旅程示例

绘制患者旅程的重要性在于让制药企业有机会真正站在患者的角度、整个医药生态系统来思考患者在诊疗过程中会遇到哪些问题，遭遇哪些痛点。俗话说，问题即机会，从业务策略上来讲，通过患者旅程，企业可以找到患者诊疗流程中的障碍点，进而寻求适当的干预措施和更好的解决方案来改善患者体验，改善患者临床结局。

在绘制患者旅程的过程中，患者的参与和洞察是至关重要的。在这个过程中,许多企业也会与患者组织合作,或直接举办患者顾问会,直接听取患者声音。患者旅程初稿完成后,也会将其分发给患者代表、医疗专业人士,进一步听取他们的反馈意见。

与患者流相似,企业至少应该为产品的每一个适应证绘制一个患者旅程。需要注意的是,由于患者旅程涉及医药、医疗、医保等诸多方面,许多痛点往往并不是一家制药企业所能解决的。面对这种情况,不同企业可以选择不同的应对方式,如聚焦于自己所能把控和影响的环节,或者打造创新商业模式,与其他利益相关方一起打造相关疾病管理的完整生态圈,携手众多行业合作伙伴,共同造福广大患者。

在实际工作中,我们需要将患者流和患者旅程结合起来应用,通常是先通过患者流分析,找出业务来源和业务增长点。再通过患者旅程,找出把握业务增长点的具体实施方案,特别需要注意以下 4 个方面。

(1)关注医患接触点:在分析患者旅程的时候建议重点关注医生和患者的每一个接触点,在每一个接触点深入分析医患双方做决策的理性因素和感性因素,如患者初诊的时候医生如何判断患者病情,建议患者做什么检查,根据哪些因素做出治疗建议,如何设定治疗目标,如何与患者沟通治疗方案;患者层面,如何分析理解医生的建议,回家是否能遵从医生的方案,是否能定期来随访。只有深入理解医患双方的思考过程,才能挖掘其中的障碍点和业务机会。

(2)代入患者角色:建议代入患者角色,到医院进行细致的观察,了解流程中有哪些障碍点,如有些需要注射的产品,如果科室没有注射操作室,没有相应收费标准,这也是一个优化机会点。

(3)观察处方医生行为:重点观察典型处方客户而不只是 KOL。观察医生的行为不单是看访谈时他怎么说,有可能的话,尽量到诊室观察真实情境下医生和患者的实际沟通过程。

(4)业务机会排序:在通过患者流和患者旅程找出业务机会的时候,我们尽量先把所有可能带来收益增长的机会都标注出来，然后再从收益增长潜力和实现难易程度对机会进行分析排序，找出优先关注的机会点，确定后续策略方向。

（三）客户分析

制药企业的客户种类众多，包括医院、医生、药师、患者、支付者、经销商等，其中最主要的是医生、患者和支付者。

1. 医生

医生是临床上绝大多数诊疗决策的负责人，在大多数情况下也是制药企业最重要的客户。对医生的分析，最重要的是了解其对相关疾病诊疗的观念和行为，以及如何做出相关诊断和治疗决策，在这些过程中有哪些影响因素，处方公司产品的动力和阻力有哪些，希望得到哪些帮助等。除此之外，医生如何进行学习和知识迭代，信息获取的渠道有哪些，对职业发展、科研教学、患者管理等方面有哪些未满足的需求等，都是值得了解和关注的。与此同时，我们也应该清楚，医生和医生之间也可能存在巨大差异，所以根据其人口统计学特征、观念和行为偏好等进行细分也是十分必要的，有助于制定针对性的策略和行动方案。

需要注意的是，对于一个新的产品或品牌，不同的消费者在态度和行为上都会有明显的差异，对于创新药尤其如此，不同的医生，对待创新药的态度和关注点也存在很大差异。根据 Everett M. Rogers 在 *Diffusion of Innovation* 一书中提出的创新扩散理论，可以将用户接受新技术的不同心理把用户分为以下5类（图11-4）。

（1）吃螃蟹者：约占全体用户的2.5%，喜欢使用新产品、新技术，感兴趣的是技术本身。

（2）早期接受者：约占全体用户的13.5%，对新技术感兴趣并懂技术，但是他们关注的是使用新产品、新技术能够达成的业务目的，他们为达到目的敢为天下先。

（3）早期大多数：约占全体用户的34%，懂技术但更注重实用性，在新技术成熟之前持谨慎的态度。

（4）晚期大多数：约占全体用户的34%，不太懂技术，在技术和产品选择上倾向于主流标准和产品。

（5）落伍者：约占全体用户的16%，对新技术、新产品有偏见，不愿意使用。

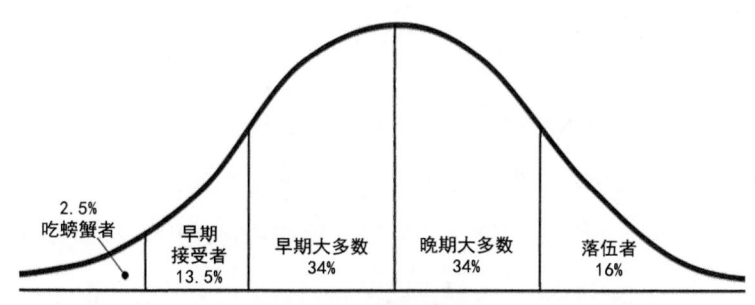

图 11-4 创新扩散曲线

营销者要善于识别和利用不同用户对新产品、新技术的接受心理，通过各种有效的方式积极与吃螃蟹者和早期接受者沟通互动，并通过他们的行动和声音影响早期和晚期大多数。

对于创新药来说，快速积累早期成功用药经验对于后续的推广至关重要。通常来说，创新药的第一批用户基本上都是注册临床试验的研究者，他（她）可以在产品尚未获批上市前就获得一定的用药经验和体会，这将是创新药上市初期最重要的演讲者和分享者。此外，企业也可以通过一些早期准入项目，帮助更多的专家在产品上市前或上市初期就获取更多的临床用药经验。

2. 患者

对于制药企业来说，患者是最终端的客户，也是公司产品的最终使用者和价值的实现者，可以说是制药企业真正的衣食父母。能否深刻洞察患者需求，往往是区分优秀制药企业和普通制药企业的重要标准。对患者的分析，最重要的是了解其在诊疗全流程中的行为和体验，如有哪些痛点，希望得到哪些帮助。目前市场上关于许多疾病的资讯满天飞，鱼龙混杂，真假难辨，如何帮助患者及时、快捷地获取专业、正确的疾病诊疗资讯，也需要深入了解患者在内容、渠道等方面的偏好。除此之外，我们也应该清楚，处于不同疾病阶段、新患者和老患者、已用药和尚未用药的患者，在诊疗需求方面也存在巨大差异，需要仔细加以甄别。对于某些特殊群体（如婴幼儿）、特殊疾病（如精神分裂症、阿尔茨海默病等）还需要特别关注照护者。

3. 支付者

支付者在医疗保健体系中扮演着重要角色，他们主要负责为医疗服务和医药产品提供资金支持，在一定程度上扮演了"金主"的角色。在中国，支付者主要包括政府医保计划，如城市职工医保、城市居民医保、新型农村合作医疗等。近年来，商业医疗保险、各级惠民保和创新支付方式也扮演了越来越重要的角色。在某些疾病领域，患者援助也是重要的支付手段。对于创新药企业来说，产品一旦获批，最重要的可能就是每年一度的国家医保药品目录谈判了。制药企业对于支付者的分析，最重要的是了解其在医保资金来源、医保资源配置、医疗质量保证、医疗技术和创新支持、医保费用支付等方面的政策倾向和工作挑战，尤其是对卫生技术评估（health technology assessment，HTA）和卫生/药物经济学的态度，以及对药物临床价值和经济价值的评判标准。只有这样，企业才能有的放矢，提前布局和准备相关证据。

（四）竞争分析

竞争分析是企业战略规划和市场定位的重要组成部分，好的竞争分析有助于企业识别市场机会，制定有效的竞争策略，从而在激烈的市场竞争中获得竞争优势。

制药企业在进行竞争分析时，要具有前瞻和长期的视角，至少要看3年，甚至5年的市场竞争格局，不但要关注现有的竞争产品，还要关注尚未获批的，但预计未来会进入市场的竞争产品。

从大的层面看，竞争分析可以分为品牌层面和执行层面，其中品牌层面分析主要包括销售数据、产品特性、市场策略、临床证据、市场准入等维度，而执行层面分析主要包括组织架构、医学活动、市场推广活动、客户认知等，具体参见表11-1。

表11-1 竞争分析框架

品牌层面	执行层面
销售数据 • 销售量（金额、包装数、患者数） • 市场份额 • 增长率（EI指数） • 销量来源：区域与医院分布 **产品特性** • 作用机制 • 适应证 • 疗效安全性 • 用法用量 • 治疗费用 **市场策略** • 目标客户 • 品牌定位 • 关键信息 **临床证据** • 临床研究（已完成或进行中） • 文章发表 • 指南共识推荐 **市场准入** • 医保 • 招标 • 医院列名（进药）	**组织架构** • 销售团队：人数及分布 • 市场团队：人数及分布 • 医学团队：人数及分布 • 准入团队：人数及分布 **医学活动** • 证据生成（临床研究、IIT、真实世界证据等） • 科研学术平台搭建 • 指南共识推动 • 医学信息 **市场推广活动** • 大型市场活动 • KOL合作 • 产品信息 • 区域活动 • 推广费用金额与分布 • 销售拜访 **客户认知** • 品牌知晓率 • 品牌认知度 • 信息记忆 • 市场声音份额

竞争分析的过程也是企业和团队对自家产品进行自我分析和解剖的过程。在品牌和执行层面，我们要像分析竞争对手那样，对自家产品展开全面剖析，还得分析得更细、更深，并将内部数据与外部数据、不同时期、不同区域数据进行交叉比对，发现差距和可进一步改善的地方。

相信通过对市场包括宏观政策环境分析、疾病与诊疗状况分析、客户分析、竞争分析等详尽分析，我们对内部（公司和产品）的优势和劣势、外部市场的机会和威胁等，都已经有了清晰的认识。因此，人们往往也用经典的SWOT分析矩阵总结市场和现状分析的要点（表11-2）。

表11-2 SWOT分析

	机会（opportunity）	威胁（threat）
外部（external）		
	优势（strength）	劣势（weakness）
内部（internal）		

二、目标市场的选择和品牌定位

通过对市场进行充分详尽的分析，明确了SWOT，接下来就是策略制定的核心环节：确定目标市场和品牌定位（where to play & how to win）。因为资源是有限的，如何在有限的资源条件下选择最合适自己组织和产品的路径，就是策略制定的核心。可以说，策略的制定就是如何做选择，所以我们看到品牌规划就是由一系列的选择组成的，如目标市场、目标客户、关键信息、竞争手段、资源分配等选择，需要综合考虑内外部的各种因素，做出最适合自己公司和品牌的决策与行动计划。

这里给大家介绍一下市场营销中经典的STP模型，它可以帮助企业更好地理解市场和消费者，实现市场的有效切分和精准营销，提升营销效果和企业竞争力。其中S代表segmentation，即市场细分；T代表targeting，目标人群或细分市场选择；P代表positioning，即产品市场定位。

（一）市场细分

首先来谈一下 S（市场细分）。市场细分是指将客户或者市场按照一定的逻辑，如分布特点、需求、购买行为习惯等，进行分类归类的过程。

为什么要做市场细分？首先是因为顾客的需求是千差万别的，同样是买衣服，有些人更看重产品实用性能，如保暖、耐穿、透气等，有些人则更看重合适的价格，还有些人则更看重衣服的款式是否能彰显他的地位和气质等各种原因。同样是购买自行车，专业运动员、业余骑行爱好者和将自行车作为日常代步工具的消费者，对自行车的性能和价格偏好也存在巨大差异。所以说，顾客的需求是千差万别的，一种产品不可能满足所有顾客的各种需求，尤其是医药产品，一旦研发出来，它的产品特性和临床数据，以及能为患者带来的临床获益，基本上就已经确定了，短期内难以有大的改变，不可能满足所有客户的需求。此外，公司的资源是有限的，所以应该把有限的资源投到最能够为我们产生更大回报的客户身上，这就需要进行市场细分。归纳起来，药品市场细分有助于发掘市场机会，制定有针对性的营销策略，优化资源的配置和利用。

常见的市场细分变量，包括特性变量、行为变量和心理变量。但正如之前提到过的，由于药品消费决策和支付模式的特殊性，处方药的市场细分基本上会从疾病、医生、患者这 3 个维度上来考虑。比如疾病，我们可以根据疾病的不同发展阶段、不同严重程度等来进行市场细分。比如医生，我们既可以根据他的科室、级别或根据其管理的门诊和住院患者数推算用药潜力以进行细分，也可以根据他治疗的观念和行为来进行细分。比如患者，我们既可以从他的年龄、收入、医保情况、初诊复诊等维度来做细分，也可以根据他的就医行为特点，或目前正在接受的治疗方案来细分。

需要注意的是，虽然市场细分的方法有很多种，但到底选择哪一种细分方法，需要综合考虑诸多因素，它必须是有意义的，也是可被执行的。市场细分有助于将客户划分为思维和行为相似的级别，同时具有可观察和可测量的特征，使客户的分类可落地应用到具体的业务实践中，帮助我们进行投资的优先级排序，优化与客户互动的内容和方式。

（二）目标人群或细分市场选择

将市场通过适当的变量进行细分后，接下来我们就要决定进入哪个细分市场，这是一个需要综合考虑细分市场生意机会大小、相对竞争和获益对比、客户行为改变难易度和所需资源投入等诸多因素的过程，也是一个将公司品牌资产和竞争力（competitiveness，或 ability to win）与市场机会和吸引力（market size，或 attractiveness）相匹配的过程。通常来说，如果一个细分市场容量很大，我们的产品在这个细分市场上又有很强的竞争力，那一定是我们首选的目标市场。第二选择则是市场容量够大，产品竞争力中等或市场容量一般但我们的产品竞争力很强的市场。需要注意的是，在评估市场规模和品牌竞争力时，应该动态地看，不但要看当前市场规模，还要考虑市场增长趋势和市场环境变化对细分市场规模的影响；不仅要看当前竞争力，更要评估疾病诊疗趋势和科学发展、自身与竞争对手证据可及性，以及市场准入变化对竞争力的影响和所需要投入的资源等（图11-5）。

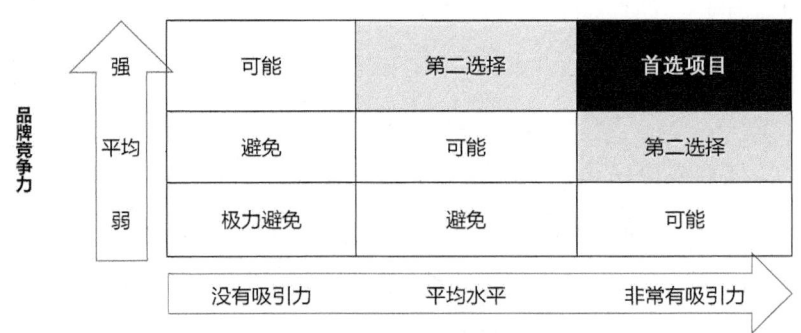

图11-5 目标人群或细分市场选择

（三）产品市场定位

企业一旦选定了自己的目标市场，并确定了目标市场营销策略，也就明确了自己所要重点服务的客户和所要面对的竞争对手。如何在众多的竞争对手中脱颖而出，使自己的产品在竞争中处于有利的位置，是每一个企业都要面临的问题，即产品定位问题。

究竟什么是产品定位呢？根据定位理论的提出者特劳特的定义，定位是指选择在客户心目中创造出的关于产品或者品牌的画面和认知，但最重要的是这个画面和认知必须是重要的、可信的和独特的。

为保证药品市场定位的有效性，企业在进行产品和品牌定位时应遵循以下5个原则。

（1）重要性：企业所突出的特色应该是目标市场客户所关注的。

（2）独特性：定位应是与众不同的、竞争对手难以模仿的。

（3）可传达性：定位应是易于传递给目标市场并被顾客正确理解的。

（4）可接近性：企业应有效地集中力量接近目标市场并为之服务。

（5）可营利性：企业通过这种市场定位能获取预期的利润。

建立产品的市场定位需要综合考虑3个方面的因素，一是客户需要什么样的产品？对客户的需求进行排序。二是我们的产品能满足客户哪些方面需求？三是竞争对手能满足客户什么需求，哪些需求是竞争对手的产品不能提供的？理想的产品市场定位是，我们产品具有的这个优势和特性是客户非常需要的，即属于客户在疾病和患者管理中重要的未满足的需求。与此同时，这个重要的未满足的需求是竞争对手产品不具备或无法提供的，只有我们的产品能提供和满足的，就是公司产品的制胜点，也是定位点。一旦找到了产品定位点，公司的市场推广活动和传递的信息都要围绕产品这个定位点，通过各种形式、各种渠道在客户心智中建立品牌独特的地位（图11-6）。

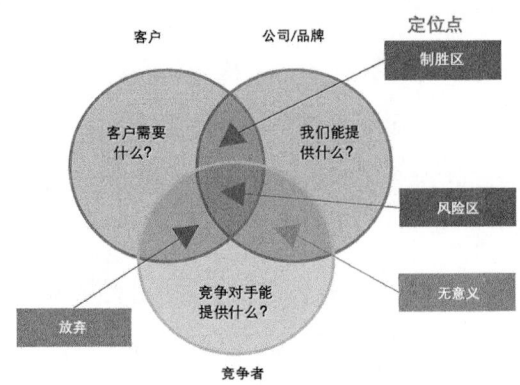

图 11-6　产品定位选择

处方药的定位描述通常包含以下 4 个元素：一是你针对的目标人群；二是你的竞争领域，就是你自己定义的市场；三是你产品的差异化优势；四是要给人相信的理由，有哪些数据或证据可以证明你拥有前面所说的差异化优势。

一个产品或品牌要在客户心智中建立独特的定位需要时间，通常来说，一旦确定产品市场定位，需要在一定时段内保持相对稳定，并通过全方位的市场营销，不断强化这个品牌定位。但市场定位也不是一成不变的，随着市场环境的变化、产品证据的增加、疾病诊疗模式的改变、竞争对手的反定位等，原来的产品定位可能已经不合时宜，这时候就需要企业保持对市场的敏锐度，及时对市场做出反应，必要时果断调整产品定位。

（四）客户观念行为改变目标和产品关键信息

市场营销是在洞察客户需求的基础上，通过一系列的教育与活动，改变客户的观念和行为，为客户创造价值，进而实现企业商业目标的过程。一旦确定了产品定位，接下来就要分析并实现这个产品定位，客户的观念和行为需要做怎样的改变。按照心理学上的"冰山理论"，我们能够观察到的客户行为表现或应对方式，只是巨大冰山露出水面的很小的一部分，而潜藏在水面之下更大的山体，则是客户的观点、感受、渴望和价值观等，正是这些潜藏在水面下的观点、感受、渴望和价值观决定了客户的行为表现。所以，要想改变客户的行为，需要深入了解客户行为背后的原因，他/她当前对于相关疾病的诊断、治疗、随访等观念是怎样的，有哪些痛点，面临什么样的困难和挑战。如果要实现我们期望的行为转变，我们需要克服哪些阻力，做哪些事情能够促进或加速这个改变的发生。所有这些，就是我们对客户的洞察（图11-7）。

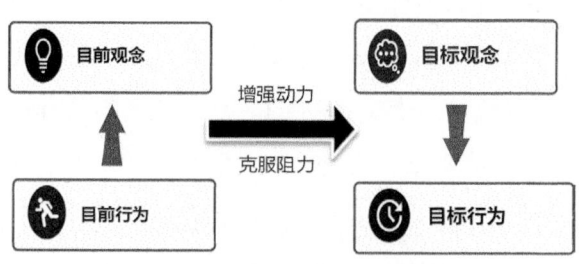

图11-7　客户观念与行为改变

在深刻洞察客户的基础上，我们就可以针对不同客户，组织有针对性的活动，通过针对性的渠道，传递个性化的关键信息，促进客户观念和行为的改变。在洞察客户观念和行为时，可以参考消费者的购买决策模型。通常来说，消费者如果有一个需求，或者在外界信息刺激下意识到了自己有这个需求，他就会去查找、收集相关的信息，然后对各种收集到的信息和选项进行评估，进而做出自己认为最合适的购买决定，并根据购买后体验进行下一步的行动。针对处于购买模式不同阶段的消费者，相关厂家可以通过针对性的信息沟通，对消费者进行告知、说服或提醒，推动消费者购买行为从了解、认知，到试用、使用、忠诚使用的变化与升级（图11-8）。

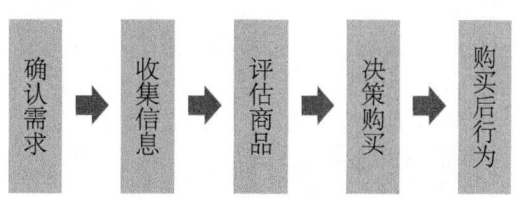

图11-8　消费者购买决策流程

三、行动计划和监控

通过前面的市场分析,我们对企业／产品的现状有了清晰的认识,明确了自身的优劣势和外部的机会与威胁,并在此基础上确定了企业目标市场和品牌定位,以及客户观念和行为改变的目标,接下来就是如何将这些策略落地执行,通过一场场会议、一次次活动让改变真正发生,并在这一过程中不断监控市场进展变化,必要时对策略或活动计划进行优化和调整。企业家杰克·韦尔奇指出:很多时候,企业并不缺乏伟大的战略,缺乏的是有效的战略执行。卓越执行是企业竞争力的重要保证,执行力差是现象,管理不善才是本质。

从企业内部职能分工来说,一个全面的创新药的行动计划应该包括商业(销售／市场)推广活动、医学非推广性活动和市场准入活动,其目的和侧重点也有所不同。销售、市场部做商业推广活动主要传递企业产品和品牌相关信息,帮助实现企业中短期的业务目标,主要活动包括销售拜访、大型品牌战役、病例征集、从科室会到全国高峰论坛的各级别学术会议、各级学术会议赞助与参与等。而医学非推广性活动侧重于临床证据的产生和相关疾病诊疗观念和标准的建立,致力于帮助企业提升中长期市场竞争力,主要活动包括医学联络官拜访、上市后临床研究、研究者发起的研究、文章发表、专家咨询会、医学教育、患者教育活动等。而市场准入活动主要针对的是对产品市场准入相关的关键决策者(key decision maker,KDM),如卫生健康委员会、医疗保障局、医院院长、药剂科、医保科等部门或科室客户,重点讨论产品在临床价值基础上为社会提供的经济价值和社会价值,如更好疗效带来的更长质量调整生命年(quality adjusted life year,QALY)及因预防和减少疾病复发率带来的医保负担减轻等。

虽然在形式上,各部门的活动存在一定差异,但也有不少共通之处,如销售、市场、医学和准入部门都会赞助各类学术会议,也会组织各级别的学术活动，差异主要存在于会议目的、参会人员和会议内容这些执行细节里。有时候，各部门也会联合起来，共同举办一些大型活动。

不同的活动形式具有不同的优势和劣势，表 11-3 比较简洁地列出了常见市场营销活动的优劣势，企业可以根据自己的需求进行选择和组合。

表 11-3 常见市场营销活动的优劣势

活动类型	优势	劣势
企业人员（如销售代表、MSL、KA 等）拜访	1. 目标精准，针对特定目标群体 2. 直接沟通，信息缺失少 3. 可满足客户个性化需求	1. 成本高 2. 人员流动风险
企业自办会议	1. 可根据需求选择参会人员，目标精准 2. 会议讲者、内容和传递信息可控 3. 会议频率可根据需求调整	1. 内容公信力较差 2. 讲课费合规风险
学术会议赞助	1. 专业性强，提升产品专业形象 2. 提供交流机会，促进合作 3. 影响力大，提高品牌曝光度	1. 成本高 2. 效果难以直接量化或转化为销售结果
KOL 合作	1. 目标较为精准 2. 影响力大，受众信任度高，有助于提升产品可信度	1. 合作成本高 2. 存在一定风险，KOL 言行可能引发争议 3. 需平衡不同 KOL
上市后临床试验	1. 丰富临床证据，增强产品科学性和可信度 2. 提升专家合作度 3. 满足监管要求	1. 周期长，监管要求高，需投入大量时间和资源 2. 成本高，且存在失败风险
研究者发起研究	1. 丰富临床证据，有可能发现潜在机会 2. 提升专家合作度	1. 周期长，成本高，且存在失败风险 2. 不可控
患者教育活动	1. 提升患者对产品和疾病的认知 2. 增强患者与企业之间的信任	1. 患者需求多样，组织难度大 2. 覆盖范围可能相对有限 3. 监管严格，易发生合规风险
线上营销活动	1. 成本低，覆盖广泛受众 2. 数据可追踪，精准评估效果	1. 竞争激烈，难以持久吸引高质量目标客户 2. 依赖技术和平台，需投入资源维护
慈善赠药	1. 在医保受限时有助于快速积累用药患者和临床经验 2. 数据可追踪，精准评估效果 3. 提升公司和品牌影响力	1. 需多方协同，运营成本高 2. 监管不严，可能存在一定合规风险

企业在规划各类活动时，除了明确目标、受众、活动流程、传递信息等要素外，提前制定合理的关键绩效指标（key performance indicator，KPI）和关键参与度指标（key engagement indicator，KEI）也是非常重要的，这有助于对公司绩效和过程进行监控，评估进展情况，并在必要时对策略和行动计划进行及时调整。

值得注意的是，KPI可以划分为先行KPI（leading indicator）和滞后KPI（lagging indicator），两者在发生时间、作用和管理应用场景上侧重点有所不同：在时间上，先行KPI通常在销售结果发生之前，滞后KPI在销售结果发生之后；在作用上，先行KPI可用于预测和驱动绩效，滞后KPI则用于衡量和评估绩效；在企业管理的应用实践中，先行KPI常用于主动管理，通过调整过程来改善结果，而滞后KPI通常用于了解过去的绩效，为未来的决策提供信息。在创新药的营销活动中，先行KPI包括客户观念改变、关键信息记忆、客户满意度等，滞后KPI则包括销售收入、市场份额等。

而KEI是衡量企业与客户互动频率和质量的指标。它通常用来评估企业与客户互动的深度和广度，以及客户对产品或服务的忠诚度和活跃度。在创新药的营销活动中，KEI包括总客户拜访次数、频率、覆盖率；重点客户拜访次数、频率、覆盖率；会议举办次数和客户覆盖数量/率；微信文章阅读打开率、阅读时长、转发、收藏、点赞数量和比例、净推荐值（net promoter score，NPS）等。

通过综合分析比较事前设定的KPI、KEI与实际执行的差异，有助于企业及时了解市场一线的声音和客户的反馈，市场营销活动和项目的有效性，保持对市场的敏锐度，并在必要时采取适当的管理行为或调整策略，保持企业的竞争力。

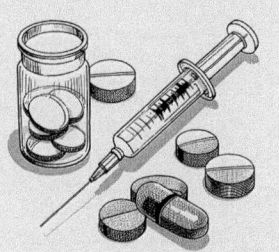

第十二章
医药市场的利益相关方（外部）

在传统的医药销售模式中，制药企业在销售和市场推广中基本上把全部精力都放在掌握处方权的医生身上。随着中国医药市场的发展和演变，出现了越来越多的市场参与者，即利益相关方（stakeholder），这也导致医药市场营销和商业运营模式发生了巨大的变化：关注点从 1P [即医生（physician）] 发展为 6P [即医生、患者（patient）、支付者（payer）、政策制定者（policy maker）、药师（pharmacist）、公众（public）]（图 12-1）。

图 12-1 医药营销重点外部利益相关方

一、医生

即使是在新的商业运营模式下,对于创新药来说,医生毫无疑问仍是制药企业最重要的客户,在绝大多数情况下仍然掌握着药品的选择权,是临床治疗方案的主要决策者。对药企来说,让目标医生及时、准确地熟悉和了解自家产品的优势和相对其他产品的差异化优点,积累临床用药经验,并建立处方习惯,是营销工作的重中之重。

医生的分类方法很多,可以按地域、医院级别、专业科室分,也可以按级别分,还可以按处方行为和治疗理念来进行区分。这其中有一类人群需要特别加以关注,那就是 KOL。

KOL 全称为 key opinion leader,中文通常把它翻译为关键意见领袖,其最早是由美国的保罗·F. 拉扎斯菲尔德在《人民的选择》这本书中提出来的。KOL 是指拥有更多、更准确的信息及知识和技能,而且被相关群体所接受和信任,并对该群体的观念和行为有较大影响的人。

对于制药企业来说,KOL 是指符合企业预先设定的标准、拥有自己的人际网络、可以独立地表达自己的见解和观点、由于自身在相关领域内的成就而备受尊重的人,他们通常是相关治疗领域内的科研和临床实践专家。很多企业都有自己对 KOL 的定义和标准,也有一些企业称之为思想领袖(thought leader,TL),不过总体意思都差不多。

KOL 有许多不同的来源和分类方法,总体来说主要有以下 6 类。

第一类叫 formal organizational leader,这是与其在组织或协会中的职位或职务相关的,如各类医学会的主任委员、副主任委员、常务委员等,或者医院的科室主任、院长等,其影响力通常来自与其职位相关的各种权利。

第二类叫 publishing leader。有一些专家并没有在单位或学会担任太多的职务,但是他们发表了很多相关的研究成果,他们的影响力更多来源于文献的引用率。这部分专家有一部分并不在医院,而是在科研院所工作的。

第三类叫 sociometric leader,其影响力主要来自社会网络。人是生活在社会网络中的,专家之间也会有不同的派系。据调查,让医生推荐自己的同行,结果发现推荐率最高的专家,并不一定是目前学会里最权威或占据最重要地位的专家。因此,对 KOL 的评估有时还要考虑社会网络的因素。

第四类叫 volume leader。有一些专家可能在组织里没有太高的地位,也没有发表过很多文章,但是他治疗过很多某一类患者,对这一类患者的诊治特别有经验。这一点在罕见病领域是特别明显的,因为患罕见病的患者很少,很多的主任委员、副主任委员对罕见病的认知和了解其实并不多,也不太愿意看这一类患者,反而有可能是他们下面的某个副主任医师喜欢治疗这一类患者。久而久之,这些医生就在某一类罕见病领域积累了丰富的经验。

第五类叫 emerging leader 或 rising star,通常是指一些极具潜力的中青年专家,他们的影响力处于快速上升阶段,将来很有可能成为科室或学会的接班人。这些人也是制药企业需要重点关注的,要在其成为大牌专家和正式 KOL 之前,及早互动合作和投资,这样往往更容易与其建立长期稳定的合作关系。

最后一类叫数字意见领袖(digital opinion leader,DOL)。现在是数字时代,有很多医疗媒体或自媒体。有一些医生平时在医院里很低调,但是在网上却非常活跃,在患者中也有很大影响力,这些人也是制药企业需要去关注的。

还有一种比较常见的 KOL 分类方法,就是将 KOL 分为国际级 KOL、国家级 KOL、区域级 KOL、明日之星和 DOL 5 类:国际级 KOL 主要包括国际指南编写委员会与中华医学会下属分会的主任委员和副主任委员、在国际学术机构里担任一定职务的专家、国际级研究的主要研究者、国际学术期刊的编委等;国家级 KOL 主要包括国内指南编写委员会成员、省级学会主任委员和副主任委员、核心期刊的主编和副主编,以及大型临床研究的主要研究者;区域级 KOL 主要包括省级学会的委员、三级甲等医院科室主任和副主任、在区域药品准入或医保准入方面有一定影响力的专家等；明日之星通常是指对特定领域有强烈兴趣的年轻专家，他们近期在某种疾病或治疗领域有高质量的论文发表，或者正在从事领域内一些重要的科学活动、临床研究等；DOL 则包括活跃在一个或多个互联网数字平台、拥有较多的医生同行或患者粉丝的医生，以及医疗自媒体的主理人和相关信息的发布者等。

药企还可以从 KOL 的影响力、学术观念、与企业合作关系程度等维度出发，对 KOL 进行分类管理。

二、患者

在医药圈，几乎每个人都知道"以患者为中心"，很多公司都以其为口号或者理念，许多药企和医院都会将"以患者为中心"挂在嘴边，在使命和价值观中常常会有类似表述。

患者是药品的最终使用者，也是药品价值实现的最终承载者。只有患者在应用药品之后，其临床症状和临床结局得到了改善，药品才算实现了其真正的价值。患者的积极参与和配合对于充分发挥药品的疗效，降低药品的不良反应具有重要的意义。

从这个意义上说，患者才是医药企业最终赖以生存的"点"，"以患者为中心"应当是医药企业力求生存与发展突破的关键点。事实上，"以患者为中心"，它不应该只是口号或公司的理念，它应该是公司策略和营销的出发点。

以患者为中心，最重要的是要了解患者的需求和痛点。痛点是每个行业的关键词，对于制药企业来说，不但要了解医生在疾病诊治过程中的痛点，还要了解患者寻医问药过程中的痛点。只有清楚患者的痛点，才能有针对性地给出解决的方案，才能赢得广大的患者市场。

了解患者的痛点不是简单的病例收集及整理，要对患者旅程进行全方位的了解，对患者"预防、诊断、治疗、康复"等全过程给予关注。很多时候，患者要的不仅仅是一种疾病诊断结果,一个治疗处方,他们更需要的是得知患了这个病后,如何去科学地管理这种疾病。比如一个糖尿病患者,你只告诉他们用什么药,他们很可能在遇到相似疗效药品的情况下就替换了。但如果你不仅给他们治疗的药品,还给他们制定相应的个性化的病程管理方案,帮助他们科学地生活,告诉他们吃什么,不吃什么,什么时候体检,需要注意什么等,那么他们就很难去选择其他代替药品了,因为他们已经习惯了这种个性化的病程管理了。

依从性(patient compliance/treatment compliance)也称顺从性、顺应性,是指患者的行为与医疗或保健建议相符合的程度。从药物治疗的角度,依从性是指患者对药物治疗方案的执行程度。大量研究表明,依从性好的患者,其疾病治疗效果、预后和生活质量等方面都远远优于依从性不佳的患者。即使是最好的治疗方案和计划,患者不依从也会失败。非依从性最明显的后果是疾病没有减轻或治愈,同时增加了医疗费用,降低了生命质量,例如,漏用治疗白内障药物可导致视神经损害或致盲;漏用心脏病药物能导致心律失常和心脏停搏;漏用抗高血压药能导致脑卒中;不服用处方药物的抗生素能引起感染再次复发并能导致耐药菌的出现。美国 FDA 估计,每年有 125 000 例心血管疾病患者由用药非依从性导致死亡。

患者不依从的类型主要包括以下 5 种:①不按处方取药;②不按医嘱用药;③提前终止用药;④不当的自行用药;⑤重复就诊。究其原因,主要包括以下几个方面:一是医嘱所给出的预防或者治疗方式比较复杂,难以实现;二是医嘱中开具的药物使用方法比较复杂或者药物本身的口味比较差,服用起来有很大障碍;三是患者自身的原因,如生活习惯、生活作息的原因导致难以做到完全按照医嘱来执行;四是主观上的原因,如对医生或者医院不信任,患者本身有一些对疾病治疗的消极心理,还有部分患者的自制能力比较差,在执行一些需要自我控制调节的医嘱时依从性比较差。

改善患者的依从性可从以下 3 个方面着手：①与患者建立良好的关系，赢得患者的信任与合作；②优化药物治疗方案；③以通俗易懂的语言为患者提供充分的用药指导，帮助患者正确地认识药物，正确地服用药物，保证药物发挥应有的疗效，其基本内容可包括药物的疗效、药物不良反应、药物使用注意事项，告知患者有关随访与复诊频率的要求。在沟通过程中，要注意询问和确认患者是否真正理解了相关要求。

总之，将"以患者为中心"作为出发点来制定企业策略，站在患者的角度去生产药品、销售药品，切实解决患者的痛点，并提升患者依从性，从而最大程度上提升治疗效果，改善临床结局。正如默克集团（美国）创始人乔治·默克曾经所说："我们应当永远铭记：药品是为人类而生产，而不是为追求利润而制造的。只要我们坚守这一信念，利润必将随之而来。"

三、支付者

药品作为一种特殊商品，具有巨大的外部性，其主要反映在药品费用支付上。患者作为药品的使用者，在大多数情况下并不支付费用或仅负担小部分的费用。在这种情况下，药品费用的主要支付方，在药品的商业模式中扮演越来越重要的角色。

2020 年 2 月，中共中央、国务院发布了《关于深化医疗保障制度改革的意见》。根据该意见的规划，我国实行多层次医疗保障制度。

医疗保障的多层次主要由 3 个层次构成：第一层次是国家举办的基本医疗保障；第二层次是雇主举办的企业补充医疗保险；第三层次是以个人购买为主的商业健康保险。

（一）基本医疗保障制度

我国基本医疗保障制度主要由 3 个板块构成（基本医疗保险、大病保险和医疗救助），即通常所说的"三重保障功能"，体现了我国基本医疗保障制度基础性、普惠性和兜底性的特点。

基本医疗保险又可以分为两种保险，即城镇职工基本医疗保险和城乡居民基本医疗保险。基本医疗保险是中国医疗保障制度的主体部分，截至2021年底，我国基本医疗保险已覆盖13.63亿人，占中国14亿人口的96%。

大病保险通常包括城乡居民大病保险、职工大额医疗费用补助和公务员医疗补助。大病保险的功能是对年度医疗费用超过封顶线的部分进行二次报销。城乡居民大病保险没有单独的筹资方式，职工大额医疗费用补助和公务员医疗补助的筹资方式是与基本医疗保险绑定的，所以，大病保险也可称为基本医疗保险的延伸。

医疗救助是一个非缴费型的社会救助制度，资金完全来自政府财政转移支付，其功能是对就诊困难人员进行资助。

（二）企业补充医疗保险

通常有一定规模、效益较好的内外资企业都有类似制度。企业补充医疗保险由两种制度构成：一是在国家给予税收优惠政策支持下由雇主自愿举办或参加的补充性医疗保险制度，体现的是企业的福利性质；二是由企业为职工购买的商业健康保险，一般是以团险的形式，属于市场化的福利。

（三）商业健康保险

商业健康保险包括普通商业健康保险和已经实行了若干年的个人税收优惠商业健康保险，近年来在各城市如火如荼开展的各类惠民保属于商业健康保险范畴。不少产品在探索的按疗效付费等创新支付方式亦属此类。

《关于深化医疗保障制度改革的意见》还将慈善捐赠和医疗互助也纳入多层次医疗保障体系中来，我们可将这个来自社会和市场化的医疗保障形式称为"第四层次"。价格昂贵的新特药尤其是肿瘤产品在上市之初未进医保前，经常会有慈善赠药项目。

表 12-1 总结了目前我国多层次医疗保障制度的基本情况。

表 12-1　我国多层次医疗保障制度的基本情况

层次	功能	板块	制度
第一层次：基本医疗保障制度	基础性	主体部分：基本医疗保险	（1）城镇职工基本医疗保险 （2）城乡居民基本医疗保险
	普惠性	延伸部分：大病保险	（3）城乡居民大病保险 （4）职工大额医疗费用补助 （5）公务员医疗补助
	兜底性	兜底部分	（6）医疗救助
第二层次：企业补充医疗保险	补充性		（7）企业补充医疗保险制度和团体健康保险
第三层次：商业健康保险			（8）普通商业健康保险 （9）个人税收优惠商业健康保险
第四层次：慈善与互助			（10）慈善公益捐赠 （11）医疗互助

在所有这些支付者中，对绝大多数制药企业来说，国家医疗保障局无疑是最重要的支付方，业界称其为"超级医保局"也算名副其实。自 2018 年国家医疗保障局成立以来，推进了一系列政策和制度，如药品集中招标采购、医保谈判和医保药品目录更新、三医联动、DRG/DIP 等，都对行业格局和相关企业造成了巨大的影响。

而对于一些暂时无法进入国家医保药品目录的产品来说，商业保险、创新支付几乎是一条不得不走的道路。

四、政策制定者

医疗、医药都是一个深受政策监管的行业，政策的变化对于行业格局和企业的商业战略与行动计划会有深远的影响。医保作为医药产品最重要的支付方，同时也是对许多行业有重要影响的政策制定者。除了医疗保障局，医药市场中重要的政策制定者还包括国家卫生健康委员会、国家药品监督管理局、国家市场监督管理总局等。

（一）国家卫生健康委员会

国家卫生健康委员会及其下属各级卫生健康委员会是制药企业最重要的客户——各级医疗机构和医生的主管部门，在其对医疗部门实施管理的同时，也会对药企的商业和工作模式产生重大影响。

参考国家卫生健康委员会网站，对药企制定企业战略和日常运营工作会产生较大影响的职责主要包括以下几个方面。

（1）组织拟定国民健康政策，拟定卫生健康事业发展法律法规草案、政策、规划，制定部门规章和标准并组织实施。统筹规划卫生健康资源配置，指导区域卫生健康规划的编制和实施。制定并组织实施推进卫生健康基本公共服务均等化、普惠化、便捷化和公共资源向基层延伸等政策措施，如"分级诊疗"政策，将使中国医药市场进一步向基层医疗单位下沉，促进基层医药市场的发展。

（2）协调推进深化医药卫生体制改革，研究提出深化医药卫生体制改革重大方针、政策、措施的建议。组织深化公立医院综合改革，推进管办分离，健全现代医院管理制度，制定并组织实施推动卫生健康公共服务提供主体多元化、方式多样化的政策措施，提出医疗服务和药品价格政策的建议。如执行药品"零差价"政策后，药剂科从医院的"利润中心"变成"成本中心"，推进药剂科的职能从药品调剂向药事服务、药品安全监测、临床药学和临床试验（研究）质量管理等方向转型，并使处方流出医院，患者在医院开处方、在院外配药成为趋势。

（3）制定并组织落实疾病预防控制规划、国家免疫规划及严重危害人民健康公共卫生问题的干预措施，制定检疫传染病和监测传染病目录。负责卫生应急工作，组织指导突发公共卫生事件的预防控制和各类突发公共事件的医疗卫生救援，如对新型冠状病毒感染、肝炎等传染病的防控和强制免疫政策，鼓励加强对于适龄人群HPV和带状疱疹疫苗接种等政策，对于相关企业意义巨大。

（4）组织制定国家药物政策和国家基本药物制度，开展药品使用监测、临床综合评价和短缺药品预警，提出国家基本药物价格政策的建议，参与制定《中华人民共和国药典》。根据《中共中央、国务院关于深化医药卫生体制改革的意见》，国家基本药物是适应基本医疗卫生需求，剂型适宜，价格合理，能够保障供应，公众可公平获得药品。根据相关规定，公立医疗卫生机构根据功能定位和诊疗范围，合理配备基本药物，逐步实现政府办基层医疗卫生机构、二级公立医院、三级公立医院基本药物配置品种数量占比原则上分别不低于90%、80%、60%，推动各级医疗机构形成以基本药物为主导的"1+X"（"1"为国家基本药物、"X"为非基本药物）用药模式，优化和规范用药结构。这些政策对于相关企业制定商业策略和评估是否需要争取进入国家基本药物目录意义重大。

（5）制定医疗机构、医疗服务行业管理办法并监督实施，建立医疗服务评价和监督管理体系；与有关部门制定并实施卫生健康专业技术人员资格标准；制定并组织实施医疗服务规范、标准和卫生健康专业技术人员执业规则、服务规范。医务人员作为制药企业最重要的客户，主观和客观上都有着提升专业知识和能力的需求。了解医疗主管部门对相关岗位的资格要求，就可以有针对性地提供相关的学术支持和服务。

（6）指导地方卫生健康工作，指导基层医疗卫生、妇幼健康服务体系和全科医生队伍建设。中国是一个地域辽阔且地区差异很大的国家，许多疾病存在地域差异、城乡差异，如能提升基层医务工作者的知识水平和技能，对于提升许多疾病的知晓率、诊断率和治疗率都有巨大意义。

（二）国家药品监督管理局

药企对各级药品监督管理部门并不陌生，无论在新药的研发和注册阶段，还是在药品已获批上市后，制药企业都需要与各级药监部门保持紧密的沟通和联系。

参考国家药品监督管理局网站，在新药已获批上市后，对药企制定企业战略和日常运营工作会产生较大影响的职责主要包括以下几个方面。

（1）负责药品安全监督管理。拟定监督管理政策规划，组织起草法律法规草案，拟定部门规章，并监督实施。研究拟定鼓励药品新技术新产品的管理与服务政策。

（2）负责药品标准管理。组织制定、公布《中华人民共和国药典》等药品标准，组织制定分类管理制度，并监督实施。参与制定国家基本药物目录，配合实施国家基本药物制度。

（3）负责药品质量管理。制定研制质量管理规范并监督实施。制定生产质量管理规范并依职责监督实施。制定经营、使用质量管理规范并指导实施。

（4）负责药品上市后风险管理。组织开展药品不良反应监测、评价和处置工作。依法承担药品安全应急管理工作。

（5）负责执业药师资格准入管理。制定执业药师资格准入制度，指导监督执业药师注册工作。

（6）负责组织指导药品监督检查。制定检查制度，依法查处药品注册环节的违法行为，依职责组织指导查处生产环节的违法行为。

除了国家卫生健康委员会、国家药品监督管理局以外，负责市场监督管理的国家市场监督管理总局、科研和人类遗传资源管理的科技部、专利申请审批与监管的国家知识产权局，也是制药企业经常要打交道的政府部门。

五、药师

与新药上市和市场推广相关的药师主要来源于两个渠道：一是医院药剂科或药事管理部门；二是来自医药流通企业。

药剂科是新药医院准入的重要一环，是医院药事管理委员会的组织者和执行者，负责药品日常采购供应和各科室用药监督，同时负责提供用药咨询并开展药物不良反应监测。以下是药剂科的主要职责。

（1）负责全院的药事管理工作，承担医院药事管理与药事管理委员会的日常工作，负责建立健全与药事管理相关的各项工作制度和技术操作规程。

（2）负责组织管理全院临床用药和各项药学技术服务，协助制定用药指导原则及其相关规定。指导、督促临床合理用药，协助医生制定个体化给药方案。

（3）建立健全本院药品质量保证体系及监督、检查制度，确保药品质量。检查和监督各医疗科室合理用药，确保安全有效。

（4）根据本院医疗和科研需要，负责全院药品和医用耗材的采购、供应、保管及调剂工作，确定合理的药品结构。

（5）制定本院《基本用药目录》，编写本院《处方集》。建立药学信息系统，提供用药咨询服务。

（6）制订药剂科人才培养计划，根据本学科的发展有计划地培养和调整科室人员。制订进修药师及实习药师教育培训计划，承担各类教学任务，提高教学能力。

（7）制定药剂科工作人员岗位职责，完成人员考核工作。

（8）开展药物不良反应监测工作，协助临床试验开展。开展药物经济学研究，对医院药品资源利用状况和用药趋势进行分析。

（9）接受有关行政执法机关监督检查，提供抽验药品，报告药品使用情况。

从这些科室职责描述可以看出，虽然全面落实药品"零差价"政策后，药剂科在为医院创造经济效益方面的功能基本消失，但药剂科反而回归了其职责的本真：在做好药品供应的同时，开展一系列与药学专业相关的科研和服务。如有些医院已开设"药事门诊"，帮助患者制定更安全、合理的联合用药方案，更好地控制疾病、降低潜在的药物相互作用风险；有些医院的临床药师已常规与临床医生一起参与住院查房，共同讨论并为患者选择最适合的用药方案；还有些医院定期进行处方分析，为临床医生提供合理用药指导和建议；还有些医院进行的药物经济学研究产生的证据,在医保谈判时帮助制药企业更好地与医疗保障局进行价格沟通。以上各种,都充分体现了药师对制药企业的重要性。

随着医疗和医药体制改革的深入,处方外流渐成趋势,越来越多的患者选择在医院获取治疗方案和处方,而在医院外配药。近年来,随着DTP药房和互联网医疗的兴起,药品流通企业的药师们在指导患者合理用药、患者教育、提升患者依从性方面发挥了越来越重要的作用,也引起了越来越多药企的重视,如许多新药在上市之初都将DTP药房作为主要的配送渠道,并在上市前就对相关流通企业的药师们进行充分的相关疾病和产品知识培训,取得了很好的效果。

六、公众

多年前的一部现象级电影《我不是药神》引发了公众关于药价、医保等话题的热烈讨论,而每一次药品集中采购和医疗保障局的"灵魂砍价",也都会引发媒体和公众极大的关注和传播。

药品是一类特殊商品,它与人们的健康息息相关,但药品的研发、生产又是一个很专业的领域,非行业内人士对其知之甚少,这就造成认知上的不足,加上长期以来媒体对医药代表不合规推广行为和虚高药价的报道,让公众对医药行业存在天然的误解。这并不是中国的独有现象,在绝大多数国家,医疗改革、药价、医保等都是一个高度敏感的话题。这就要求药企在与公众交流时必须非常谨慎,尤其是在讨论药品价值和价格的时候。

此外,公众尤其是相关患者及其家属又亟须掌握正确的疾病管理知识。目前互联网上的疾病知识鱼龙混杂,很容易误导公众,包括患者及其家属。作为制药企业,尤其是作为市场领导者的企业,有责任也有义务协同有关部门,如卫生健康委员会、疾病控制中心、医学会等,将正确的疾病和健康管理知识通过不同渠道告知公众,提升公众对相关疾病的认知水平,从而提升疾病的诊断率、治疗率和治疗的依从性。

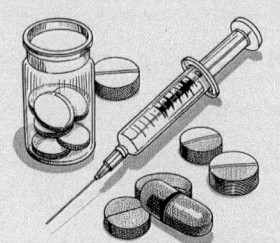

第十三章
创新药营销的四驾马车

伴随着中国医药市场政策环境的演变,创新药的市场推广和营销模式也在发生广泛而深刻的变革。与一般药品营销不同,创新药营销的核心在于以患者为中心,以专业学术推广为手段,充分挖掘未被满足的需求,并通过与医疗专业人士和利益相关方的互动,提供优质和差异化的诊疗解决方案。

创新药营销是一个系统工程,需要公司内诸多部门齐心协力才能做好。理论上公司内每个部门都是公司营销体系的组成部分,而其中最重要也最直接相关的有4个部门,分别是市场部、医学部、市场准入部和销售部。而研发、注册、生产、财务、法务、人力资源、培训、公共关系、物流仓储、后勤保障等部门对营销有重要的支持作用(图13-1)。

图13-1 企业内部与医药营销相关部门

一、市场部

在市场营销活动当中,制药企业在营销体系中处于核心位置,主要解决客户的需求和购买意愿问题。也就是说,客户愿不愿意购买的问题都属于市场部管辖的范畴。客户对产品的外表、功能和利益感知,对品牌的知晓率、尝试使用率、重复购买率、美誉度等,都会对其购买行为产生影响,这些都是市场部要解决的问题。

(一)市场部的职责

不同企业市场部的职责略有不同,在大多数企业的具体操作行为当中,市场部通常要做的工作主要包含如下 6 个方面。

1. 制定产品的品牌策略与市场定位

这是市场部最核心的职能。市场部要通过对市场的宏观和微观环境、疾病特点、客户的观念和行为、当前与未来市场竞争态势等的分析,结合自身资源和产品特点,确定目标市场和需要在客户心目中创造的关于产品或者品牌的差异化认知,也就是回答市场营销中经典的 STP 模型中的问题,即市场细分、目标人群或市场选择、产品定位。我们在后文中还将会就市场分析与定位进行更详细的介绍。在这过程中,需要持续对相关信息进行收集、反馈、处理、分析和研究,以保证相关分析结果能反映市场真实情况和客户的真实需求,从而制定相对应的品牌策略与定位。

一个产品的品牌策略和市场定位通常不会频繁发生变化,但在市场形势或竞争格局发生重大变化时,市场部也要及时调整产品策略和市场定位。这就对市场部提出了更高的要求,在制定品牌策略与精准定位市场时,必须具备敏锐的前瞻性眼光,不能仅仅着眼于当下的市场形势和竞争态势,更要深入洞察并合理推演未来潜在的政策走向及市场格局的演变趋势。在产品销售策略的考量上,不能仅满足于将产品成功推向市场,还需精心谋划如何实现产品销量的大幅提升，以及销售品质的全面优化。而且，不能仅关注产品在当下的畅销表现，更要着眼长远，提前布局，确保产品在未来依然能够保持良好的销售态势，持续赢得市场青睐。

2. 制订并执行市场营销与推广计划

产品的品牌策略和市场定位要通过市场推广活动来落地并实现。市场部要根据产品和品牌策略和市场定位，根据业务目标、不同市场和客户特点及公司资源等情况，制订适合自己企业和目标受众习惯的推广策略和计划。与此同时，市场部还要制定年度营销方案，规划、评估、分析季度、月度任务；指导、监控、考核年度销售任务执行情况。

在市场营销和推广活动中，信息的传递和触达是非常重要的，市场部要根据不同客户的特点和需求，选择不同的沟通和信息传递方式、沟通内容和沟通频率，即做到通常所说的沟通3R原则：正确的客户（right customer）、正确的信息与沟通频率（right message & frequency）、正确的沟通渠道（right channel）。

市场营销与推广活动的执行质量与效果息息相关。不管是市场部自己执行的活动，还是需要其他部门（如销售部）协助执行的活动，都需要制定严格、清晰、规范的活动执行要求和标准，以及实施路线图。

3. 指导与支持销售部门完成业务目标

销售是企业实现收入和利润的部门，是实现商业模式中"临门一脚"的部门。销售部门通常也是制药企业里人数最多的部门，员工分布在全国各地。通常来说，市场部的重点在于启发或创造客户需求，而销售部重点在于通过满足每一个具体客户的需求，实现客户购买和处方行为，实现产品价值转化，进而完成企业最基本的目标——实现收入和创造利润。

许多公司都有关于市场部与销售部"相爱相杀"的故事。在制药公司的商业模式中，市场部相当于参谋部，销售部相当于作战部队，各自承担不同的角色，两者之间是"战略"和"战术"的关系，也是"面上"和"点上"的关系，还是"整体"与"局部"的关系及"中长期利益"与"短期利益"的关系。只有处理好市场部和销售部的关系，才能形成合力，在市场中攻城略地，所向披靡。

市场部在制定品牌策略、市场定位与市场营销和推广计划过程中，不能闭门造车，而是需要主动积极收集和听取销售部门同事的反馈。策略和计划制订好后，要对销售部的同事进行充分解释和培训，让其充分理解，并在执行过程中进行指导、培训、监督和跟进。与此同时，市场部提供的各种市场资源，包括各种市场营销活动和市场推广工具（如各种会议使用的幻灯片、宣传单页、异议处理手册等）都是销售完成业绩目标的重要保障。一个好的销售一定会善加利用各种市场资源来完成自己的目标。

4. 塑造产品的品牌

对于企业来说，产品和品牌都可以带来利润。不同产品的品牌价值不同，有些品牌的价值是通过单个产品体现出来的，而有些则通过产品的重复购买体现出来，还有些品牌是通过整个过程中的服务来呈现的。产品可以通过销售直接卖给客户，品牌则可以通过营销的方式让客户自己产生购买行为。

相对来说，品牌的生命力往往比产品更长、更强大，一个明显的例子就是在药品过了专利期、仿制药上市后，仍有不少医生和患者愿意选择高价的原研产品，而不选择低价的仿制药。因此，市场部的职责是让客户看到品牌的价值，并且购买它。生产一种产品需要成本，塑造一个品牌也需要成本，工人生产产品创造出产品的功能价值，而市场部门则要塑造出产品的品牌价值。塑造品牌需要整合公司内外部的各种资源，整个过程涉及营销的每一个细化过程，所以，产品品牌的塑造是整个公司的事情，不过市场部门处于核心位置，市场部门的整体营销策略的制定和营销策划能力是对企业产品品牌塑造能力的重要保障。

5. 重点客户管理

市场部在重点客户管理中扮演战略规划与资源整合的核心角色。通过数据分析确定高价值客户（如三甲医院、核心专家及大型分销商），评估其临床影响力及市场潜力，并在此基础上设计差异化合作方案，匹配相应的市场与学术推广资源，提升客户黏性及品牌专业形象，以此推动产品入院及处方转化。许多企业都会建立客户关系管理（customer relationship management，CRM）系统，通过系统化客户价值管理，驱动长期合作生态构建，实现市场份额与品牌影响力的双重提升。

6. 市场监测与持续优化

医药市场的形势瞬息万变，政策法规随时更新，及时掌握市场一手信息至关重要。此外，产品策略和市场活动的实际效果如何、客户有何反馈，都需要市场部持续进行市场监测，并在此基础上持续优化品牌策略与市场活动。通过系统化监测政策法规、竞品动态、临床需求及患者行为，提炼出有价值的市场洞察。基于数据洞察，动态优化产品定位，调整学术推广策略（如重点科室选择、KOL合作方向），制定差异化准入方案，并协同医学部完善循证证据链。同时建立预警机制，对突发政策变化或竞品动作快速响应，通过AB测试等方法持续优化营销资源配置，确保产品全生命周期的竞争力。该过程强调数据驱动决策与敏捷迭代能力，需建立跨部门协同机制，贯通市场情报与研发、销售端的战略闭环。

7. 提出未来销售预测、发展方向和预算规划

除了以上职能外，市场部还在提出未来销售预测、发展方向和预算规划中发挥重要作用：销售预测方面，通过分析市场趋势、行业动态、竞争对手情况及客户需求变化等，结合企业产品历史销售数据，运用专业预测模型和方法，对未来销售量、销售额等进行预估，为企业的生产计划、资源配置等提供依据；发展方向确定上，基于对市场的深入调研和洞察，市场部能够发现潜在的

市场机会和威胁，挖掘新的产品线或业务拓展方向，为企业的战略决策提供方向性建议，助力企业把握市场先机，提升竞争力；在预算规划环节，根据销售预测和企业发展目标，市场部合理规划市场推广、广告宣传、新品研发等各项费用预算，确保资金的有效投入，提高企业资源利用效率，保障企业营销活动的顺利开展和战略目标的实现。

可以说，对于医药企业的市场部，无论采取何种运营和营销模式，都应该是 5 大机构的综合体：情报机构、策划机构、品牌机构、组织机构、监察机构。

（1）情报机构：搜集行业信息，追踪产品治疗领域进展及临床、市场动态，掌握市场渠道及终端变化趋势，研究消费者购买心理和行为，了解产品的生存环境及竞争产品的信息，分析与总结销售数据并为市场决策提供依据。正如同行军打仗一样，知己知彼方能百战不殆，而市场部的核心职能之一就是做好市场的情报工作，做好内外部环境的分析和研究。

（2）策划机构：策划职能的核心是产品的定位，解决产品的身份与形象问题，身份界定不清，无法在客户心智中占据独特位置，而市场部的重要工作就是确定产品的"差异化身份"特征，而且这个差异化的身份特征对客户来说必须是"重要的""可信的"和"独特的"。

（3）品牌机构：身份特征有了，如何让更多的目标人群了解其身份特征就是品牌职能。这里的品牌有不同的含义，处方药产品需要塑造的是专业品牌，特别是随着处方药行业趋于规范，今后专业品牌的塑造和传播可能是处方药企业的核心工作。

（4）组织机构：对营销计划的设计与管理，各种市场活动的开展，与销售部门的配合都是市场部的重要职能。对于多数企业而言，市场和销售的协调是一门艺术。

（5）监察机构：很多企业的市场部往往忽视了自身肩负的市场监察职能，

也就是对市场活动的执行情况进行检查和跟踪,发现问题所在并及时予以纠正,以保障合规性和市场策略的方向性及有效性。

(二)市场部的组织架构与能力要求

不同公司市场部的组织架构有所不同。一个比较大的新药品牌,其市场部通常会由以下几个职能模块组成:①品牌策略与计划。②信息与沟通。③项目策划与执行。④区域市场推广。

随着数字化营销和推广的重要性与日俱增,许多公司专门成立了数字化营销(digital marketing,DM)或全域营销(omnichannel marketing,OCM)部门。

市场部最常见的岗位包括市场或产品专员、区域市场或产品经理、产品经理、高级产品经理、市场经理或产品群经理、市场总监等。

一名优秀的药品市场部人员,需要具备多方面的知识和能力,具体如下:①疾病和产品领域知识。②行业与市场分析和洞察能力。③品牌策略与计划制定。④品牌价值沟通与推广。⑤财务与商业思维。⑥项目管理与活动执行能力。⑦客户沟通与管理能力。⑧跨部门资源整合与协作能力。

二、医学事务部

医学事务部是近十年来在制药企业迅速崛起的一个部门。简单来说,医学事务部是介于制药企业研发部门和商业部门之间的一个部门,可以说是这两大部门之间沟通的桥梁,既具有研发部门的一部分职能,如临床研究的开展和临床证据的产生、文章发表等,又与商业部门紧密合作,如医学教育与医学沟通、销售培训和跨部门支持等,其中与关键意见领袖的互动和沟通是其核心工作与职能。

医学事务工作主要围绕疾病领域和患者需求来展开,其价值主要体现在两个方面。

一是保证公司产品在临床中安全、合理的使用，充分发挥药品在临床诊疗中的价值。我们知道，任何一种药品除了疗效外，还有安全性、经济性等多方面的问题，真实世界中遇到的患者也会比临床试验中的患者要复杂得多。在临床实际运用的过程中，可能也会有超适应证用药、特殊人群、合并用药等诸多复杂的情况。所以，帮助客户（主要是医生）把产品用好，用在最合适的患者身上，让产品发挥最大的作用，最大程度改善患者的临床结局，是医学事务工作的价值所在。

医学事务部要与公司各部门紧密协作，帮助解决医生和患者在产品临床应用过程中遇到的问题。而除了产生问题后应对性的处理外，更重要的是做好事前管理，通过做好疾病和产品知识的传递和教育，尽可能防止问题的产生。

二是做好产品生命周期管理，最大限度地发挥产品的医学和商业价值，帮助业务成长。医学事务部已经逐渐发展为一个业务部门，"医学驱动"也越来越受到重视。在整个产品生命周期管理的过程中，医学事务部门通过对疾病的深刻洞察和对产品及市场的深刻理解，制订有针对性的医学策略和行动计划，赋能内外部合作伙伴，使产品的医学和商业价值最大化，促进业务的成长。如何通过前瞻性的产品生命周期管理，产生更多的医学证据，进而帮助更多的患者在应用公司产品和服务的过程中获益，间接推动整个商业的成长，这也是医学事务部很重要的价值体现。

医学事务部几乎可以说是唯一一个伴随整个药品全生命周期的部门，通常在产品获批前两年左右介入，并正式全面参与产品生命周期管理。即使产品进入衰退期，安全监测、注册证书更新等也需要医学事务部门的参与，甚至产品撤市的决策也需要医学事务部门从专业角度判断是否会对相关疾病治疗和患者利益造成影响。

（一）医学事务部的职责

医学事务部的职责可以简单地概括为数据生成、医学洞察、医学沟通、药物警戒、跨部门协作与支持等 5 个方面。

1. 数据生成

数据生成（data generation），有时也叫证据生成（evidence generation）。众所周知，处方药的推广和销售离不开循证医学证据的支持，而上市前注册研究只提供了有限的证据，对于产品在更广泛人群、真实世界中的疗效和安全性等，都需要医学部的工作人员通过上市后的研究来回答。

药品上市后临床研究往往具有多重目的，核心目的在于延长药品生命周期，进一步论证或探索该药品为患者带来的临床获益和社会经济效益。具体可分为履行法定义务目的、验证性目的、拓展性目的、政策性目的的 4 类。

（1）履行法定义务目的：是指遵循国家药品监督管理政策，如履行对"有条件的上市注册准许"的承诺，开展Ⅳ期临床研究、再评价及一致性评价等。这类研究常由药品上市许可持有人发起，委托药物临床试验机构完成，就特定药品的有效性、安全性做出评价，为最佳药物疗法提供证据，以规范临床合理用药。这类上市后研究是药品监管的重要组成部分，可为制定政策和药品再注册提供依据。

（2）验证性目的：是在药品已批准范围内，验证药品在各类患者中的有效性和安全性，如中国不同地域或种族人群、不同基因型人群、不同疾病进展阶段人群、不同并发症人群等。以验证性为目的的药品上市后研究发起数量最多，文献报道最多，研究者的动力也大，研究经费来源渠道也最为多样化。通过上市后再评价研究，可以发现新药上市前未发现的风险因素，如发现上市前发生概率低于 1% 的药品不良反应和一些需要较长时间应用才能发现或迟发的药品不良反应、完善药物相互作用及对更多人群应用的有效性和安全性等。对上市后药品不良反应的监测、分析、调研与评价，也可以帮助药品上市许可持有人发现潜藏于药品生产、流通和使用环节的风险信号。

（3）拓展性目的：是指以拓宽药品适用人群、改进用法用量等为目的。上市后临床研究对发现和确认新的适应证、指导和规范临床合理用药、加强药品市场监管等均具有重要意义，同时还能鼓励创新药的研究与开发。而这类研究在不同制药企业和医疗机构被鼓励或约束的程度有所差异。对于药品上市许可持有人来讲，通过上市后临床研究可以获得增加适应证的机会，或是补充完善说明书缺失或"尚不明确"的内容，如药理药效、代谢及不良反应、禁忌证、合并用药等。

（4）政策性目的：是指在真实世界的状态下进一步证实药品有效性、安全性、依从性、经济性等，为医疗卫生政策评审专家制定政策、指导合理用药提供证据。从药品上市许可持有人的角度来看，政策性的目的可以确保全面了解产品特性，收集实际使用中的反馈，为更好地使用该产品及开发新产品提供方向，并更好地管理药品的生命周期。一种药品上市后临床研究越多，通常评价药品价值的维度也越多，也越有利于该药在后续漫长的生命周期中发挥余热，以更低的治疗价格和更为成熟的治疗方案造福更多患者，甚至如阿司匹林和二甲双胍一样长盛不衰。

2. 医学洞察

医学洞察（medical insights）是客户洞察重要的组成部分，是对医生、患者、公众、药品监督管理局、医疗保障局、药学专家等目标客户感受和体验的深刻理解，包括发现未知的客户需求、客户临床诊疗行为、产品观念或执行某种决定背后的真实动机和潜在真相，同时也包括对当前的医药卫生环境方面的信息和知识。医学洞察是医药企业制定品牌战略、医学策略及相应行动计划的基础。由医学洞察触发的决策和行动可能包括公司和产品策略、品牌计划、临床研究方案、市场准入、医学沟通、合作伙伴关系等方面的调整和变化。

为什么说医学洞察很重要？第一，医学洞察让我们对新获取的信息有了更多的认识和了解。第二，它可以帮助我们更好地理解客户的观念、行为和认知。第三，它可以推动我们在战略和战术方面的决策。第四，帮助揭示我们还缺乏哪些信息，还需要进一步了解哪些信息，进而可以采取有针对性的行动去满足相应需求。第五，医学洞察可以帮助我们更好地了解竞争产品和竞争对手，从而制定有针对性的医学和市场竞争策略。

医学洞察的收集分为主动收集和被动收集。医学洞察的收集渠道有很多，主要包括专家拜访、专家顾问会议、KOL在学术会议上的演讲和访谈内容、新闻媒体、文献检索、医药行业专家等。医学洞察收集可以围绕疾病管理的全流程来进行，包括但不限于以下可能的方向。

第一，疾病的流行特征和临床流行病学：在中国很多疾病的流行病学数据是比较缺乏的。此外，同一种疾病，中国患者的患病特征、危险因素、临床表现、治疗应答、临床预后和结局与西方国家存在一定差异，这些信息对于更好地制定适合中国的疾病管理策略和品牌策略都是很有价值和意义的。

第二，发病机制或疾病风险因素：疾病的发病机制与新药开发息息相关，对疾病发病机制的认识往往代表了对这种疾病的前沿认知。虽然我们知道很多疾病的发病机制并不是非常清楚，但针对已被识别的危险因素，可以去和客户探讨和讨论。

第三，疾病的诊断与鉴别诊断：新旧诊断标准的差别、国内外诊断标准的差别、原因及其对公司及产品策略的影响。

第四，影像学检查与实验室检查：是否可以作为疾病诊断、分期、治疗方案选择、疗效评估、停药和疾病预后的预测和分析依据？

第五，疾病现阶段的标准治疗：客户对目前的标准治疗是否满意，还有什么治疗缺口（treatment gap）？从中很可能会发现一些未满足的医疗需求。

第六，药物的临床应用：药物在真实临床实践中的疗效、安全性、患者依从性等与注册临床试验中的结果是否一致是特别值得去关注的，从中很可能发现新的研究思路，可以用于医学策略的制定。

第七，特殊人群：新上市药物往往缺乏一些特殊人群（如孕妇、儿童、肝肾功能不全、合并症患者等）的数据，值得关注。

第八，新型生物标志物：生物标志物可用于预测疾病进展风险、药物疗效，或疾病预后等，也是近年来临床关注的热点。

第九，卫生经济学及市场准入方面的数据和信息（如药品价格谈判，国家医保药品目录更新、国家药品集中采购政策，DRG/DIP）对临床医生和患者行为的影响等。

此外，疾病预后的影响因素、竞争对手动向，也是值得关注的。

收集医学洞察的目的是应用，是指引我们的医学决策和行动方案。所以，对收集到的医学洞察，还需要进行充分的分析和解读，这是一个不断抽丝剥茧、细化、归纳、总结与升华的过程，很多时候还要在策略团队内部会议上进行充分讨论，筛选出重点的医学洞察，并决定是否需要整合到医学策略中，是否需要针对性地采取行动，如加强医学沟通和信息传递的针对性和及时性；是否要在某个特殊人群中做一个研究者发起的研究等。采取行动后，我们还要去对行动进行评估和跟进，这又会产生新的医学洞察，这就形成了一个医学洞察收集、审核、解读和应用的闭环。

3. 医学沟通

医学沟通（medical communication）是一个比较宽泛的概念，主要包括医学信息（medical information）、医学教育（medical education）和医学发表（medical publication）三大模块。

（1）医学信息：提供医学信息是医学事务部门最早的职能之一，其职责是及时为客户（主要是医生和患者）提供科学、客观、准确、高质量的医学信息。其最早的工作内容包括两部分：一是为医生提供相关领域文献检索查询服务。中国医生，尤其是不在教学医院的医生在文献查询技巧和资源上都尚有较大缺失，所以文献检索查询的需求是比较大的。二是接听医生和患者电话咨询，如客户问题在常见问题清单中就直接回复，如不在问题清单中就先记录下来，内部协同沟通后再回复。此时，医学信息部门是一个收集客户反馈的重要窗口，也是医学洞察的一个重要来源。通过对咨询问题的分析统计，往往能发现一些平时不易察觉而客户又关心的问题。

随着内外部环境的变化发展，越来越多的医学信息团队已不满足于被动地等待医生和患者的需求申请和问题咨询，而是开始更加主动地提供相关信息，如为内部员工提供定期的医学情报（medical intelligence），为医生提供定期的文献汇编、学术大会速递等，这就很好地体现了团队的价值。

（2）医学教育：伴随着新药上市加速而来的是产品生命周期的缩短，医学教育在医学策略中扮演了越来越重要的角色。根据教育目的、针对对象和内容侧重点的不同，医学教育又可以分为继续医学教育（continuous medical education，CME）、独立医学教育（independent medical education，IME）、继续健康教育（continuous health education，CHE）、继续职业发展（continuous professional development，CPD）等。

也许有人会问，制药公司的市场部和销售部也在办很多活动，也在做医生教育，那医学部主办的医学教育活动和销售部、市场部主办的活动又有什么不一样呢？如前面所说，医学部的工作是围绕疾病领域和医生、患者需求来开展的，属于非推广性的活动，所以在医学活动中提到公司产品时使用的都是通用名，而非商品名；而市场部、销售部主办的活动主要都是推广性活动，主要目的在于提升客户对品牌的认知和处方行为的改变。

此外，在医学部主办的医学教育活动中，还有相当一部分内容与疾病领域无关，而与提升医生的职业技能相关，如帮助提升医生的临床研究设计、科研申报标书撰写、医学写作、统计分析、临床研究质量管理等技能。

（3）医学发表：将临床研究和临床实践的结果，以学术文章、学术会议口头或壁报报告等方式与更多的同行分享，是医学沟通的重要手段，也是医学部在公司内建立医学领导力的重要体现。

医学发表计划也是医学策略和计划的重要组成部分，需要通过对现有文献差距分析，识别数据缺口，再结合公司和产品的医学策略及目前进行和计划中临床研究进度等因素来精心制订。发表计划不仅包括文献发表或数据发布的计划，还要考虑数据和文章发表后的结果沟通和信息传递，以及对临床诊疗实践、治疗指南共识、医保谈判、公司策略调整可能产生的影响。制订医学发表计划的关键是要有预见性思维（thinking ahead），需要预见的内容包括医学发表需要解决的问题（what）、如何通过数据证据弥补"差距"（how）、读者对象是谁（who）、在什么时间和在哪里发表（when/where）等。

医学发表是一个很专业的领域，需要许多专业的知识，还有许多专业的要求和技巧。有些公司有专业的医学写作与发表团队，更多的公司写作部分通常由对应的医学顾问或医学联络官完成，发表团队帮忙投稿和在 DataVision 等系统上走公司内部审批流程。

在医学沟通的规划和执行中，谨记沟通三要素（3C），即客户（customer）、内容（content）、渠道（channel）。一句话，就是要精准地把正确的内容，通过合适的渠道，传达给合适的客户。这话说来容易，要真正做到，需要付出很多的心血和努力。

4. 药物警戒

药物警戒（pharmaco vigilance，PV）是指对药品不良反应及其他与用药有关的有害反应进行监测、识别、评估和控制的科学研究活动，药物警戒的目的包括：①评估药物的效益、危害、有效及风险，以促进其安全、合理及有效地应用。②防范与用药相关的安全问题，提高患者在用药、治疗及辅助医疗方面的安全性。③教育、告知患者药物相关的安全问题，增进涉及用药的公众健康与安全。最终目标为合理、安全地使用药品；对已上市药品进行风险/效益评价和交流；对患者进行培训、教育，并及时反馈相关信息。

药物警戒职能在大多数公司的组织架构中是放在医学部下面的，但也有部分公司是放在研发部门下面，或者干脆单独成立一个 PV 部门。

我国《中华人民共和国药品管理法》规定，药品上市许可持有人是药物警戒工作的责任主体，制药企业应设立独立于质量管理部门的专门机构，配备专职人员，建立健全相关管理制度，直接报告药品不良反应/事件，定期开展药品风险获益评估，采取有效的风险控制措施。

药物警戒工作主要包括药物警戒系统的管理、安全性数据的处理与评价、风险监测与评估、安全性相关报告的撰写、药物警戒培训等，如研发期间安全性更新报告（development safety update report，DSUR）、定期安全性更新报告（periodic safety update report，PSUR）等。PV 工作覆盖药品的整个生命周期，从药物临床试验到药品上市，直至产品撤市。

具体来说，PV 的核心工作是收集、识别、评价和理解药物/药品不良事件相关的信息，并在药物警戒系统中，对个例安全性报告（individual case safety report，ICSR）进行整理、录入，确保收集到的不良事件相关的信息是完整、准确的；同时要向相关监管机构递交符合标准的报告。

5. 跨部门协作与支持

医学部是制药企业内部的疾病和产品专家，是公司重要决策的智库和参谋，同时也是 KOL 管理的核心，以及医学合规的守门员，所以医学部门几乎会与公司内所有部门发生工作上的沟通和联系，其中最主要的包括研发部、市场部、销售部、市场准入部、公共关系部、合规法务部等，主要协作与支持包括以下几点：①专业与学术支持。②协同 KOL 管理。③医学培训。④医学审核。

（二）医学部组织架构和常见工作岗位

不同公司医学事务部的组织架构有所不同，通常由以下几个职能模块组成。

（1）治疗领域：即通常所说的医学科学团队，有多个治疗领域就有多个团队，每个治疗领域下设医学策略团队（即通常所说的医学顾问团队）和区域医学团队（即通常所说的 MSL 团队），医学策略团队工作中数据生成的部分占比较重，区域医学团队中医学沟通的部门占比较重。

（2）医学运营：通常会包含日常团队运营（如员工入离职支持、费用预算与报销等）、医学效能或医学卓越（如团队绩效跟进、培训与能力提升等）、医学沟通与教育、医学发表等。

（3）医学信息：主要包括收集、分析国内外医学文献与临床数据，建立药品信息数据库；解答医护人员、患者关于药品相关的专业咨询；监测竞品动态等。

（4）药物警戒：主要包括不良反应报告的收集、验证与上报；分析安全信号，评估潜在风险并制订风险管理计划（risk management plan，RMP）等。

有些公司还会有医学质量与合规、真实世界证据、数字化医学等团队。有些国内企业也会将上市后临床研究的临床运营团队放在医学部的组织架构下面。

医学部人员最常见的岗位包括医学顾问、医学策略经理、医学联系官、区域医学经理、疾病领域负责人（TA Head）、医学运营经理、医学卓越经理等。

一名优秀的医学事务部人员，需要具备多方面的知识和能力，具体如下：①疾病和产品领域知识。②药物研发与数据产生知识。③行业与市场分析和洞察能力。④医学策略与计划制定。⑤品牌价值沟通与推广。⑥商业思维。⑦客户沟通与管理能力。⑧跨部门资源整合与协作能力。

三、市场准入部

在医药行业，市场准入主要是指制药企业将产品投入市场到最终将产品用于患者的过程中所需要进行和经历的所有步骤。在不同国家或不同的药品监管体制下，以及在不同的医疗文化和医疗习惯中，市场准入对于制药企业而言意味着不同的准入相关工作及不同的成本。

对于制药企业而言,制定相关的市场准入策略通常需要兼顾企业的整个经营环境,以及所有可能影响到销售业绩的利益相关方。市场准入战略的成功实施,并不在于简单地消除各种市场壁垒,而是通过持续性产生的价值,促进产品临床优势的发挥,从而回报更多的医生和患者。

(一)市场准入部职责

1. 药品价格与渠道管理

新药一旦获批,第一件要做的事就是去当地物价部门申报产品价格。只有取得了产品价格,才有可能进行后续的一系列活动,如给药品经销商发货、在各地招标挂网等。价格的制定和管理需要考虑很多因素,如生产经营成本、药物经济学、未来医保谈判和招标采购空间、经销商利润、竞争产品价格等。

在产品的不同阶段,药品的主要销售渠道和价格管理策略也会发生变化。产品刚获批时,通过DTP药房可以快速将产品送达患者手中。随着医院列名数量的增加和产品销售量的增长,以及招标挂网等工作的落地,医院会逐渐成为主流的渠道。不过,随着"药品零差价"的全面执行和"医保双通道"的逐步推进,医院外渠道的重要性与日俱增。除此之外,互联网医院和网上药品交易平台也日渐成为新的渠道。

在这个过程中,如何定价、医保谈判和招标采购过程中如何出价,以及如何保证各地价格的统一与稳定,都需要精心策划和管理,尤其是跨国企业,还需要考虑全球价格平衡与影响。

2. 医保与创新支付

在中国医药市场,医保作为最主要的支付方,在新药的商业模式和产品生命周期管理中的关键地位日益凸显。每年的医保谈判都会引发行业和社会大众与媒体的极大关注。

历史数据表明,能否进入医保对药品销售有着重大影响。要不要进医保、能以什么样的价格进医保，都是需要综合诸多因素来进行权衡和决策的。根据2020年2月中共中央、国务院发布的《关于深化医疗保障制度改革的意见》，医保支付要聚焦临床需要、合理诊治、适宜技术，医保药品目录调整要立足基金承受能力、适应群众基本医疗需求、临床技术进步，将临床价值高、经济性评价优良的药品、诊疗项目、医用耗材纳入医保支付范围。如何在与医保沟通中体现自家产品具备上述特点，是对准入部门员工的考验。

虽然现在全国只有一个医保药品目录，已不存在省级医保药品目录的说法，但各省、市在具体报销比例和目录的落地执行中还是有很大弹性的空间，地方政府在城市重疾保险、门诊特殊病种、城市惠民保险等方面仍然发挥着主导作用。随着"三医联动"和"分级诊疗"的逐步推进，除了最重要的职工医保药品目录外，居民医保/新农合药品目录、国家基本药物目录的重要性也与日俱增。

除此之外，补充商业保险、城市惠民保险、按疗效付费、慈善赠药等创新支付模式也越来越受到重视。

3. 招标采购

目前国内存在多种形式的招标采购模式，其中最引人关注的是由国家医疗保障局主导的国家集中招标采购。截至2024年底，国家医疗保障局已主导进行了10轮药品集中采购，主要针对的是临床使用量大、原研产品已过专利期且有多个仿制产品已过质量一致性评价的品种，将来预计会进一步扩大药品集中采购范围，如生物制剂、自费药品等都可能被纳入集中采购范围。

除国家医疗保障局组织的药品集中采购外，也存在其他形式的药品集中采购，如跨地区药品集中采购、各省甚至部分城市自行组织的药品集中采购、部队医院药品集中采购、医联体药品集中采购等。部分医院组织的二次议价也可以算是招标采购的一种形式。

市场准入部门在这一过程中首先要决定是否参加招标，参加招标的价格策略并评估中标与不中标对企业业绩和公司战略的影响。而竞争格局应该是报价最重要的考虑因素之一,基本工作做得不到位,就可能出现某大药厂"奥沙利铂"以低于中标竞争对手近 100 元/支的价格中标情况,严重影响产品和公司的利润。而在地区性集中采购中,还要充分考虑区域价格对全国价格的统一联动影响。

4. 大客户管理与医院列名

医院列名是新药医院准入的必经之路,而在这一过程中最重要的是产品能顺利通过药事管理委员会审核。在公司内部的分工中,通常由销售、市场或医学人员通过各种形式的医学市场活动让目标客户充分了解自家产品的优势与特点,并由相关临床科室提出申请,即通常所说的"提单"。而院长和药剂科主任等就是通常所说的大客户(key account,KA),是新药能否通过药事管理委员会,顺利进入医院用药目录的关键决策人(key decision maker,KDM)。在分工比较细致的大中型公司中,这部分客户主要由市场准入部门负责。

制药企业将医院和药剂科管理层单列出来作为大客户,其意义并不局限在医院列名,与重点医院建立良好的战略合作关系对企业来说意义重大。随着产品在医院用量的增长,企业可能还会陆续遇到药占比、总量控制、超适应证用药、临床路径、不良反应监测等多方面的问题,对临床正常用药和市场推广产生不利影响。如果企业与医院平时就建立了较好的合作关系,一方面可以通过合作项目建立一定的竞争壁垒;另一方面,当有事情发生时,也容易通过协商沟通找到解决问题的办法。合作形式上,在保证合规前提下,企业与医院可以在临床规范、学术科研、人才培养、品牌缔造等诸多方面开展合作。

5. 卫生经济与结果研究

卫生经济与结果研究,又被称为卫生经济学和结果研究(health economics and outcome research,HEOR)。顾名思义,HEOR 的工作可以大致分为两个部分:健康经济学(health economics,HE)和结果研究(outcomes research,

OR）。健康经济学是探讨疾病经济负担、药物性价比，以及医保支付方的可负担性。结果研究则是通过真实世界研究、系统综述和荟萃分析、临床研究的再分析，以及患者报告结局研究等方法来评估医疗干预措施，如药物等对患者健康结局的影响。

根据国际药物经济与结果研究学会（International Society for Pharmacoeconomics and Outcomes Research，ISPOR）的定义：HEOR 为药物、医疗器械和健康服务提供经济评价的决策证据，回答的问题多为"这种药物/器械/服务值不值得上市或值不值得进医保"等。

HEOR 中的卫生经济学主要探讨疾病和医疗干预措施的经济学属性。卫生经济学研究通常会从疾病负担研究开始，评估某一特定疾病对人群健康和医疗体系带来的健康负担及经济负担。

除此之外，卫生经济学还提供有关产品性价比的相关证据，其中成本效益（cost-effective）分析是卫生经济学领域最广泛的应用之一，其主要思路是从经济学的角度来比较不同的治疗方法，如通过比较一种新药和现有治疗手段，或标准治疗（standard of care，SOC）在成本和效益两方面的区别，来评价新药的成本效益。

在评估医疗支付方可负担性（affordability）的时候，通常还需要进行预算影响分析（budget impact analysis，BIA）。预算影响分析是一种基于模型的分析方法，参数包括人口统计数据、流行病学数据、市场占有率数据，以及与本地临床实践相关的成本费用等，通过上述参数来预测一定时间内一项医疗保健投资决策（是否将新药物纳入医疗报销体系）对支付方的预算带来怎样的变化。

这些卫生经济学证据，通常都是医保部门在进行准入决策时需要参考的重要数据，直接影响新产品上市后的市场准入和患者可及性。近年来，随着中国医保制度逐渐健全，医保决策也愈加科学、理性。《2019 年国家医保药品目录调整工作方案》指出："对同类药品按照药物经济学原则进行比较，优先选择有充分证据证明其临床必需、安全有效、价格合理的品种",其明确了药物经济学评价在医保药品目录调整和政策制定中的重要作用。而在国家医保药品目录调整和修订过程中,国家医疗保障局也会聘请一定数量的药物经济学专家,参与进行医保药品目录调整相关评审和测算工作。由此可见,卫生经济学证据在新产品上市准备的过程中,以及上市后的医保准入活动中将占有越来越重要的地位。相对应地,我们也注意到,近年来HEOR职能在各制药企业里得到了充分的重视和快速的发展。

HEOR的另一个重要部分就是结果研究。结果研究的主要目的是评估一项医疗干预措施对患者健康的实际影响。这一影响通常为健康产出,比如真实世界中的效益、患者的生活质量等。

真实世界研究是指研究数据来自真实的医疗环境,反映实际诊疗过程和真实条件下患者健康状况的研究。真实世界研究的运用广泛,决策者(如药品监督管理、医疗管理、医疗保障等各部门)为了更好地管理报销决策时的不确定性、药品上市后安全性监测,需要大量贴近实际临床医疗的研究结果,包括现有诊疗措施的依从性、规范性,甚至成本数据。

真实世界研究的数据来源非常广泛,可以是患者在医疗服务机构、可穿戴设备、社交媒体等多种渠道不以研究为目的而产生的数据。数据类型可以是既往研究数据,也可以是非研究数据。通过建立一套更接近临床真实条件的方法体系,解答诸如药物治疗的实际效果及临床试验效果差异;不同人群和不同药物间的效果比较、治疗的依从性等传统临床试验无法回答的问题。

近年来,结果研究的一个重要方向是患者报告结局的研究(patient reported outcomes,PRO)。患者报告结局是指直接来自患者对自身健康、功能状态,以及治疗感受的报告,不包括医护人员及其他任何人员的解释。PRO数据是通过一系列标准化的问卷收集而来的,这些问卷作为测评工具,由明确的概念框架构成,包括症状、功能(活动限制)、健康形态/健康相关生命质量，以及患者期望等各个层面的内容。患者报告结局的研究结果可以为医生提供除了关键的随机对照临床研究外更全面的关于新产品的信息，为临床决策提供更多有效的支持。

在不同的企业中，HEOR 职能隶属的部门有所差异，有些放在医学事务部下面，而更多企业则将其放在市场准入部门下面。也有人说，HEOR 有点类似市场准入部门里面的医学部，为市场准入工作（如医保谈判、创新支付等）生产证据，并负责向内外部客户解释和沟通相关证据。

（二）市场准入部组织架构和常见工作岗位

不同公司市场准入部的组织架构有所不同，但通常由以下几个职能模块组成。

（1）政府事务（government affairs，GA）：主要与中央和地方各级医保部门、药品监督管理部门、物价部门交流和沟通，负责医保谈判、物价报批与备案等事项；跟进并分析国家及各级政府与业务相关的政策法规并提出应对措施。

（2）大客户（key account，KA）管理：主要负责医院管理层和药剂科的沟通与关系维护，推进医院列名，保证公司产品在医院应用的可及性。

（3）商业渠道（distribution & supply）：主要负责产品经销商与流通渠道、发货与回款管理，并与政府事务部门合作做好招标采购与物价管理工作。

（4）HEOR：根据业务需求开展卫生经济学（疾病负担、成本效用和预算影响等）和临床结局研究，产生相关证据，以证实产品在真实世界中的临床价值和经济价值。

有些公司还会有市场准入策略、专利管理、市场准入运营等团队。市场准入部门最常见的岗位包括政府事务经理、大客户经理、商务经理、HEOR 经理等。

一名优秀的市场准入人员，需要具备多方面的知识和能力，具体如下：①政策分析和洞察能力。②疾病和产品领域知识。③卫生经济与结果研究。

④大客户管理能力。⑤商业与渠道管理能力。⑥谈判与影响力。⑦跨部门资源整合与协作能力。

四、销售部

药品价值的创造和实现是一个很长的链条，一种药品只有真正用到适合的患者身上，改善了患者的临床结局，才算是真正实现了产品的价值，企业也实现了从产品到收入和利润的商业闭环。而让更多的患者获得公司产品和适合治疗的"临门一脚"和"最后一公里"的任务，很大一部分是由企业的销售人员来完成的。销售部人员通过与每一个具体客户的拜访沟通，传递信息，改变客户的观念和行为，最终通过客户的处方成功地让适合的患者用上公司产品，实现产品的临床价值和商业价值，同时也完成自己的业务目标。

销售部可以说是制药企业里成立最早的部门之一，在不少制药企业里，销售部往往是人数最多的部门。如果把处方药的整个营销体系看作一支联合战队的话，销售部就是前线作战部队，其目标就是攻下一个个山头，获取一场又一场具体战役的胜利。如果说市场部的工作是如何让产品变得好卖的话，销售部的工作就是如何把产品卖好；如果说市场部负责制定战略的话，销售部更多时候是在执行战术。

（一）销售部的职责

不同企业销售部的职责略有不同，在大多数制药企业的具体操作行为当中，销售部的工作主要包含如下4个方面。

（1）积极开拓目标市场，传递关键信息，完成绩效目标：完成销售目标是每一位销售人员的天职。通常情况下，销售人员会有指定的区域、目标医院和目标医生，销售人员的职责就是通过自己的努力，运用各种资源，传递关键信息，让更多的客户充分了解自己产品的特点和优势，最终将产品处方用到合适的患者上，帮助他们改善临床症状和结局。

这里面有个问题，不同的公司的做法有所差异。国家药品监督管理局发布并于 2020 年 12 月 1 日开始施行的《医药代表备案管理办法（试行）》和 2024 年 11 月 28 日发布的《医药代表管理办法（征求意见稿）》明确规定，医药代表的职责是药品信息的传递、沟通和反馈，"不得承担销售任务"。但在实际操作过程中，许多公司只是将指标放到了地区经理层面，销售代表的奖金部分除销售效率（sales force effectiveness，SFE）、合规和培训考试等之外，最大一部分权重来自地区经理的评估，而这部分在实际操作中基本上就是指标完成情况的替代指标。

（2）制订区域销售规划，有针对性地开展销售推广活动：销售人员基本上是区域性分布的，分散在全国各地。我国是一个幅员辽阔的国家，同一疾病在不同地区的流行分布情况和流行特点各有差异，而不同地区的经济发展水平和医疗卫生政策也存在一定差异，所以销售部人员一定要为自己所在区域制定有针对性的区域销售策略和行动方案。只有这样，方有可能取得良好的效果。

（3）建立和维护客户关系：通过拜访活动等，维护与医院药剂科主任、采购、库管、财务等相关人员的良好关系，以保证采购和付款环节的顺利进行；与使用药物的相关临床科室主任和有处方权利的医生建立良好关系，帮助医生了解公司产品，并保证其在适当的时机，将正确的药物应用到适当的患者身上，帮助患者解除疾病痛苦，改善临床结局。

（4）收集反馈市场信息，建立客户档案：了解本地区各级医院的基本情况，如医院的级别、床位、门诊量、特色门诊，以及采购量等；了解医院各个科室的医生情况及竞争对手在各个医院的活动情况；了解医院药事委员会的情况，在药事委员会会议召开前取得其主要成员的支持，以保证公司产品能够顺利进入医院列名。

对于销售管理者来说，除了要做到以上 4 点外，还要积极做好团队建设与人员管理、绩效考核与目标管理、区域学术平台搭建等。

（二）销售部组织架构和常见工作岗位

外资和创新药企业销售部基本都按照疾病领域实行事业部（business unit，BU）制，这有助于集中精力和资源，同时也能保证较好的专业性。BU下面再根据区域分为大区、省、地区、城市等。常见销售岗位包括销售代表、地区经理、大区经理等。

一名优秀的销售人员，需要具备多方面的知识和能力，具体如下：①疾病和产品知识。②客户拜访与互动技巧。③沟通与谈判能力。④区域分析与管理能力。⑤商业与渠道管理能力。⑥客户分析与管理能力。⑦跨部门资源整合与协作能力。

随着中国医药市场的发展演变，药品营销已经从关注药品经营向关注医生、患者、政府、医院、社区门诊和网上第三方平台转变；从单一的价值链向以患者为核心的价值圈和生态圈的搭建转变。这些转变都要求药品营销的四驾马车紧密合作，齐心协力，整合资源。只有这样，方可在激烈的市场竞争中立于不败之地。

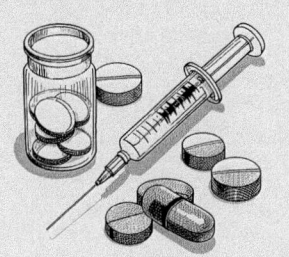

第十四章
创新药市场准入

创新药市场准入是医药企业获取经济回报、创造社会价值的关键途径。通过市场准入,医药企业能够实现创新药的商业化,从而获得合理的利润,确保企业在创新过程中获得合理的回报,以支持企业的可持续研发和创新。通过市场准入,凝结了诸多研发人员智慧和汗水的创新药才能真正用到有临床需求的患者身上,发挥其治病救人的功效,改善患者的临床结局,延长患者生命,提升患者生活质量。

中国医药市场准入的环节主要包括产品注册、定价、医保、招标采购、医院列名、流通渠道、患者援助等。产品注册即产品获得上市许可的过程,也就是从0到1的过程,这部分职能在各公司基本上都是由研发部门来完成的,随着药品审评审批制度的改革,创新药在注册环节的要求和时间期限等方面基本已与国际接轨。所以本章讨论的市场准入主要是指除产品注册以外的一系列与创新药到达最终患者相关的步骤和环节,主要包括产品定价、医保准入、医院列名、药品集中招标采购,以及分销、患者援助等。

一、产品定价

创新药的价格可以影响患者对药物的可及性、医保基金的可负担性和可持续性,也直接影响创新药的市场推广、市场竞争力和公司利润,如何为自家产品制定一个合适的、有竞争力的价格,是每一家创新药企都会面临的问题。

"定价是一门艺术还是科学?"这是一个古老的问题。很多人的看法是这既是一门科学,也是一门艺术。通常情况下,你可以有很多证据和理由来支持一个定价决策,同时也可以找到很多其他证据和理由来支持另一个定价决策。归根到底,定价是一个需要企业在综合权衡内部因素(如企业战略、成本、利润等)和外部因素(如医保谈判、市场竞争、公众反应等)之后做出的一个战略选择。

给创新药定价是一个复杂的过程,需要考虑多种因素,最主要的影响因素包括患者群体规模、产品创新性、市场竞争、研发费用和生产成本等。

(1)患者群体规模:如果适应证患者群体巨大,如治疗高血压、糖尿病、肺癌等常见疾病的一线治疗药物,会采取以价换量的模式,通常不会将价格定得太高;与之相对应的,如果产品适应证很窄,或者针对的疾病发病率很高,通常倾向于制定一个相对高的价格,如许多治疗罕见病的药物,由于患者群体规模很小,诊断困难,往往价格昂贵。

(2)产品创新性:也可以理解为产品能在多大程度上满足临床未被满足的需求,如果产品能够很好地弥补当前未被满足的临床治疗需求,推动疾病治疗在现有方案上做出创新性的改变,甚至引发疾病治疗范式的改变,则通常可以定一个相对高的价格,如治愈丙型肝炎的小分子直接抗病毒(direct anti-viral agent,DAA)索磷布韦,一举将丙型肝炎治疗从原来的注射干扰素,疗效只有50%~60%,不良反应巨大,且存在许多无应答、不适用的患者,转变为只要口服8~12周,每天一次,几乎适合所有患者且安全性良好。所以该药上市之初在美国市场就制定了1000美元/片令人咋舌的高价,即便如此,仍然一药难求,这充分地说明了该药物的创新性。通常来说,首创新药都是具有很强创新性的药物,往往在一段时间内可以享受创新带来的高溢价。

(3)市场竞争:市场竞争是制定产品价格时必须重点考虑的因素之一。对于首创新药来说，需要充分评估当前治疗方案的疗效和费用，结合自身产品优势制定有竞争力的价格。而对于大量跟进型创新类产品，一上市往往就会面临激烈的市场竞争，这时同类产品的价格就是你制定自家产品价格时的重要参考，典型案例是国内 PD-1/PD-L1 抑制剂年治疗费用一路快速下降，从原来的 20 万元，到 10 万元，到现在的 3 万～5 万元，就是因为同类产品太多。这么低的价格，对于医保和患者来说，当然是大大受益，但对于投入了大量时间和资金进行产品研发的企业来说，则是一件很难持续的事情。

（4）研发费用：创新药研发是高投入、高风险的产业，失败率很高，企业在制定创新药价格时，不但要考虑成功获批上市产品的研发成本，还应该将其他关联的研发失败的项目费用和成本计算在内。只有这样，才能保证企业的财务健康和可持续发展。

（5）生产成本：通常情况下，创新药最大的成本是来自产品研发，生产成本在创新药价格形成机制中所占比例通常并不会太高（对于化学药来说是如此）。但近年来越来越多的创新药是生物制剂，其生产工艺复杂，质量控制要求很高的药，最典型的就是细胞治疗的 CAR-T 类药物。CAR-T 药物的生产是一个复杂且耗时的过程，通常包括采集外周血单核细胞、T 细胞分离和富集、T 细胞活化、CAR 基因转导、体外扩增、质量控制和末端工艺、回输患者体内等步骤，生产成本很高，这也是 CAR-T 类药物价格一直居高不下，至今无法参与国家医保谈判的重要原因。

除了以上这些因素，在做最终的价格决策时，还需要综合考虑产品流通和运营成本、推广费用、税收和利润等。与此同时，产品是否具有多个适应证，在研发中是否仍具有新适应证的情况，产品所处的生命周期和产品市场销售预测也是影响价格策略的重要因素。

常见的定价方法有成本定价法、参考定价法和价值定价法等，其中价值定价法在近年来得到了越来越广泛的应用。价值定价法是基于产品对于客户的价值，而不是基于生产成本或其他因素。此定价策略经常用于产品对客户价值远大于产品生产或服务成本，创新药就是其中的典型代表。为了采用基于价值的定价，必须了解客户的业务、经营成本，以及感知的替代品，这又被称为感知价值定价。

以价值为基础的定价主要包括3个方面：感知价值、参考值、差异值，感知价值＝参考值＋差异值（图14-1）。产品的感知价值将取决于客户能拥有的替代品，在创新药的场景中，替代品通常是指现有的标准治疗或对照治疗方案；参考值指的是现有标准治疗方法或对照治疗方法的治疗价值；差异值可以通过价值主张进行定义，同时用临床和经济学证据来支持。

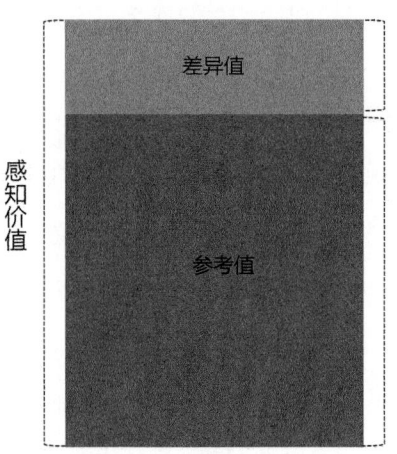

图14-1　价值定价法框架

在实际操作中，企业往往会综合运用成本定价法、参考定价法和价值定价法等，结合公司战略和产品策略为自家产品制定一个自认为最为合理的价格。

2024年2月，国家医疗保障局发布《关于建立新上市化学药品首发价格形成机制鼓励高质量创新的通知（征求意见稿）》，开启了中国模式的创新药定价规则，受到国内外广泛关注。该通知指出，医药企业应"综合临床治疗价值、生产经营成本、市场供求状况等因素，实事求是确定价格、利润、费用水平"。

同时提出从药学基础、临床价值及循证证据 3 个维度评价新药的创新程度。通过新上市化学药品首发价格支持更高水平、更优质及更亟须的药品创新。允许提供经济性分析证据，并对上市首发价格不断进行再评估和动态的调整。

二、医保准入

创新药获批上市后，很快会面临一个重要选择，就是要不要参加国家医保谈判。如果参加国家医保谈判，在谈判成功后，创新药得以纳入医保药品目录，享受医保基金的支付，显著减轻了患者的经济负担，并提升了患者对这些药物的可及性。同时，鉴于医保覆盖的庞大患者群体，制药企业有望迅速扩大市场份额，加速产品销售增长，从而获得显著的销售收入，有助于企业回收研发投资，并进一步资助企业的创新研发活动。但参加国家医保谈判是需要付出代价的，综合 2024 年及之前几轮国家医保谈判的情况来看，新纳入医保药品目录的药品，近年来平均价格降幅在 60% 左右（图 14-2）。企业需要评估是否能够接受这样大的价格降幅，以及进入医保药品目录后的预期放量是否能够弥补由价格降低带来的利润损失。

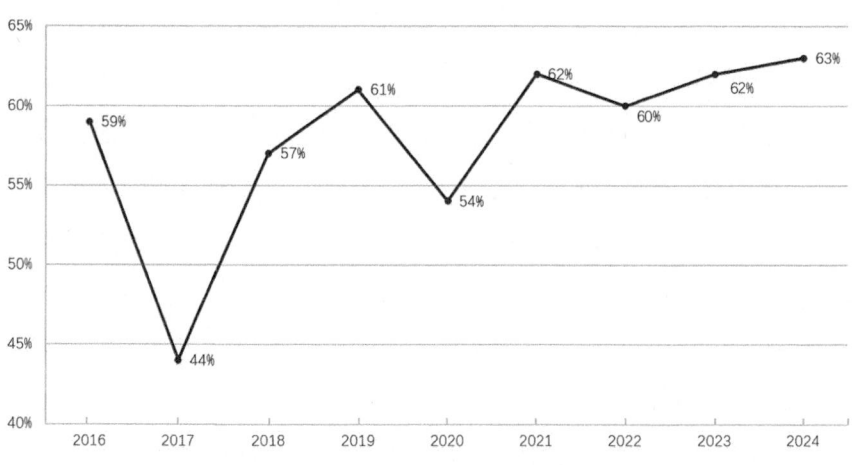

图 14-2　2016—2024 年医保谈判平均价格降幅

是否进国家医保,企业往往会从产品适应证及全生命周期管理角度考虑,对于一些市场渗透期更长、目标群体较小的创新药,进入国家医保难以快速实现以价换量,可能更倾向于自主定价。一些跨国公司出于生产、运营成本和全球价格联动的考量,也可能会在部分品种上倾向于选择自主定价。不过,对于绝大多数企业来说,参加国家医保谈判,进入国家医保药品目录(national reimbursement drug list,NRDL),仍是企业拓展市场的关键行动。从近年来医保谈判申报的情况来看,绝大多数跨国和国内制药企业对参与国家医保谈判都是非常积极的。

(一)国家医保谈判

国家医保谈判自 2016 年首次启动以来,已经经历了多次调整和完善。从 2017 年开始,国家医保谈判规则和流程经过多轮调整和优化,如今逐步趋向常态化、规范化,成为国家医保药品目录调整的重要方式。2018 年国家医疗保障局成立后,国家医保谈判机制进一步完善,谈判品种范围得到扩大。自成立以来,国家医疗保障局已连续 7 年开展医保药品目录调整工作,累计将 835 种药品新增进入国家医保药品目录,其中谈判新增 530 种,竞价新增 38 种。同时 438 种疗效不确切或易滥用、临床已被淘汰、长期未生产供应且可被其他品种替代的药品被调出目录。

现如今,医保药品目录调整已经常态化,医保价格谈判成为创新药进入医保药品目录的主要形式,也是形成创新药市场价格的重要机制,每年第四季度进行的国家医保谈判和随后的医保药品目录更新已成为备受行业关注的年度盛事,也成为观察国家医药产业政策和创新药企业发展的重要窗口。

综合近年来国家医疗保障局发布的国家医保谈判规则和流程,国家医保谈判工作大概可以分为以下 5 个阶段或步骤(图 14-3)。

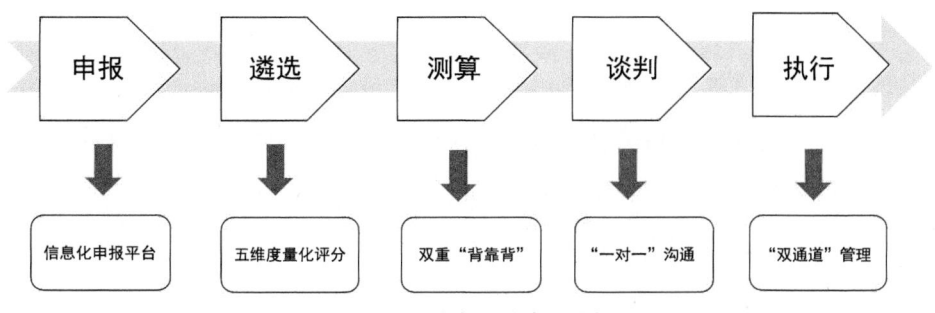

图 14-3 国家医保谈判流程

1. 申报

申报环节是药品准入医保药品目录的起始环节,满足条件的意愿企业主动提交药品信息、幻灯片等材料进行申报。为确保提交资料的规范性、统一性,国家医疗保障局明确了摘要幻灯片等材料模板,除了药品基本信息外,还要求提交安全性、有效性、经济性、创新性及公平性五维度信息,申报摘要幻灯片内容要与申报材料保持一致(图 14-4)。

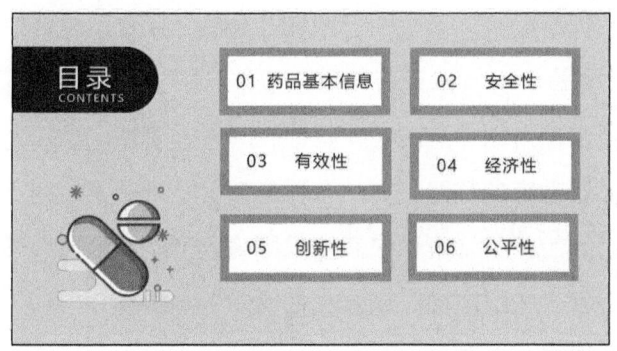

图 14-4 医保谈判申报材料框架

根据 2020 年发布的《基本医疗保险用药管理暂行办法》,纳入国家《药品目录》的药品应当是经国家药品监督管理部门批准的,取得药品注册证书的化学药、生物制品、中成药(民族药),以及按国家标准炮制的中药饮片,并符合临床必需、安全有效、价格合理等基本条件。支持符合条件的基本药物按规定纳入《药品目录》。具体到每年的申报产品范围，基本上是5年内新获批的产品或新增适应证的产品都可以参加申报。从最近3年的实践来看，国家医保谈判和医保药品目录公布都是在每年的第四季度，可以进入国家医保谈判申报的药品最后的获批时间是当年的6月30日。

接下来，医疗保障局将对企业提交的资料进行形式审查，审查结果分为"通过"和"不通过"。对通过形式审查的药品及其相关资料（不含经济性信息）进行公示，接受监督。最终，医疗保障局将对公示期间有关方面反馈的意见进行梳理，形成最终形式审查结果并对最终通过形式审查的药品名单进行公告，同时通过目录调整模块向相关企业进行反馈。

2. 遴选

也叫专家评审，是指国家医疗保障局根据企业申报情况，建立待评审药品数据库，论证确定评审技术要点。医疗保障局将组织药学、临床、药物经济学、医保管理、工伤保险管理等方面的专家就纳入审评的药物在有效性、安全性、经济性、创新性、公平性5个维度开展联合评审。经评审，形成拟直接调入、拟谈判/竞价调入、拟直接调出、拟按续约规则处理4方面药品的建议名单。同时，论证确定拟谈判/竞价药品的谈判主规格、参照药品和医保支付范围，以及医保药品目录凡例、药品名称剂型、目录分类结构、备注等调整内容。对于简易续约的药品，组织专家按规则确定下一个协议期的医保药品支付标准。最终通过目录调整模块向相关企业反馈结果。

评审专家分为综合组专家和专业组专家。综合组由作风正、业务强、熟悉并热心医疗保障和工伤保险事业，自愿参加目录评审的药学、临床、药物经济学、医保管理、工伤保险管理专家组成。专业组专家由相关学术团体和行业学（协）会推荐。评审专家主要负责对纳入评审范围的药品名单提出评审意见，并对谈判主规格、参照药品、医保支付范围、药品评价与评分，以及医保药品目录凡例、药品名称剂型、目录分类结构、备注等调整内容提出意见建议，专业组专家主要参与本专业领域内药品的评审工作。

结合满足患者用药需求、保证基金承受能力的目录调整原则，五维度评分标准中最关键内容是"临床价值"和"预算影响"两要素。临床价值包括疾病负担、临床疗效、药物创新性等多个方面内容，关注药品是否能够满足临床未满足需求。据临床地位差异，药品临床价值可划分为填补空白、增加序贯、改善疗效、增加选择、促进竞争多个档次。对于能够填补空白、增加序贯的药品，其临床评分应优于其他目录内已有同机制/靶点药品、疗效接近仅增加治疗选择的药品。而预算影响则是决定药物能否通过遴选的硬指标，主要考察药品治疗费用和准入后对医保基金的影响。基于医保"保基本"的功能定位，对治疗费用过高且并非替代目录内药品市场份额、准入后将引起大量基金支出的药品不建议纳入谈判清单。

3. 测算

指国家医疗保障局组织测算专家通过职工/居民医保基金测算、药物经济学等方法开展评估，并提出评估意见。测算专家由地方医保部门及相关单位推荐的医保管理、药物经济学等方面的专家组成，分为基金测算组和药物经济学测算组，分别从职工/居民医保基金影响和药物经济学评价两方面针对谈判/竞价药品提出评估意见。

为保证测算的科学性和公平性，医疗保障局在测算过程中采取创新的双重"背靠背"的方法，即针对同一种药物，药物经济学组有两位专家，基金测算组也有两位专家背靠背进行测算，同时药物经济学组的结果与基金测算组的结果形成"背靠背"的状态，确保测算过程和结果尽可能独立，并通过测算结果的"一致性"对照验证，有效地发现测算中可能出现的差错，从而保证测算结果的公正性和准确性，并平衡临床价值与基金可持续性。

通过专家测算，就形成了医保基金能够承担的最高价，即医保谈判的底价，作为谈判专家与企业开展谈判的依据和底线。

4. 谈判

指国家医疗保障局根据前期专家评估意见和测算结果，邀请谈判专家（通常由医保部门代表及相关专家组成）和相关企业代表进行现场谈判/竞价，也就是大家经常在电视上看到的激动人心的"灵魂砍价"环节，并现场签署谈判/竞价结果确认书（图14-5）。对谈判/竞价成功的药品，确定全国统一的医保药品支付标准，明确管理要求。组织谈判成功和简易续约的企业签署协议，协议中明确保障药品供应条款并纳入考核管理，督促企业采取切实措施，提高药物可及性。

图 14-5 2024 年国家医保药品目录调整现场谈判

根据现行谈判规则，现场谈判由企业方、医保方共同参加，企业方由授权谈判代表、医保方由谈判组组长主谈，现场决定谈判结果。首先由企业方报价，企业方有两次机会报价并确认。如企业第二次确认后的价格高于医保方谈判底价的 115%（不含），谈判失败，自动终止。如企业第二次确认后的价格不高于医保方谈判底价的 115%，进入双方磋商环节。双方最终达成一致的价格必须不高于医保方谈判底价。谈判过程中，企业授权代表可通过电话等方式请示，但应现场给出明确意见。谈判结束后，无论是否达成一致意见，双方都要现场签署结果确认书。

谈判最终能否成功取决于医保方和企业方的底线是否存在交集。从实践看，医保方谈判专家的职责是利用谈判机制，引导企业报出其能够接受的最低价格。也就是说，谈判专家在基金能够承受并且企业可以接受的范围内，努力为老百姓争取更为优惠的价格，这就是"灵魂砍价"的魅力和价值所在。

为提高谈判成功率、体现药品多方面价值，医疗保障局在谈判环节建立"一对一"沟通机制，加强了医疗保障局与相关企业在现场谈判之前的沟通反馈，即测算专家在完成初步测算后，按品种出具"价格形成的要点、需要企业补充的信息"，国家医疗保障局与企业进行谈判前沟通、核实补充测算所需的关键信息，确保测算结果的准确性。在沟通之后，企业可以就价格形成的关键要素进行反馈，提升企业对测算价格的认可度和可预期性，进而提高谈判成功率。

2024年医保药品目录调整共计117种药品参加现场谈判/竞价，最终89种谈判/竞价成功，总体成功率为76%，平均价格降幅达63%，与往年基本持平。同时有43种临床已被替代或长期未生产供应的药品被调出国家医保药品目录。

5. 执行

指公布医保药品目录调整结果，发布新版医保药品目录。目前新版医保执行速度明显加快。《国家基本医疗保险、工伤保险和生育保险药品目录（2024年）》于2024年11月28日公布（图14-6），2025年1月1日起正式执行。本次调整后，目录内药品总数将增至3159种，其中西药1765种、中成药1394种，肿瘤、慢性病、罕见病、儿童用药等领域的保障水平得到进一步提升。

为推进谈判药品落地，有以下5项措施推动新版目录落地实施：一是落实谈判药品直接挂网等措施，确保谈判药品如期按照协议调整支付标准。二是积极推进新增药品进院，与定点医疗机构加强联动，根据临床治疗需求，及时召开药事委员会会议，及时将新增药品特别是谈判药品纳入本机构配备名单，提升用药保障水平。三是各地完善"双通道"管理机制，通过定点零售药店等渠道提高谈判药品的可及性。自2025年1月1日起，配备"双通道"药品的定点零售药店均需通过电子处方中心流转"双通道"药品处方，不再接受纸质处方。四是强化准入后管理，加强对目录内药品特别是谈判药品使用、支付情况的监测，努力解决落地过程中出现的问题。五是继续组织企业定期报送药品配备机构名单，在医疗保障局官方 App 开通查询通道，方便患者查询、购药。

图 14-6　2024 年国家医保药品目录发布

（二）补充准入：商业保险及城市普惠险

众所周知，国家医保的主要任务是"保基本"，是"低水平、广覆盖"，这就决定了基本医疗保险尽管有了覆盖的"广度"，但难以覆盖多层次的医疗健康需求和创新药支付所需要的"深度"。截至 2023 年底，仍有近一半的创新药未能纳入国家医保，典型的例子是用于血液恶性肿瘤的细胞治疗领域前沿疗法 CAR-T 类产品。截至 2023 年底，已上市三款国产 CAR-T 产品，但一次超百万元的治疗费用，使该类创新药至今没有进入国家医保，需要患者全额自费承担。根据测算，复星凯特和药明巨诺的两款 CAR-T 产品适应证领域全国每年新发约 1.3 万病例，但截至 2022 年底，应用该疗法的仅有 500 人左右。这意味着，受限于个人支付能力，大批适用该疗法的人无法应用细胞治疗。

因此，除了常规医保准入之外，亟须其他形式的保险填补新药可及性的缺口。2016 年，国务院印发的《"健康中国 2030"规划纲要》中提到，鼓励企业、个人参加商业健康保险及多种形式的补充保险。2020 年 2 月，中共中央、国务院发布的《关于深化医疗保障制度改革的意见》也明确提出："到 2030 年全面建成以基本医疗保险为主体，医疗救助为托底，补充医疗保险、商业健康保险、慈善捐赠、医疗互助共同发展的医疗保障制度体系。"2022 年 4 月，国务院发布《"十四五"国民健康规划》鼓励医疗医药行业与保险行业协同发展。2023 年 7 月，上海市医疗保障局等 7 个部门联合发布《上海市进一步完善多元支付机制支持创新药械发展的若干措施》，更是从地方层面出发，推动创新药械多元支付机制形成。

政策红利不断释放，商业健康险逐渐成为多元支付机制的重要组成部分，为人民群众提供更可及、更全面和更优质的医疗保障。目前，创新药已被纳入多种不同类型的商业保险，且保障力度逐年增强。具体来看，医疗保险为报销型保障，为创新药提供直接支付，其中，疾病保险为定额支付保障，为创新药提供间接支付。医疗保险中，商业医疗险（包含百万医疗险、特药险等）和惠民保是对创新药支付贡献较大的商业健康险产品形态。

根据镁信健康、波士顿咨询、中再寿险共同编撰的《中国商业健康险创新药支付白皮书》发布的数据，2022 年我国商业健康险赔付金额约为 3600 亿元，占全国卫生总费用支出之比的 5.3%。从单药的赔付规模和渗透率来看，2023 年商业健康险赔付金额过千万的药品共计 18 种，其中 2 种药品赔付过亿，商业健康险对于创新药支付的重要性已日益显现。针对罕见病、血液肿瘤等治疗费用高昂、可及性低的创新药，无论是赔付绝对金额还是渗透率，商业保险渠道均发挥了中流砥柱的作用。

由于普通商业健康险投保门槛较高，限制条件较多，目前的覆盖率仍然不充足。与之相对应的，近年来，投保门槛很低的各类城市惠民保发展迅速。在创新药方面，目前超过90%的惠民保产品包含特药责任，国内上市的肿瘤创新药是惠民保目录的核心药品，比如肿瘤药中几个进口的PD-1/PD-L1，一直没有进入国家医保药品目录，但在众多城市惠民保中都得到覆盖。从药品纳入的绝对数量来看，2023年药品纳入绝对数量达到550个，其中包括246款内地上市的肿瘤创新药。值得一提的是，自2021年起，罕见病药物的纳入也逐渐普及，3年间超过50%的惠民保产品纳入罕见病用药。近年来，随着海南博鳌乐城"四个特许"、港澳药械通等相关政策的实施，有些大城市也在推动将内地未上市的海外药逐步纳入惠民保。

三、医院列名

国家医疗保障局成立以来，大力推进医保药品目录管理改革，建立健全目录动态调整机制，使创新药进入医保药品目录的时间大大缩短，一些新药上市当年就被纳入医保药品目录。改革前，大部分药品上市后都是"先进医院，后进医保"，药品有足够的时间经历市场推广、临床使用经验积累、临床专家认可、广泛使用这一过程。改革后，变成了"先进医保，再进医院"，对医疗机构快速准入和临床医生短期内广泛使用提出了更高的要求。

创新药进入医保只是第一步，还必须畅通创新药入院的"最后一公里"，尤其是打通其落地使用的"最后一百米"。一般而言，创新药入院需要经历科室申请、药学部门审核、药事委员会投票等程序，往往长达一年甚至更久。

RDPAC在2024年1月发布的《国家医保谈判药品落地现状和地方实践经验研究报告》显示，截至2023年9月底，2022年医保药品目录中的260个样本谈判药品在全国三级医院覆盖率的中位值为7.8%（261家），约60%的样本药品仅覆盖不到10%的三级医疗机构，这与医疗保障局和制药企业的期望相距甚远。造成创新药医院列名困难的原因是多方面的，主要包括以下几个方面：①医疗机构尚未普遍建立与医保谈判相适应的药物与治疗委员会制度。医保药品目录准入频率大幅加快，而医疗机构药品准入的模式尚未明显变化。药事委员会召开慢、经地方医疗保障局和卫生健康委员会多次督促后才召开、多年未召开（个别医院）的现象广泛存在。②医院用药目录品种数控制。通常医院最多配备 1500 种药品，新增一种就要淘汰一种。随着谈判药品数量逐年增加，医疗机构面临的药品总数控制压力加剧，新药进院的窗口被进一步压缩。③医院绩效考核和医保费用管理影响药品按需使用。目前不少公立医院绩效考核中的药占比、次均费用增幅、医疗收入增幅、基本药物占比和医疗服务收入占比考核，以及医保费用管理方面的医保总额控制和 DRG/DIP 支付政策限制了医院采购创新药的积极性。

2021 年 9 月，国家医疗保障局、国家卫生健康委员会联合发布的《关于适应国家医保谈判常态化持续做好谈判药品落地工作的通知》明确指出，国家医保谈判药品落地涉及广大参保患者切身利益，对更好满足临床需求、提升医保基金使用效能具有重要意义。

2024 年以来，不少省份发文明确定点医疗机构召开药事委员会会议的时限和频次，要求新增谈判药品"应配尽配"。有的省份提出必要时随时开，大力推动创新药入院。例如，广东省允许医疗机构通过一定程序，将临床优势明显、安全性高、不可替代、患者有需求的国家医保谈判药品直接纳入用药目录。对此，上海等地也在采取措施，在政策层面破除创新药入院的障碍。例如，对于那些暂时无法纳入医院用药目录但临床确有需求的创新药，可通过绿色通道临时采购。又如，实行新增谈判药品、竞价药品预算单列，前 3 年不纳入医疗机构医保总额预算等。

云南省医疗保障局和卫生健康委员会通过取消药占比、门诊次均费用增幅、门诊次均药品费用增幅、住院次均费用增幅、住院次均药品费用增幅 5 项考核指标，解决谈判药品入院难题。这些做法值得其他地区参考借鉴。

国家医疗保障局在发布《国家基本医疗保险、工伤保险和生育保险药品目录（2024年）》的通知中明确指出：医保定点医疗机构、工伤保险协议医疗机构和工伤康复协议机构原则上应于2025年2月底前召开药物与治疗委员会，根据《国家基本医疗保险、工伤保险和生育保险药品目录（2024年）》及时调整本机构用药目录，保证临床诊疗需求和参保患者合理用药权益。不得以医保总额限制、医疗机构用药目录数量、药占比为由影响药品进院。对目录内填补保障空白或大幅提高保障水平、历史数据难以反映实际费用的药品，相关病例可特例单议或暂不纳入DRG/DIP支付。

此外，为更好地促进医保谈判药品的落地，2021年4月国家医疗保障局、国家卫生健康委员会发布《关于建立完善国家医保谈判药品"双通道"管理机制的指导意见》。所谓"双通道"是指通过定点医疗机构和定点零售药店2个渠道，满足谈判药品供应保障、临床使用等方面的合理需求，并同步纳入医保支付的机制。"双通道"政策的出台，将机制灵活、分布广泛的零售药店纳入国谈药品供应保障范围，既提升了创新药的可及性、更好地满足了参保患者的用药需求，又拓展了创新药的终端渠道，为高价值创新药市场启动和快速放量创造了有利条件。对于创新药企业来说，在处方外流趋势不改、双通道政策落地背景下，更多创新药会通过DTP药房销售，这需要企业更多创新融合的方式和整合更多专业力量来做好渠道、配送管理和患者服务。

四、药品集中招标采购

药品集中招标采购主要针对的是已过专利期，有多家企业仿制，临床应用广泛的药品。很长一段时间以来，许多跨国公司的原研产品在中国市场并不存在国际上所谓的"专利悬崖"现象，原研产品即使过了专利期仍能保持相对高的价格和销量的持续增长。2015年启动的药政改革，一方面大大加快了药品审评审批制度改革，也加大了国际国内创新药上市步伐；另一方面则大力推动了仿制药质量一致性评价，提升了仿制药质量。这些改革都为国家启动药品集中招标采购打下了坚实的基础。

2018年5月，我国的医改进入新的阶段，标志性事件就是新组建的国家医疗保障局挂牌成立。国家医疗保障局拥有医保药品目录制定及动态调整职能、医保支付价格制定及动态调整职能，负责指导药品集中采购规则制定和药品集中采购平台建立。

2018年12月，4+7带量采购试点结果出炉，中选品种价格平均降幅达到52%，最高降幅超过96%，这一中标结果颠覆了行业认知并引发行业巨震。

2021年1月，国务院办公厅发布《关于推动药品集中带量采购工作常态化制度化开展的意见》，这是我国药品集中采购的又一个里程碑式文件，至此，我国药品集中采购进入常态化、制度化发展阶段，也标志着我国药品集中采购的制度已趋于成熟。

截至2024年底，国家医疗保障局已经主导组织了10批的药品集中招标采购，共涉及各大主要用药类别436个品种，平均降价幅度为48%～75%（表14-1）。

表14-1 历次药品集中采购结果信息

药品集中采购批次	范围	结果发布时间	纳入品种（个）	平均降价幅度（%）
4+7	11个省/市	2018年12月	25	52
4+7扩围	25个省/市	2019年9月	25	59
第二批	全国	2020年1月	32	53
第三批	全国	2020年8月	55	53
第四批	全国	2021年2月	45	52
第五批	全国	2021年6月	61	56
第六批	全国	2021年11月	16	48
第七批	全国	2022年7月	60	48
第八批	全国	2023年4月	39	56
第九批	全国	2023年11月	41	58
第十批	全国	2024年12月	62	74.5

随着推动药品集中带量采购制度化常态化的开展，越来越多的省份单独或组建省际联盟开启带量采购。

药品集中招标采购制度在降低药品价格的同时，相当程度上重塑了中国医药市场格局和业务模式。受集中采购影响，原研药的"专利悬崖"开始出现，"带金销售"现象大幅减少。集中采购引导药品企业从过去的"拼渠道、拼销售"，转到目前的"拼质量、拼价格"，企业以质量谋发展的内生动力不断提升。不少集中采购未中标的原研和仿制药企业纷纷转向院外市场和医药电商，由此带来了医药商业模式的革新。

此外，药品集中采购也推动了部分传统制造型制药企业向创新药转型，医药企业创新动力日趋强劲，A股市值前10强药企中，2022年的总研发投入是2018年的2.48倍。

五、特殊准入：先行区政策

（一）海南博鳌乐城"先行先试"政策

海南博鳌乐城国际医疗旅游先行区（简称"乐城先行区"）成立于2013年，是国务院批准设立的全国唯一的"医疗特区"，旨在通过先行先试政策推动中国医疗改革和创新。乐城先行区利用海南自贸港的政策优势，成为国际创新药械进入中国市场的重要通道。

乐城先行区的"先行先试"政策允许尚未在国内批准上市的药品和医疗器械在先行区内使用，大大缩短了这些产品在中国市场的上市时间。截至2023年底，乐城先行区已运营医疗机构达到27家，已与20个国家171家药械企业建立合作，引进超过360种未在国内上市的临床急需创新药械，基本实现了医疗技术、设备、药品与国际先进水平"三同步"的目标。

客观来看，这些特殊政策为新药在境内加快准入提供了一条途径，但是特殊政策无法实现药品快速放量，只能在临床有需求的时候提供专药专用。然而，对尚未获得国家药品监督管理局批准的新药来说，特殊政策提供了上市前收集真实世界数据的重要渠道。博鳌乐城先行区在全国率先开展临床真实世界数据应用试点，探索将尚未在中国注册，但经批准可以在博鳌乐城先行区使用的特许药械在真实临床应用中产生的数据，转化为真实世界证据，用于在中国注册审批，推动国际最新药械加快在中国上市，为国际创新药械加速进入中国市场提供"绿色通道"。

2020年3月26日，美国艾尔建公司"青光眼引流管"经国家药品监督管理局审查，获批上市，成为首个使用境内真实世界数据成功上市的医疗器械，标志着真实世界数据应用试点工作取得阶段性成果。截至2023年底，已有20多个特许药械产品在博鳌乐城先行区被纳入真实世界数据应用试点，其中有13个试点产品利用博鳌乐城真实世界数据辅助临床评价获得国内注册上市，品种范围覆盖肿瘤、免疫、眼科等多个领域，极大地降低了全球创新药进入中国市场的成本，加快了其在国内的上市进程，同时也让更多的中国患者能更快地受益于全球先进的医疗技术和产品。

（二）港澳药械通

自2017年，国家发展和改革委员会、香港特别行政区政府、澳门特别行政区政府、广东省人民政府共同签署《深化粤港澳合作 推进大湾区建设框架协议》以来，粤港澳大湾区的发展已经迈出了重要步伐。2019年发布的《粤港澳大湾区发展规划纲要》提出不断深化粤港澳互利合作，进一步建立互利共赢的区域合作关系，推动区域经济协同发展。

为贯彻《粤港澳大湾区发展规划纲要》精神，满足粤港澳居民临床急需，探索三地医疗协同模式，2020年4月，广东省九部门联合印发《关于促进生物医药创新发展的若干政策措施》，明确由省药品监督管理局牵头，省科技厅、工业和信息化厅、财政厅、卫生健康委、医疗保障局负责优化药品器械注册上市和推广应用制度。

2020年11月25日，国家八部门联合印发《粤港澳大湾区药品医疗器械监管创新发展工作方案》，明确在粤港澳大湾区内地九市开业的指定医疗机构使用临床急需、已在港澳上市的药品，以及临床急需、港澳公立医院已采购使用、具有临床应用先进性的医疗器械，均由广东省实施审批，正式确立"港澳药械通"政策，满足粤港澳居民临床急需。

"港澳药械通"打通了创新药械快速进入内地的通道，成功探索出粤港澳药械合作新模式、有力推进大湾区医疗服务质量一体化、创新粤港澳药品监管协作机制3个方面的创新突破。通过简化在港澳已经上市、国内尚未上市的临床急需药品和医疗器械的跨境流通准入程序，港澳药械通可以满足人民群众的临床急需，加强粤港澳大湾区三地健康产业的交流沟通、探索三地医疗机制、体制衔接机制，从而推动区域内的医疗资源合理利用。

在粤港澳大湾区内推动药品和医疗器械监管互认的"港澳药械通"政策，是国家药品监督管理局为加速医疗产品流通而实施的重要举措。"港澳药械通"政策自发布以来已经惠及众多患者，解决了粤港澳居民部分临床急需。截至2023年12月底，港澳药械通累计批准急需进口药品28种（共110批次），医疗器械28种（共52批次），覆盖广州、深圳等地市的19家指定医疗机构，惠及患者4413人次。政策的实施加速惠及粤港澳大湾区居民，促进了港澳外用中成药陆续获准内地上市，并推动了澳门已上市部分药品在横琴粤澳深度合作区使用，对建设粤港澳大湾区医疗健康一体化具有重要意义。

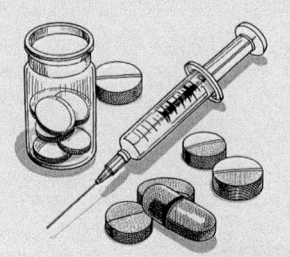

第十五章
循证医学与价值医疗

循证医学和价值医疗是现代医疗体系中两个重要的概念,共同构成了现代医疗服务体系,两者相互关联又各有侧重,在医疗决策和实践中的结合有助于提高医疗服务的质量和效率。在实际应用中,循证医学可以为价值医疗提供可靠的证据支持,帮助医疗机构在确保医疗质量的同时控制成本,将科学证据和成本效益分析相结合,为价值医疗提供科学依据和决策支持,进而通过优化资源配置和提高患者满意度来实现循证医学的目标。

一、循证医学

循证医学(evidence-based medicine,EBM)是对应传统经验医学提出的一种现代医学模式,意为"遵循证据的医学",又称实证医学,其核心思想是医疗决策(即患者的处理、治疗指南和医疗政策的制定等)应在当前最好的临床研究证据基础上做出。

1992 年,加拿大学者 Gordon Guyatt 等在《美国医学会杂志》(the Journal of the American Medical Association,JAMA)上发表题为"Evidence-based medicine: a new approach to teaching the practice of medicine"的文章,第一次正式提出循证医学的概念。

1996 年,David Sackett 在《英国医学杂志》(British Medical Journal,BMJ)发表系列文章,定义循证医学是"医生慎重、准确、明智地运用当前所能获得的最佳证据来确定个体患者的医疗决策"等,并进一步完善了该定义,就是以当前最佳的研究证据为决策、医生的专业知识和技能为保证、患者的利益和需求为医疗的最高目标,三者整合起来进行共同决策(shared decision making,SDM)才能使循证医学更好地、科学精确地指导临床。

更准确地说,循证医学是基于现有最好的证据,兼顾现有资源及人们的需要和价值取向,进行医学实践的科学。最佳证据、专业知识和经验、患者需求三者结合,缺一不可,相辅相成,共同构成循证思维的主体(图15-1)。

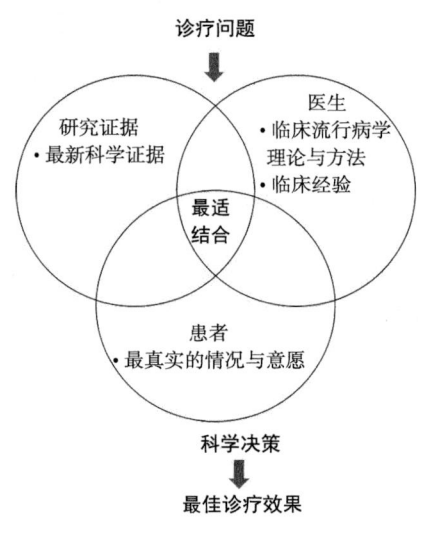

图15-1 循证医学实践过程

(1)最佳证据:最佳证据乃是来源于现代临床医学的研究成果,这些成果经过严格评价而确认是真实的、有重要临床意义且又有实用价值的,方为最佳证据(best evidence)。最佳证据为循证临床实践的"武器",是临床上解决患者问题的最新和最佳手段。而这种证据的获取,则是针对临床面临的具体问题,在全球范围内所有相应的最新研究成果中,应用科学的方法去检索、分析与评价,进而获得最新、最佳的证据,最终用于解决具体临床问题。

(2)医生:高素质的临床医生是临床研究与临床实践的主体。良好素质表现在为患者诊治时，既能善于利用个人临床技能和丰富的专业知识发现临床问题，同时也善于使用最佳证据解决问题。如果没有精湛的临床技能，再好的证据也难用于患者的诊治。

（3）患者：患者是临床实践的服务主体。接受医生的治疗是患者出于对自己健康的渴望，除此之外，非常重要的一点是出于对医生的信任。任何循证临床实践均需要患者的合作与配合，如果患者缺乏对诊治医生的信任，则依从性就不能保证。

在获取的诸多研究成果（证据）中，由于研究设计、方法的缺陷和不足及研究条件的限制，需要从中甄别出最佳的证据。而分析和评价最佳证据的方法与标准，都源于临床流行病学的基本理论及临床研究质量的评价原则。因此，在循证临床实践中使用"最佳证据"时，一定要结合临床实际、批判性地加以采信。当对某种（些）证据有疑问时，应追溯来源并用临床流行病学有关理论与方法进行分析和评价，方可避免因误导或误用而给患者带来伤害。

什么是"证据"，如何获取"证据"，什么才是临床决策赖以应用的"证据"，"证据"的价值是什么，如何利用"证据"，这就是循证医学的核心内容。

（一）如何实践循证医学？

实践循证医学主要包括以下5个步骤。

1. 提出明确的临床问题

临床实践中每天都会面临许多临床问题，如疾病预防、病因、诊断、治疗、预后等方面的问题。要想解决所有问题是不可能的。应勤于思考，善于在临床实践中认真观察、发现问题和提出问题，优选亟须解决的问题。

经验医学时代，缺乏对诊疗相关临床问题本身的聚焦和研究。临床问题相对是概括的、模糊和笼统的。循证医学概念提出后，临床医务人员和方法学家逐渐意识到，循证实践的起点应是与患者密切相关、具体化、结构化和可用证据回答的问题。因此，1995年Richardson等撰文提出，应对临床问题进行解构和重建。譬如在治疗领域，问题可解构为 PICO，即患者或问题（patient/problem）、干预（intervention）、对照（control/comparison）、结局（outcome）。诊断、预防和预后的临床问题也应参照类似的形式进行解构。

2. 系统检索相关文献，全面收集证据

寻找可以回答上述问题的最好研究证据。首先要有足够的信息资源，包括以下几项。

（1）教科书、专著、专业杂志。教科书必须经常被修订、有大量参考文献、所引用的证据经得起临床流行病学评价原则的检验等。

（2）电子出版物或数据库。

（3）检索方法和策略对信息的收集至关重要。应采用多渠道查询，避免遗漏重要信息，包括上网、计算机检索、手工检索，尽可能全面检出相关文献资料，以便分析评价使用。正确确定和应用拟检索的关键词和检索式。

3. 严格评价，找出最佳证据

参考证据分级标准，对证据的真实性、可靠性、临床价值及适用性等方面进行严格的评价。

4. 应用最佳证据，指导临床实践

严格评价文献后，将从中获得真实、可靠并有临床应用价值的最佳证据用于指导临床决策，服务于临床。

5. 后效评价循证实践和结果

对循证医学实践后的效果进行动态评估，并根据结果调整决策以持续改进医疗质量。

通过上述 5 个步骤，后效评价应用当前最佳证据指导评价具体问题的解决效果如何，若成功，可用于指导进一步实践；反之，应具体分析原因，找出问题，再针对问题进行新的循证研究和实践，以不断去伪存真，止于尽善。总之，实践循证医学的关键就是不断基于具体的临床问题，将医生的临床经验、当前最好的证据和患者需求相结合。寻求最佳解决方案和最佳解决效果的过程需要医生的不断探索、实践和学习。

（二）循证医学的证据级别

目前，国际上已有多种证据强度评价方法。自循证医学问世以来，其证据质量先后经历了"老五级""新五级""新九级"和 GRADE 标准 4 个阶段。前三者关注设计质量，对过程质量监控和转化的需求重视不够；而 GRADE 标准关注转化质量，从证据分级出发，整合了分类、分级和转化标准，它代表了当前对研究证据进行分类、分级的国际最高水平及意义。目前，包括 WHO 和 Cochrane 协作网等在内的 28 个国际组织已采用 GRADE 标准。为了便于掌握证据级别，以下简要介绍这 4 个不同分级方法。

1. 老五级

研究证据依据质量和可靠程度大体可分为以下 5 级。

一级：按照特定病种的特定疗法收集所有质量可靠的随机对照试验后所做的系统评价或荟萃分析。

二级：单个样本量足够的随机对照试验结果。

三级：设有对照组但未用随机分组的研究。

四级：无对照的系列病例观察。

五级：专家意见、描述性研究、病例报告。

首先一级证据的系统评价或荟萃分析被誉为金标准，其次是设计完善、执行可靠、数据完整、临床与统计学分析合理的随机对照试验。证据可靠性逐级降低，在没有金标准的情况下，可依照上述标准分类使用其他级别的证据作为参考。

2. 新五级

2001 年，牛津大学循证医学中心（Oxford Centre for Evidence-based Medicine，OCEBM）提出了 OCEBM 证据标准。该标准更为全面地考察了影响证据质量的因素，譬如研究间的同质性，以及合并效应量的可信区间等，并将分级的范围从防治领域扩大为预防、诊断、治疗、预后等。2009年工作组对其进一步优化为5个证据级别（表15-1）。

表15-1 OCEBM证据级别和证据水平

推荐级别	证据水平	治疗或证明是病因
Ⅰ级	Ⅰa	同质性前瞻性队列研究的系统评价或有试验基础可靠的临床指南
	Ⅰb	追踪率≥80%的前瞻性队列研究
	Ⅰc	全活五效应的病例系列：如具有某些预后因素的系列患者，要么全部避免某种结局；要么则全部呈现某种特殊结局（如死亡）
Ⅱ级	Ⅱa	同质性队列研究的系统评价
	Ⅱb	单个队列研究（包括低质量的RCT或<80%随访）
	Ⅱc	结局性研究
Ⅲ级	Ⅲa	同质性病例-对照研究的系统评价
	Ⅲb	单个病例-对照研究
Ⅳ级	Ⅳ	病例系列报告、低质量队列研究及病例对照研究
Ⅴ级	Ⅴ	专家意见（缺乏严格评价或仅依据生理学/基础研究/初始概念）

3. 新九级

2001年，美国纽约州立大学医学中心推出证据金字塔，首次将动物研究和体外研究纳入证据分级系统，拓展了证据范畴，加之简洁明了，形象直观，得到了非常广泛的传播（图15-2）。

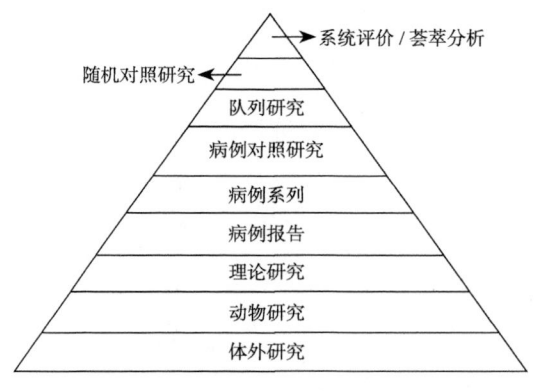

图15-2 证据金字塔

4. GRADE 分级

2004 年，由包括 WHO 在内的 19 个国家和国际组织成立了推荐意见分级评估、制定与评价（Grading of Recommendations, Assessment, Development and Evaluations, GRADE）工作组，并给出了明确的证据标准和推荐级别。该标准的特点：第一，明确定义了证据质量和推荐强度，证据质量指在多大程度上能够确信疗效评估的正确性；推荐强度指在多大程度上能够确信遵守推荐意见利大于弊。第二，统一使用"级别"（grade）代替"证据水平"（levels of evidence）。第三，突破了过去主要从研究设计角度考虑证据质量的局限性，综合考虑研究设计、研究质量、研究结果的一致性和证据的直接性。第四，从使用者而非研究者角度制定标准，拓宽了应用范围，并随时更新。第五，推荐意见将根据当前可得证据的 3 种结论（肯定、否定、不确定）简化为强弱两级，既充分体现了循证医学立足于用、后效评价的思想，又为未来的发展及向其他领域拓展留下了空间和接口（表 15-2）。

表 15-2 GRADE 证据强度与推荐级别

证据水平	具体描述	推荐级别	具体描述
高	未来研究几乎不可能改变现有疗效评价结果的可信度	强	明确显示干预措施，利大于弊或弊大于利
中	未来研究可能对现有疗效评估有重要影响，可能改变评价结果的可信度		
低	未来研究很有可能对现有疗效评估有重要影响，改变评估结果可信度的可能性较大	弱	利弊不确定或无论质量高低的证据均显示利弊相当
极低	任何疗效的评估都很不确定		

在 GRADE 体系中，RCT 的起始质量为高，观察性研究的起始质量为低，在此基础上，考虑了可能影响证据质量的 5 个降级因素（偏倚风险、不一致性、间接性、不精确性和发表偏倚）和 3 个升级因素（大效应值、剂量—反应关系和负偏倚）。推荐强度级别的划定，除证据质量外，还应充分考虑患者偏

好、资源情况和利弊平衡。所以，高质量证据不一定是强推荐，低质量证据也不一定是弱推荐。

（三）真实世界研究证据

随机对照试验（randomized controlled trial，RCT）一般被认为是评价药物安全性和有效性的金标准，并被药物临床研究普遍采用。RCT严格控制试验入组、排除标准和其他条件，并进行随机分组，因此能够最大限度地减少其他因素对疗效估计的影响，使得研究结论较为确定，所形成的证据可靠性也较高。但RCT有其局限性：一是RCT的研究结论外推于临床实际应用时面临挑战，如严苛的入组、排除标准使得试验人群不能充分代表目标人群，所采用的标准干预与临床实践不完全一致，有限的样本量和较短的随访时间导致对罕见不良事件探测不足等；二是在某些疾病领域，传统RCT难以开展，如某些缺乏有效治疗措施的罕见病和危及生命的重大疾病；三是传统RCT或需高昂的时间成本。相比之下，真实世界证据是从真实世界数据中得出的证据，反映了在常规医疗环境中患者的治疗反应和临床结局。真实世界证据研究通常涉及更大、未筛选的样本量和更长的随访期，能够提供关于特定人群或罕见疾病治疗效果的重要信息（表15-3）。

表15-3 RCT与真实世界研究比较

项目	RCT	真实世界研究
研究目的	有效性（Efficacy）/安全性	在临床实际应用中的效果
研究对象	范围较窄，排除一般特殊人群	无特殊限定
纳入排除标准	严格	宽泛
样本量	有限	尽量覆盖广泛的患者人群
干预措施	有严格的控制	复杂，一般根据患者的病情及意愿
结局测量	以一个特定症状或指标为评价目标	可以有广泛临床意义的指标
主要优势	排除了环境因素及其他干预有关的因素影响	可以在临床实际环境中分析更加丰富的干预效应

因此，在药物研发和监管领域如何利用真实世界证据评价药物的有效性和安全性，已成为全球相关监管机构、制药工业界和学术界共同关注且具有挑战性的问题。

真实世界证据应用于支持药物监管决策，可涵盖上市前临床研发及上市后再评价等多个环节，主要应用范围如下（包括但不限于以下几项）。

（1）为新药注册上市提供有效性和安全性证据。

（2）为已上市药物的说明书变更提供证据，主要包括以下几种情形：增加或者修改适应证；改变剂量、给药方案或者用药途径；增加新的适用人群；添加实效比较研究的结果；增加安全性信息；说明书的其他修改等。

（3）为药物上市后要求或再评价提供证据。

（4）名老中医经验方、中药医疗机构制剂的人用经验总结与临床研发。

真实世界证据既可用于支持药物研发与监管决策，也可用于其他科学目的，如不以注册为目的的临床决策等。就制药企业层面看，围绕药品生命的全周期，从研发、上市后安全性再评价、卫生经济学、市场准入、营销推广、精准医疗及药品的适应证扩展等诸多方面都有真实世界数据的应用需求。

2020年1月，国家药品监督管理局发布了《真实世界证据支持药物研发与审评的指导原则（试行）》，系统地描述了真实世界证据支持监管决策的一些适用情形、研究类型和监管考虑，为真实世界研究的应用实践打下了良好的基础。此后，国家药品监督管理局药品审评中心又相继组织制定并发布了《用于产生真实世界证据的真实世界数据指导原则（试行）》《真实世界研究支持儿童药物研发与审评的技术指导原则（试行）》《患者报告结局在药物临床研发中应用的指导原则（试行）》等一系列指导原则，进一步规范了真实世界研究开展和真实世界证据的获取和应用。

（四）临床实践指南与专家共识

近年来，随着循证医学的发展和对临床诊疗活动规范要求的提高，临床实践指南和专家共识越来越受到关注和重视,发表的指南共识类文章数量也在快速上升。

1. 指南与共识的区别

指南共识类文章是指具有学术权威性的指导类文章,在医疗领域有临床实践指南和专家共识等,其目的是减少临床差错、降低医疗成本及改善医疗服务质量和提高安全性。其中临床实践指南是与临床疾病诊疗相关的指引性文件,是规范临床各种活动的依据,为患者提供最佳治疗策略的指引。而专家共识指多个学科专家代表组成团队,针对具体临床问题的诊疗方案达成共识。下表列出了临床实践指南与专家共识两者存在的差异(表15-4)。

表15-4 临床实践指南与专家共识比较

项目	临床实践指南	专家共识
建立依据	需要系统检索或系统评价	参考部分文献,不一定需要系统检索
牵头组织	由医学会分会学组牵头	由医学会分会学组或某专家牵头
参与人员	本专业领域专家、方法学家和政策制定者	本专业领域专家
组织架构	指南指导委员会、指南制定小组、独立评审小组、系统评价小组和指南资助者	专家共识制定小组
资金支持	有明确的资金来源	无明确的资金来源
报告形式	需要将指南的推荐意见放在读者易读到的地方,参与人员必须声明是否与推荐意见存在利益关系	无相关要求

在实践中,当某一领域缺乏高质量研究证据时,制定专家共识性文件或规范可能比制定指南更为适宜。专家共识涵盖的临床问题往往是临床关注度较高、临床实践差异较大、亟须解决、具有一定争议性或者需要产生新的研究证据的临床问题。

2. 临床实践指南制定流程

循证指南制定法(evidence-based guideline development)是目前国际推崇的指南制定方法,即将推荐意见与证据质量明确地联系在一起,依据现有证据来确定推荐意见的强度,这也是循证临床实践指南的明显特征。循证指南制定法是保证指南科学、公正和权威的方法。

由于临床实践指南制定具有方法学复杂、制定周期长、成本昂贵等特点,加上目前国内临床实践指南方法学人员的匮乏,国内符合指南制定规范的临床实践指南数量还很少。近年来,中华医学会杂志社提出了在中华医学会系列杂志发表指南共识类文章应具备的要求:①有明确的应用范围和目的;②制定方为该学科学术代表群体,权益相关各方均有合理参与;③有科学的前期研究铺垫,有循证医学证据支持,制定过程严谨规范,文字表述明确,选题有代表性;④内容经过充分的专家论证与临床检验,应用性强;⑤制定者与出版者具有独立性,必要时明确告知读者利益冲突情况;⑥制定者提供内容和文字经过审核的终稿。

国际通用的循证指南制定流程一般包括10个步骤(图15-3)。

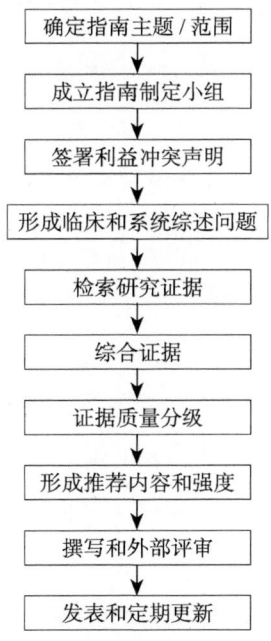

图15-3 循证指南制定流程

（1）确定指南主题/范围（scope of guideline）：确定主题是指南制定的第一步，主要是明确为什么要制定指南，为什么选定这个主题，以及希望通过指南制定达到什么目的。指南范围可以明确界定该指南包含和不包含的内容，规定必须包括哪些重要的临床问题，提供工作框架。确定指南拟解决问题的重要性（如发病率、结局效果、经济费用）及制定指南的必要性、目的和使用范围。

（2）成立指南制定小组：通常由13～20人组成，成员主要包括主席、临床专家、系统评价专家、卫生经济学家、信息学家等，有时也会邀请护理专家或患者代表。一般每月召开1次会议，整个指南制定过程需要召开10～15次会议。一个临床实践指南的制定需要10～18个月。

（3）签署利益冲突声明：指南在发布前，指南制定小组成员均应对该指南中所涉及的药物、器械等商业机构做出利益声明，任何受邀并切实参与指南制定过程的人员都必须填写利益声明表，且必须同意在指南中发布。

（4）形成临床和系统综述问题：一般确定15～20个具体的综述问题，常见的是治疗、诊断、预后3方面的问题。每个问题均采用PICO方式，即P（patient/problem）：所要研究的人群是什么？I（intervention）：应该使用什么样的干预方法？C（comparison/control）：目前所研究的干预措施有没有其他的替代方法？O（outcome）：可能会出现什么样的结局？比如死亡率、发病率、复发、反应、短期结局、长期结局等。

（5）检索研究证据：文献检索的过程就是搜集证据的过程。由信息学家制定文献检索策略，尽量查全、查准。保证检索证据的过程是透明、全面、可重复的。每次应完整记录检索问题、检索日期、检索策略、使用的数据库、检索的结果等。

（6）综合证据：完成文献检索后需要阅读、筛选、评价所检索到的证据，采用系统综述的方法综合证据，分别回答第4步提出的各个系统综述问题，保证指南的推荐意见是基于最佳的证据。

(7) 证据质量分级:目前国际上常用的证据分级系统有两个:OCEBM证据分级系统和GRADE证据分级系统。

(8) 形成推荐内容和强度:指南制定小组在证据分级和经济学证据的基础上提出相应的指南建议,权衡干预措施的利弊、健康获益和卫生资源后决定推荐的强度。

(9) 撰写和外部评审:指南的基本结构包括摘要、简介、制定方法、综述问题、证据总结、推荐建议和推荐强度、研究建议、参考资料、附录等。指南初稿完成后,送外部评审,反馈并提出修改意见。

(10) 发表和定期更新:当指南正式成文后,可在不同期刊同时或联合发表,版式可有所不同,但内容必须一致。现在各治疗领域都发展很快,临床实践指南要及时更新,一般3～5年至少更新一次,像中国临床肿瘤学会(Chinese Society of Clinical Oncology,CSCO)指南,基本上每年更新一次。

二、价值医疗

医药卫生资源是一种特殊的稀缺资源,相对于人们渴求身心健康和提高生存与生活质量的强烈愿望,总是显得尤为不足。人们对健康的渴望和高质量生活的追求从来没有停止过,尤其是在人口老龄化程度愈发严重的当下更是迫切,使得医药卫生资源供求的矛盾愈发凸显。在这种情况下,价值医疗理念应运而生。

价值医疗(value-based healthcare,VBHC)是由哈佛大学商学院教授迈克尔·波特(Michael Porter)于2006年提出的概念,旨在通过提高医疗服务的性价比来改善患者健康结果。价值医疗的核心理念是在相同或更低的成本下,实现医疗效果的最大化。

价值医疗理念主要基于 3 个基本原则。

（1）为患者创造价值。在价值医疗中，患者是整个医疗系统的核心。为患者创造价值就是在微观层面，根据患者的支付能力和一定的成本，通过全生命周期、全流程医疗照护的保健，实现患者的健康价值；在宏观层面，以人为中心提供优质、安全、有效、及时、公平、高效的健康和医疗服务。

（2）针对患者细分群体制定健康和医疗干预措施。为患者创造价值的关键是识别患有同一疾病或具有类似风险状况的人群，同时关注特定的患者细分群体，明确相关的临床疗效和成本，并且在此基础上，为细分患者群体制定有针对性的健康和医疗干预措施，从而提升医疗价值。

（3）系统衡量医疗结果和成本。从患者全流程、全周期的健康促进和医疗照护出发，系统地衡量以患者为中心的临床疗效及相关的成本。

（一）卫生技术评估与药物经济学评价

卫生技术评估（health technology assessment，HTA）是指利用循证医学、卫生经济学、社会学、医学伦理学及其他相关学科的原理和方法，对卫生技术的技术特性、临床安全性、有效性、经济性和社会适应性进行全面系统的评估，为各层次的决策者提供合理选择卫生技术的科学信息和决策依据，对卫生技术的开发、应用、推广与淘汰实行政策干预。卫生技术评估通过系统检索、收集和评价证据，可快速又全面地评估药物的有效性、安全性和经济性，为决策者提供科学、透明的证据支持。近年来，卫生技术评估已逐渐成为创新药品、医疗器械等卫生技术综合评价的重要工具。

卫生技术评估可以用于评估包括预防、诊断、治疗、康复保健在内的多种干预措施，可以回答该干预措施的安全性与有效性如何、当前价格是否具有经济性、合适的价格是多少、对医保基金预算的影响有多大、是否可以有效提升患者用药适宜性和依从性，以及该干预措施可能涉及的伦理、社会、文化和法律影响等一系列问题。

第十五章 循证医学与价值医疗

药物经济学评价是卫生技术评价的核心组成部分,主要目的是研究如何以一定的成本取得较大的效益,进而使得有限的药物资源得到最优的配置和最高效的利用,使患者最大限度地改善健康状况,其主要内容是对成本与效益进行识别、计量和比较。

近年来,药物经济学评价在药品遴选、新药研发、药品定价和医院药事管理等方面发挥着越来越重要的作用,现已将药物经济学评价证据作为医保谈判的重要支持材料。相比药物上市评价,药物经济学评价更注重经济性(cost-effectiveness)。

以下是在做创新药经济学评价时需要重点思考和准备的内容:①在新药核准的适应证下,目前有哪些药物已经纳入医保报销目录?②目前治疗药物中哪一种效果最好或使用量最大,最应当被选择作为对照品?③检索证据资料库,查阅新药与对照品的文献,整理出最适当的剂量、用法与疗程,两药相对疗效差异的大小,以及重要不良反应发生次数差异是多少?④比较两药之间成本效益关系,了解新药的使用是否符合成本效益,了解新药在哪些条件的患者群最具有成本效益?⑤若纳入医保报销,则不同单价选择会对医保预算产生多大影响?影响趋势如何(至少看 3 年)?⑥探讨新药使用的社会公平性、患者未满足的需求、任何伦理议题或对政治的影响。

对创新药的成本和健康收益的评价可能会有 4 种情况:①创新药成本较低,治疗效果较差;②创新药成本较高,治疗效果较差;③创新药成本较高,治疗效果较好;④创新药成本较低,治疗效果较好。对于②,决策者可以直接做出"拒绝"的判断;对于④,决策者可以直接做出"采纳"的判断;但对于①和③,研究者不能直接做出决定,还需进行系统的药物经济学评价(图 15-4)。

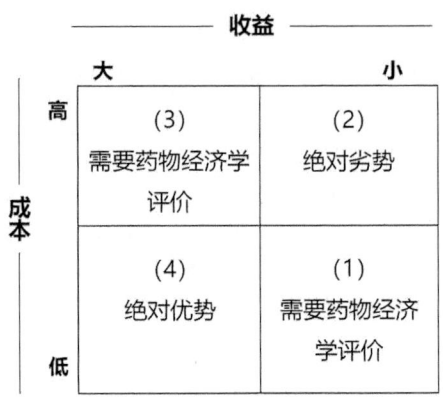

图 15-4　成本收益分析矩阵

基于健康产出衡量方式的不同，药物经济学评价的分析方法主要涉及 4 种基本评价方法（表 15-5）：最小成本分析（CMA）、成本效果分析（CEA）、成本效用分析（CUA）和成本效益分析（CBA）。

表 15-5　药物经济学评价方法比较

方法	成本	收益	特点
最小成本分析	货币	产出相当	产出相当，对比成本高低
成本效果分析	货币	自然单位（生命年、治愈率、有效率等）	临床诊治效果计量收益
成本效用分析	货币	质量调整生命年/失能调整生命年	患者的心理满足程度计量收益
成本效益分析	货币	货币	同时用货币计量成本和收益

（1）最小成本分析：这种方法是在临床效果完全相同的情况下，比较哪种药物治疗的成本最低。它要求证明两个或多个药物治疗方案所得结果之间的差异无统计学意义，然后通过分析找出成本最小者。

（2）成本效果分析：这是一种广泛应用的方法，用于评估不同治疗方案的成本效果。它通过计算每单位治疗效果所用的成本来衡量项目的经济效率，即效果与成本的比率。

（3）成本效用分析：这种方法将对照和试验药品或方案的成本以货币形式表示，并用质量调整生命年表示收益，对成本和收益进行比较，进而对备选方案进行经济性优选。

（4）成本效益分析：这种方法不仅考虑直接医疗费用，还包括间接成本和隐性成本等，从国家层面考虑社会医疗资源消耗及患者缺勤对社会的影响。

药物经济学评价的步骤包括确定评价立场和观点、选择适宜的评价方法和指标、识别并计量成本和效益、比较成本和效益及进行不确定性分析（如敏感性分析）。

（二）DRG/DIP 支付方式改革

近年来，国家医疗保障局积极推进 DRG/DIP 支付方式改革，旨在提高医保基金使用效率，规范医疗行为，控制医疗费用的不合理增长，减轻患者和医保基金负担。这一改革不仅深刻影响着医疗机构的管理模式和运营策略，也给制药企业的市场准入工作带来了重大挑战与机遇。根据国家医疗保障局的《DRG/DIP 支付方式改革三年行动计划》，到 2024 年底，全国所有统筹地区全部开展 DRG/DIP 支付方式改革工作。到 2025 年底，DRG/DIP 支付方式覆盖所有符合条件的开展住院服务的医疗机构。

1. 什么是 DRG/DIP？

DRG 是世界公认的先进支付方式之一，在控制费用与保证医疗质量之间取得了平衡。其是根据患者主要诊断、治疗方式，并考虑患者疾病严重程度（合并症及并发症）、住院时间、年龄及性别等个体因素，将临床特征与医疗资源消耗相近的患者分入一组，以组为单位打包进行付费的一种分组管理工具。DRG 的核心目的主要有 3 个：第一，实现合理医疗费用的管控。从医保部门被动支付转为医保部门主动购买医疗服务，规避过度医疗风险，有效地控制医保资金风险，促使医疗服务价格向"价值医疗"转变。第二，倒逼供给侧改革，促使医疗机构由过去的"盲目扩张"转向"提质增效"，由"粗放式管理"转向"精细化管理"，有力地促进公立医院高质量发展。第三，使医保患三方的利益通过"定额"支付方式，在"质量"和"费用"之间取得平衡。

2019年正式公布了《国家医疗保障DRG分组与付费技术规范》和《国家医疗保障DRG（CHS-DRG）分组方案》，在国家层面上完成了DRG支付的顶层设计，有力地推动了我国DRG改革的进程。

DIP是我国原创的一种支付方式，利用大数据将疾病按照"疾病诊断＋治疗方式"组合作为付费单位，利用真实、全量数据客观还原病种全貌，通过对疾病共性特征及个性变化规律的分析，建立医疗服务的"度量衡"体系，较为客观地拟合成本、测算并建立DIP支付应用体系，是基于"随机"与"均值"的经济学原理和大数据理论，通过真实的海量病案数据，发现疾病与治疗之间的内在规律与关联，提取数据特征进行组合，并将区域内每一病种与该病种治疗资源消耗的均值与全样本资源消耗均值进行比对。

DRG和DIP两种支付方式有不少相同点，但存在一定差异。本质上，两者都是打包支付。从长期来看，其对医院的规范管理、质量安全及医生的诊疗行为、合理用药等都将产生深远影响，这两种新型医保支付方式改革，也势必引起医保、医院、制药企业、患者等利益相关方之间新的利益博弈，重新构架和建立新的联系（表15-6）。

表15-6　DRG与DIP的共同点与不同点

项目	DRG	DIP
共同点	• 二者都属于病种打包支付的范畴 • 二者的数据来源主要是医保结算清单、住院病案首页等 • 数据标准均为国家医疗保障局发布的医保疾病诊断、手术操作分类与代码、医疗服务项目分类与代码、医保药品分类与代码、医保医用耗材分类与代码及医保结算清单 • 二者的主要分组要素都是主要诊断和主要治疗方式，在分组时都进行了标化和归类 • 二者都将支付标准分为两部分，一部分是每个病种(或病组)的点数(或相对权重)，另一部分是每个点数(或相对权重)值多少钱。DRG称之为"费率"，DIP称之为"点数单价"	

续表

	项目	DRG	DIP
不同点	分类依据	• 包括年龄、疾病诊断、合并症、并发症、治疗方式、病症严重程度及转归等	• 疾病首要诊断、治疗方式
	病种数量	• 分类较粗，病种数量少 • DRG 以疾病诊断为核心，将相似病例纳入一个组管理，每个组内有几十个相近的疾病和相近的操作，原则上分组不超过 1000 组	• 分类较细，病种数量多 • DIP 强调主要诊断和主要治疗方式的一对一匹配，病种数量可达几万到几十万
	管理成本	• DRG 对数据质量、信息系统改造、管理和技术水平要求较高	• DIP 主要依据既往数据中诊断与诊疗方式的匹配确定，因而对病案质量要求不太高。同时，医院习惯于按项目付费，DIP 的展现形式和价格的直接对应性让临床接受程度更高，从临床路径的管理上 DIP 也更容易实现
	产出指标	• 产出指标多，包括能力、效率和安全性等多个维度指标	• 产出指标少，仅分值指标
	付费方式	• DRG 支付要求试点地区在总额的前提下提前制定 DRG 组的支付标准，属于预付	• DIP 因为采取区域点数法总额预算，最后才确定 DIP 组的支付标准，属于后付
	运用范围	• 除医保支付外，同时可用于医疗服务质量和绩效评价	• 目前仅用于医保支付
	实施范围	• 国外实施地区多、时间长，我国部分城市开始试点	• 我国已有较多城市实施

2. DRG/DIP 改革对制药企业的影响

制药企业不同产品由于具备不一样的价格优势和疗效优势，所以受 DRG/DIP 影响的程度不同。例如，对于仿制药，尤其是药品集中采购中标的仿制药，因价格相对低廉，基本不受 DRG/DIP 影响，甚至会从 DRG/DIP 改革中获益，获取更大市场份额；对于创新药，短期内因医院控制成本可能受到采购制约，但由于其产品壁垒较高，有利于患者健康，短期可能对产品推广应用造成一定影响，但从长期来看，DRG/DIP 对其影响将逐渐减小；对于成熟进口原研药、高值辅助用药，虽然具备疗效优势，但价格较高，在综合控制成本的压力下，院内临床使用量会逐渐下降；对于成熟国产原研药，由于其性价比高，在 DRG/DIP 背景下有一定优势，临床使用量将逐步上升（图 15-5）。

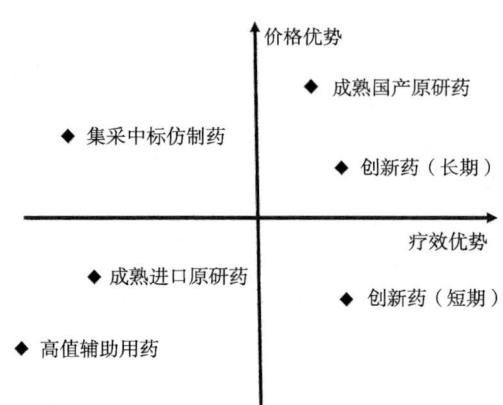

图 15-5 DRG/DIP 背景下不同产品的价格／疗效分析

制药企业可以对现有产品和目标客户／患者进一步细分，寻求精准的客群，制定不同推广策略。

（1）对于具备价格及疗效优势的产品，可以谨慎地维持现状，巩固现有市场地位。

（2）对于具有价格或疗效优势的产品，可以尝试增强现有患者黏性，适当寻找其他市场空间。

（3）对于不具有价格和疗效优势的产品，需要审慎考虑产品定位和存续空间。

3. 制药企业如何应对 DRG/DIP 挑战

制药企业作为药品供应方，对药品的疗效和价格都有着深刻的理解。在区域和医院层面落实 DRG/DIP 政策之前可以采取适当的行动对可能出台的政策施加一定的影响；在政策落实之后也可以采取一系列应对行动，减少对业务的负面影响。

（1）研究产品特性，凸显产品价值：疾病的诊治临床路径是不断动态完善、不断更新的，DRG/DIP 政策在执行层面有一些可灵活调节和掌握的地方，涉及各级医保监管部门，医院内的临床科室、医保管理部门、支持部门等。制药企业宜尽早开展产品研究，积极证明产品价值，并与相关利益方及时介绍研究成果。

①积累价值证据：加强循证证据的分析和积累，提供可量化的价值主张，体现新产品/技术的成本效益。

②搭建药物经济学模型：加强药物经济学模型的搭建，体现出公司产品是更符合药物经济学的药品选择。

③组建攻关团队：在政府事务、医学事务、市场准入等部门组建任务团队，积极开展外部客户沟通工作。

（2）精准选择细分患者：在 DRG/DIP 政策的影响下，住院诊疗将趋于群体化、标准化。因此，挖掘"精准群体"的需求成为制药公司重要任务之一。这有利于精准投放资源，同时还能借此机会增加对重点患者群体需求和疾病趋势的了解。因此，药械公司可以基于产品特征、适应证进行高潜力患者群体的画像，挖掘其治疗需求并进行资源投入。

（3）和医院共同研究诊疗路径，积极参与政策落实：医疗机构直接面向患者，可以直接感受 DRG/DIP 政策执行中的优劣。制药公司通过与各类医疗机构合作，不仅能帮助临床医生落实政策，还可以推动临床路径的修正并寻找产品定位。

①临床路径合作研究：制药企业与医疗机构合作，共同研究疾病治疗的规范路径和照护模式。

②一体化解决方案的提供：为医疗机构提供疾病的一体化解决方案。制药企业可以考虑通过公司合作，将同一疾病领域中的产品和服务进行组合，打造疾病管理生态圈，为医疗机构提供完整诊疗路径及解决方案，降低综合经济成本，使临床医生在 DRG/DIP 背景下不会因过度考虑政策约束而影响诊疗决策。

③合作拓展院外渠道：制药企业通过市场细分明确高潜力医生，并积极维系医生关系，通过多样化的学术交流活动，提升医生对产品的认同感，推动

处方外流，协助优化患者院内看诊—院外 DTP 药房/院边店配药—院内使用的过程。

④合作推出支付创新：制药企业可与商业保险等第三支付方合作推出新的支付方式，缓解医院对创新药医保支付的压力。创新支付解决方案在解决院外支付场景时尤其高效，并受患者欢迎。不仅有利于增加患者的可及性，还可以沉淀真实世界患者数据，驱动业务精细化发展。通过推出创新支付"早鸟计划"，在创新药产品即将上市或新适应证获批前后，快速锁定目标市场潜在患者；推出疗效保险，为新治疗方案的疗效背书，提升医生和患者的使用信心；推出患者资助模式，通过保险资助患者使用创新药，降低患者自费金额；推出分期付款方式，减轻患者首次处方时的经济压力。

（4）考虑进行长远的研发管线布局：整体上说，性价比高、创新、具有多适应证或满足多线用药的产品组合在 DRG/DIP 政策执行的背景下具有相对稳定的优势。虽然这类产品组合较难具备，但从长远角度出发，制药企业可以在布局研发管线时将这一因素考虑在内，深耕技术壁垒高、可替代性不强的领域。

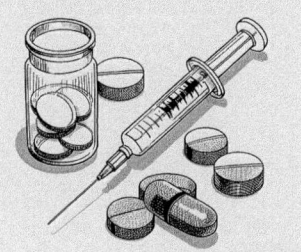

第十六章
药品生命周期管理

产品生命周期（product life cycle，PLC）理论是美国哈佛大学教授 Raymond Vernon 于 1966 年在其《产品周期中的国际投资与国际贸易》一文中首次提出。PLC 是指产品的市场寿命，即一个产品从开始进入市场至被市场淘汰的整个过程，经历开发、引进、成长、成熟、衰退等阶段。医药产品也不例外。

药品生命周期管理是指从药品的研发、注册、生产、流通到使用直至退市的整个过程中的全面管理。这一过程包括多个阶段，如研发期、导入期、成长期、成熟期和衰退期。在每个阶段，制药公司需要采取不同的策略。随着对药物/候选药物和可能从药物中受益的患者人群了解得更多，这些策略会不断演变和优化，将那些具有最高技术成功概率的策略作为研发和商业策略加以推进，以最大化药品的价值和延长其市场寿命（图 16-1）。

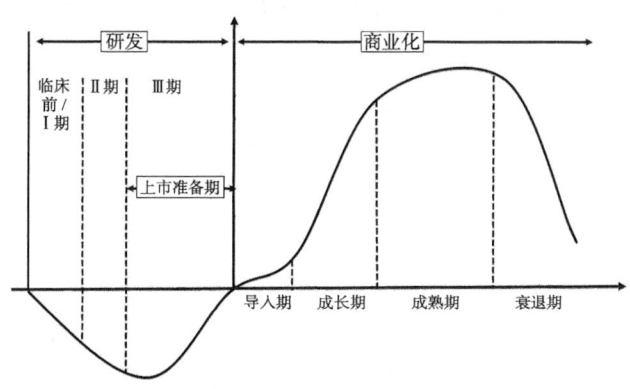

图 16-1　药品生命周期

在当今竞争激烈、不断变化的医药市场环境中，药品生命周期管理策略的重要性日益凸显，好的药品生命周期管理可助力企业实现以下目标。

（1）最大化收入和市场份额：生命周期管理使制药公司能够延长其产品的商业寿命，最大化收入和市场份额。通过实施诸如产品线扩展、研发新适应证和改良等策略，公司可以开拓新的患者人群并扩大其市场覆盖范围。

（2）应对不断变化的市场动态：制药行业不断发展，会出现新的竞争对手、新兴技术和不断变化的患者需求。生命周期管理使企业能够通过引入满足不断变化的患者偏好和市场需求的创新特性、剂型或递送系统来适应这些变化并保持竞争力。

（3）维持监管和市场准入：监管机构要求制药公司持续监测和更新其产品的安全性、有效性和质量特征。生命周期管理确保符合监管要求，包括后市场研究、标签更新和安全监测，以维持监管批准并确保市场准入。

（4）增加患者获得创新疗法的机会：生命周期管理策略还可以改善患者获得创新疗法的机会。通过获得新的适应证或在特定患者人群中进行临床试验，公司可以扩大治疗选择，解决未满足的医疗需求，并改善患者预后。

（5）延长专利保护期和管理仿制药竞争：专利保护对于制药公司收回其研究和开发投资至关重要。生命周期管理包括延长专利保护期的策略，如为新适应证或配方获得额外的专利。这有助于公司推迟仿制药竞争并保持市场排他性，使其能够继续从其产品中获得收益。

（6）可持续的业务增长：有效的生命周期管理有助于制药公司实现可持续增长。通过优化现有产品的价值，公司可以为新疗法的研究和开发分配资源，确保创新药流水线的持续。

一、研发阶段生命周期管理

研发阶段生命周期管理最重要的成功因素是研发策略的选择及其实施的方

法，其目标主要包括以下几项。

（1）能够通过专利保护和行政手段进一步保护该品牌的市场独占权。

（2）能够对该产品的临床数据和资料做有意义的改进。

（3）能够增加该品牌在真实世界中应用的潜在患者基数。

（4）能够使研发阶断生命周期管理项目获得较高的投资回报率。

综合来看，药品在研发阶段生命周期管理的重点在于药品专利布局与知识产权管理、适应证的选择与扩展、制剂扩展、开发固定剂量复方制剂和开发第二代产品。由于知识产权管理部分已经在第八章做过详细介绍，本章主要就适应证的选择与扩展、制剂扩展、开发固定剂量复方制剂和开发第二代产品分别展开阐述。

（一）适应证的选择与扩展

适应证的选择和扩展是产品生命初期和中期最有效的生命周期管理方法。如果一个新分子实体可以针对多个适应证，那么这些适应证的先后次序也是生命周期管理策略中至关重要的内容。

有些药物的作用机制特异而单一，因此只适用于某一种特定疾病。然而，在多种疾病都存在同一发病机制的情况下，如果某些药物能针对这共有的机制，就可能被用以治疗多种疾病，特别是某些生物大分子药品，其针对的靶点或通路在多种疾病发病过程中都起作用，因此通常有多个适应证，典型代表如长期雄踞全球畅销药物榜首的艾伯维公司 Humira（阿达木单抗，修美乐）和新晋药王——默沙东公司的 Keytruda（帕博利珠单抗，可瑞达）。Humira 在美国已获批超 10 个适应证，涵盖类风湿关节炎、强直性脊柱炎、银屑病、克罗恩病、溃疡性结肠炎等；而 Keytruda 在美国已获批适应证更是超过 20 种，涵盖了黑色素瘤、非小细胞肺癌、头颈鳞癌、淋巴瘤、胸腺癌、尿路上皮癌、胃癌、食管癌、宫颈癌、肝癌、胆道癌、肾癌、结直肠癌等。众多的适应证是这些产品能成为超级畅销药的关键因素，而增加适应证是产品提升销量和利润最有效的方法之一。

1. 首个适应证及后续适应证的选择

一个全面的适应证扩展策略不仅要考虑需要开发哪些适应证,还要考虑这些适应证最佳的组合、上市的先后次序及时机,其中决定首个适应证和后续适应证的次序时需要考虑很多因素,犯任何错误都有可能招致重大的损失。以下是一些需要重点考虑的因素。

(1)进度表:上市速度是市场竞争成败的关键要素之一。企业需要评估:上市临床研究需要多长时间才能完成?在上市后达到最高销售量需要多少时间?这里需要注意的是开始研究的先后顺序并不能决定上市的先后顺序。

(2)审批障碍:如果首个适应证中有较高程度未被满足的需求,那么监管层就有更大动力让产品尽快上市。而如果一个疾病领域已经有相似产品,那么这一市场的审批路径就可能比较清晰,如需要多大规模的研究,以及定义明确的研究终点。这两点显然是相互矛盾和对立的,因此公司有必要寻求和监管部门早期对话的机会,以尽早了解上市路径,以及不同选择可能存在的障碍和风险。如果一个产品已经上市,通常其后续适应证审批就会加快。

(3)定价和医保:如果首个适应证的目标人群相对较少,而且这一疾病领域有更大的未被满足的需求,那么通常其获得较高定价和医保报销的可能性就更大。而当后续的、面向更大患者人群的适应证上市时,尤其是当两个适应证所用的剂型或剂量不同时,产品仍有可能维持相对高的价格。反之,如果一个产品先在患者基数大、竞争治疗手段多的适应证中上市,在医保谈判中往往需要更大幅的降价以获取医保准入,其后续在小适应证上市时已不可能制定高价。

(4)在目标人群中可能出现的不良反应:有时候,尽管一个有更大未被满足需求的患者人群是有吸引力的,且这一人群对不良反应的容忍度较高,但是如果将这一人群作为首个适应证的策略是值得商榷的,因为这类患者可能病情更重,而且更有可能出现不良反应。由于必须将所有出现的不良反应都写进产品说明书，后续适应证中病情较轻的人可能并不愿意接受这些不良反应，而且容易被竞争对手攻击。

（5）监管要求建立安全性数据库：通常来说，在有更大的未被满足需求、监管部门更容易批准的适应证中先上市产品的策略是明智的。这样可以使产品在有销量的情况下逐步积累在更大的适应证中上市所需要的安全性数据库。这一策略比在上市前临床研究阶段就积累大量安全性资料的做法更为明智。

（6）专利和市场独占权：先获得一个小的适应证，然后再加上患者基数众多的适应证，这一策略从定价、适应证审批和用药安全性角度来看都是一个明智的决定。但是，我们同时要注意剩余的专利保护期也在不断缩短。如果产品在患者基数更大的适应证中富有竞争力，企业一定不希望产品留在一个小的适应证中太长时间。

（7）超适应证用药：在药品获批上市之后，监控其在超适应证中的应用是十分有必要的。适应证外的应用可能包括研究者发起的研究以外的适应证。如果这样的超适应证应用十分普遍且医保也为这种应用提供报销的话，那么就没有必要再花资金进行临床试验以将此适应证增加进产品标签中。

2. 适应证扩展的类型

新适应证和已批准适应证的差异度决定了新适应证能带来多大的销售增量。从这个角度来看，我们可以考虑适应证扩展的几种不同类型。

（1）相同医生、相同疾病：大多数疾病都会存在轻、中、重度的程度区分，指南上也会存在一、二、三线的药物推荐。通常来说，药物在首次获批时都只获得了治疗疾病某一个阶段的适应证，然后逐步扩展到疾病多个阶段的适应证。以 Keytruda 治疗非小细胞肺癌为例，首先获批的是单药用于 PD-L1 高表达（$\geq 50\%$）、表皮生长因子受体基因突变阴性和间变性淋巴瘤激酶基因突变阴性的转移性非小细胞肺癌的一线治疗；其次获批的是与培美曲塞和铂类化疗联合用于一线治疗转移性且不存在表皮生长因子受体基因突变或间变性淋巴瘤激酶基因突变的非鳞癌非小细胞肺癌；后来又进一步获批单药用于存在PD-L1表达（≥1%）、经铂类化疗方案后疾病进展的转移性非小细胞肺癌。

这种类型的另一种常见情况是复方制剂，即一种药物在和另一种药物联合使用时能更有效、更安全地治疗一种疾病，如治疗高血压的缬沙坦氢氯噻嗪复方制剂（商品名：复代文）、治疗急性冠脉综合征的氯吡格雷阿司匹林复方制剂（商品名：多立维）等。

（2）相同医生、不同疾病：每个科室的医生都需要面对多种疾病，这些疾病之间往往存在共同的发病机制，所以一种药物完全有可能用于治疗同一科室常见的多种疾病，如消化科医生会治疗胃溃疡、十二指肠溃疡及反流性食管炎的患者，而奥美拉唑（商品名：洛赛克）的适应证经过扩展，可以同时用于治疗这3类患者；度普利尤单抗（商品名：达必妥）则可以帮助呼吸科医生治疗2型炎症引起的哮喘和慢性阻塞性肺疾病（COPD）。

（3）不同医生、相同疾病：许多人都可能同时患有多种疾病，而患有同一类疾病的患者，因为各种原因，往往会散落在各科室就诊，常见的慢性疾病（如高血压、糖尿病、高脂血症），在各科室都能碰到。例如，近年来大热的GLP-1受体激动剂司美格鲁肽（商品名：诺和泰）最初适应证为"在饮食控制和运动基础上，接受二甲双胍和（或）磺脲类药物治疗血糖仍控制不佳的成人2型糖尿病患者"，处方医生主要为内分泌科医生；后来增加了"降低伴有心血管疾病的成人2型糖尿病患者的主要心血管不良事件（心血管死亡、非致死性心肌梗死或非致死性脑卒中）风险"的适应证，将处方医生拓展到了心血管科医生。

（4）不同医生、不同疾病：在定价、适应证的患者基数和竞争环境等因素都类似的情况下，这种类型的适应证扩展要比其他类别的适应证扩展能带来更大的销售增量。达格列净（商品名：安达唐）的案例就属此类：其最初的适应证是2型糖尿病，后来又获得了心力衰竭和慢性肾病的适应证，大大增加了适用的患者人群。另一个典型案例是度普利尤单抗（商品名：达必妥）在获得特应性皮炎适应证后，又进一步将适应证扩展到了 2 型炎症引起的哮喘和 COPD，业务增长的想象空间大大增加。

新适应证临床开发的周期一般需要数年，因此如果要获得利益最大化，那么就需要在首个适应证获批以前就开始新适应证的临床研究。当然这种激进的策略也有其风险，如首个适应证的临床研究未能证明其疗效，或未能实现销售指标等，都可能对后续适应证的临床和商业前景产生影响。是否从一开始就对多个适应证并行开发，需要考虑以下几个因素的影响：①研究成功的预期概率：需要考虑临床前研究中疗效和安全性的结果是否充分、相同作用机制药物之前的临床研究结果及剂量选择的理由是否充分等。②市场开发的成功概率：需要考虑市场中未被满足需求的程度、目前市场领先者专利过期时间、竞争者的在开发产品线等。③公司现有的资金现状：需要考虑其他在研产品的资金需求、寻求合作方共同开发产品的能力等。

资本实力雄厚的大公司更有可能并行开发多个适应证，而许多初创生物制药企业则不得不集中资源开发最有可能成功的适应证，因为它们往往需要第一个适应证上市后产生的现金流才能完成后续适应证的临床研究。对于小公司而言，如果它们能找到开发的合作方，同样有可能并行开发多个适应证。如果资源确实有限，一个值得推荐的方法是首先保证做完这个分子所能针对的所有适应证的概念验证（proof-of-concept，POC）研究。对于一家小公司而言，一系列概念验证研究的有效结果也能激发潜在合作开发商或买家的兴趣。

在很多情况下，由于一个产品的新临床应用可能在超适应证应用时不断出现，故适应证扩展策略需要在产品生命中不断调整。因此，虽然第一稿的适应证扩展策略在产品生命的早期，即在概念验证研究结束而首个适应证已决定时就设计好，但是随着新的疗效和安全性数据的积累，以及竞争环境和市场监管环境的改变，适应证扩展的策略还必须不断修改和持续迭代。

（二）制剂拓展

给药物增加新剂型是常用的生命周期管理策略，广泛用于成长期、成熟期和衰退期的各种产品。同一活性成分能被制成多种剂型，很多次级专利都是剂型专利，而这些专利通常比其分子实体的专利更晚过期。

大多数剂型改变的目的在于减少服药次数，或者是改变给药途径。随着品牌所处生命周期阶段的不同，品牌药改变剂型的目的也各有不同。

（1）新旧转换：推出改进剂型的目的是转换已不具有竞争力的老剂型，并继而在与同类产品的竞争中扩大市场份额。创新药在最初上市时为了抢占先机，通常会选择低风险的策略，即以一种简单平常的剂型先实现快速上市，典型案例就是公司先将每日2次或3次口服剂型上市，然后再上市每日1次的缓释剂型以解决患者依从性问题。有些时候，新技术难题只有在产品已上市后才能得以解决，并使新剂型上市成为可能。

（2）市场扩张：较早上市的老剂型产品仍然留在市场中，而新剂型则用来扩张该产品能治疗的患者人群。在众多以新的剂型扩大适应证的案例中，眼药和儿科用药剂型最具有典型性。很多类别的药物都被开发成眼药水以治疗各种眼疾，包括抗生素、抗病毒药、抗组胺药、β受体阻滞剂等。而将口服片剂制成糖浆、口服溶液或干混悬剂等就可以用于不能服用片剂的儿童患者。研发儿科药物剂量剂型是获得儿科应用市场独占权所必须的。

虽然研发新剂型仍然是品牌生命周期管理的主要策略，但是随着市场监管环境的变化，这一策略的有效性正在下降，很多在过去成功的策略在未来无法复制。如果将研发新剂型作为防御仿制药的主要策略，其前景不甚乐观。一种"显而易见"的剂型改进现已难以获得专利。即使获得专利，也难以抵御仿制药企业的挑战。新剂型需要有确切证据证明其确有真实且可量化的疗效或安全性方面的优势，这一剂型扩展策略才有可能成功。

（三）开发固定剂量复方制剂

开发复方制剂的策略以前通常都在产品成长期和成熟期执行，然而随着竞争的加剧，这一策略的执行时期也越来越靠前，以期获得更大的回报。目前，在多个治疗领域出现了更多应用两种或两种以上药物联合治疗的趋势。

相比于增加单药治疗的剂量，联合治疗益处良多。第一，不同作用机制的两种或两种以上药物联合治疗，其疗效通常是叠加的，而不良反应则通常不会叠加。在高血压和糖尿病的治疗中，单药治疗往往很难达标，只有合理应用联合治疗方有可能达标。第二，就感染性疾病而言，联合治疗能减少病原体耐药的发生。第三，复方制剂的其中一种成分能够防止另一种成分所导致的不良反应，如阿斯利康公司开发的 Vimovo 就是质子泵抑制剂埃索美拉唑和非甾体抗炎药萘普生的复方制剂，适应证是骨关节炎、类风湿关节炎和强直性脊柱炎，用以缓解症状，其中埃索美拉唑的作用就是降低患者因服用萘普生而导致的消化性溃疡风险。

自由组合的联合治疗的一个缺点是患者要使用两种或两种以上药物，这很容易使患者感到困惑，也容易搞错剂量并使依从性下降。一个典型的患有代谢综合征的患者常常要服用超过 5 种药物，用于控制其血压、血脂、血糖等，每种药每天服用 1～3 次，这样会对患者服药依从性造成很大影响。正因为这个原因，在可能的情况下医生倾向于处方包含两种或两种以上药物的复方制剂以提高患者依从性。

固定剂量复方制剂能为患者带来利益的最佳案例大都发生在发展中国家。治疗艾滋病、疟疾和结核病的固定剂量复方制剂，以及治疗艾滋病的抗逆转录病毒三联疗法都在降低耐药性、改善临床结果，并且在提高物流效率等方面展现了自由组合的联合治疗优势。

展望未来，开发固定剂量复方制剂将会面临越来越大的挑战。首先，简单地将两种治疗同一疾病的药物组成复方制剂可以降低患者用药负担，提升依从性是"显而易见"的。其次，要在临床试验中证明复方制剂不同成分之间的协同效应也并非易事，即使证明了具有协同效应，也只算是"发现"而非"发明"，而发现是不能获得专利保护的。此外，一个固定剂量复方制剂产品要获得商业上的成功，必须要有相当大的患者人群正在使用这些药物，并且在用相同的剂量。最后，在某些情况下，医生需要为每个患者滴定每种药物的最佳剂量，而复方制剂就很难确认最佳剂量。因此，是否开发固定剂量复方制剂，需要企业进行审慎评估。

（四）开发第二代产品

为了充分利用企业在某一治疗领域已建立的优势，公司常常会开发其成功品牌的第二代产品，并在前一产品专利过期之前，或在更有竞争力的竞品上市之后上市第二代产品，这是常见的，也是最重要的生命周期管理策略之一。第二代的产品可能来自对现有产品分子结构的改进和修饰、同分异构体、现有产品的前体和代谢产物等。

1. 结构改进和修饰

诺华研发的伊马替尼（商品名：格列卫）是慢性髓细胞性白血病治疗的里程碑，也是电影《我不是药神》中救命药"格列宁"的原型。伊马替尼能够竞争性地结合酪氨酸激酶 ATP 的位点，从而抑制酶的活性，进而有效地治疗慢性髓细胞性白血病。然而，由于 Bcr-Abl 蛋白激酶域内的点突变，有部分患者在服用伊马替尼 2～3 年后会出现耐药性，导致药效下降。而第二代药物尼洛替尼（商品名：达希纳）是伊马替尼的升级版，通过将伊马替尼结构中 N- 甲基哌嗪改变为三氟甲基和咪唑取代的苯基，增强了分子亲脂性，改善了对酪氨酸激酶的亲和性和空间位置吻合性，将其对酪氨酸激酶的抑制作用提升了 30 倍，可以抑制因伊马替尼产生耐药的 Bcr-Abl 突变型的酶活性，可有效治疗对伊马替尼产生耐药的或不耐受的慢性髓细胞性白血病患者。

2. 同分异构体

阿斯利康公司开发的埃索美拉唑（商品名：耐信）是全球最畅销的质子泵抑制剂，用于治疗十二指肠溃疡、反流性食管炎等疾病。埃索美拉唑就是阿斯利康第一代质子泵抑制剂——奥美拉唑（商品名：洛赛克）的左旋异构体。阿斯利康通过卓有成效的生命周期管理，成功地在"洛赛克"专利过期之前，将患者转换到"耐信"，极大地延续了其在质子泵抑制剂领域的无可争辩的优势。

但今天这条路可能已经不是那么好走了，因为在学术领域已有很多关于分离同分异构体的文章，因此专利审查人通常不会认为简单地分离两种对映体具有"非显而易见性"。只有当对映体难以分离，且只有应用某一独创步骤才能成功分离时，才有可能被授予专利。时至今日，无论是美国 FDA，还是欧洲药品管理局都要求在药品上市申请中附加详细的产品同分异构体特征的描述。因此，消旋混合物获得专利的可能性越来越低，而以分离同分异构体作为生命周期管理策略的重要性也在日渐式微。

3. 前体和代谢产物

药物前体是一种以非活性形式存在的药物，在进入人体后就被转化成具有活性的代谢产物。在以科学方法设计药物的今天，通常都是活性代谢产物首先被发现，然后再通过研究找到能应用到体内的最佳药物前体。

典型案例是吉利德科学公司研制的新型抗乙型肝炎病毒药物丙酚替诺福韦（商品名：韦立得），它是一种新型的替诺福韦亚磷酰胺药物前体，其抗病毒功效类似于之前的替诺福韦酯（商品名：韦瑞德），但剂量仅为后者的 1/10，从而具有更好的肾脏和骨骼安全性。

二、商业化阶段生命周期管理

和研发阶段不同的是，商业化阶段生命周期管理的目的不是改进产品的临床使用范围，而是通过扩大市场准入，提升品牌的价值主张，建立产品差异化竞争优势，从而推动产品在更多合适的患者中应用，在让更多患者临床结局得到改善的同时，获取更大的商业利润和回报。从商业角度来看，一个好产品的生命周期曲线就是销售爬坡要快，峰值要高，维持时间要长，回落的时间尽可能要晚，最终的结果是曲线下面积要足够大。

总体而言，商业运作获得成功有以下3条基本原则：①能够推动广泛而优化的患者处方机会。②能够保护并维持市场准入和产品可及性。③能够提升品牌的利润率。

根据阶段销售收入/利润曲线和工作重点变化，大致可以将商业化阶段生命周期管理划分为上市准备期、导入期、成长期、成熟期、衰退期，下面我们就这5个阶段在生命周期管理中的工作重点展开阐述。

（一）上市准备期

上市准备的好坏直接关系到产品上市后短期和长期的市场表现。研究表明，产品上市第一年的市场表现与其长期的商业表现息息相关。研究发现，上市的最初6个月是一段至关重要的时期，它可以判定超过80%的新品能否获得长期成功。这意味着，如果某新品开局不利，则只有20%或更小的概率能逆转命运，这反映出"上市前"阶段和严谨的上市规划具有至关重要的意义。而随着中国医药政策环境的不断变化，产品的生命周期相对以前更短，上市前准备的重要性日益凸显。

创新药上市准备是一个复杂的系统工程。如前所述，大多数情况下，企业应该在产品获批前2~4年就开始为产品上市做准备，最先建立的是医学团队，其次是市场团队，最后是准入和销售团队。

作为连接研发与商业团队的桥梁，医学团队在新产品上市准备期通常在产品获批前2年左右时间介入，先有1~2位医学顾问，再逐步建立区域MSL团队。在这段时间里，商业部门要么还未建立，要么由于监管要求和合规限制，基本不能从事面对外部客户的工作。从这个意义上说，医学部门是新产品

第十六章 药品生命周期管理

上市的排头兵。在这段时间里,主要工作有以下几项。

(1)深入理解和洞察疾病领域和市场。对疾病和市场的理解、洞察是策略制定的起点,产品的上市策略和计划必须建立在对相关疾病和市场充分理解的基础上。如果公司新进入一个疾病领域,需要对疾病流行病学、发病机制、鉴别诊断、患者就诊流程、治疗现状、现有治疗方案的优缺点、市场竞争态势、疾病诊疗趋势、临床未满足需求等有充分的认识和了解。可以通过文献检索学习、专家拜访、患者和医生调研、临床研究、专家顾问会议、学会合作、社交聆听等方式收集和了解相关信息和医学洞察。通过对所获取信息的深入分析,逐步加深对疾病和市场的认知,并提炼出对公司策略和行动有价值、有影响的医学洞察。

(2)制定和执行上市医学策略和活动计划,重点是数据生成和医学沟通计划。通过对市场的洞察和分析,结合公司内外部影响因素,针对性地制定上市医学策略和活动计划,其中最重要的是有关数据生成和医学沟通的计划。2019年8月26日全国人民代表大会常务委员会通过的新版《中华人民共和国药品管理法》规定:"对正在开展临床试验的用于治疗严重危及生命且尚无有效治疗手段的疾病药物,经医学观察可能获益,并且符合伦理原则的,经审查、知情同意后可以在开展临床试验的机构内用于其他病情相同的患者""医疗机构因临床急需进口少量药品的,经国务院药品监督管理部门或者国务院授权的省、自治区、直辖市人民政府批准,可以进口。进口的药品应当在指定医疗机构内用于特定医疗目的"。这些规定为同情用药和早期准入项目提供了一定空间,也为产品在上市前积累用药经验和生成真实世界数据提供了一定可能性。与此同时,海南博鳌乐城国际医疗旅游先行区和粤港澳大湾区的特殊政策也为创新药企业,尤其是外资企业开辟了一条早期准入的可能道路。通过早期准入项目(early access program,EAP),可以提前积累用药经验和真实世界数据,做好了还有可能促进药品的注册审批。

(3)支持研发和产品注册工作。主要包括3个部分:第一,在行业规范和公司 SOP 范围内支持临床试验开展，包括但不限于研究中心和研究者推荐、参与研究方案讨论、参与项目启动会、促进患者入组等；第二，参与和药政部门（如国家药品监督管理局药品审评中心）的沟通和交流；第三，参与产品说明书的起草和审核。

（4）建立专家名单，完善专家档案。KOL 是医学事务部门最主要的客户和服务对象，对相关疾病的诊疗路径和其他医生的临床诊治行为有着很大的影响力，是对产品上市成败起关键性作用的一个特殊群体。尽早识别出该领域不同级别重要专家，收集相关信息，了解学术需求，完善专家档案，是开展医学活动的基础。

（5）塑造市场，提高公司和产品在疾病领域的知晓率和关注度。医学团队建立后，需要组织一系列的医学教育活动，提高公司和产品在疾病领域的知晓率和关注度，在产品上市前营造众人"翘首以待"的氛围。初期的教育以疾病领域进展和作用机制为主，临近上市时沟通和教育重点转向作用机制和已发表的临床研究数据。如果能在产品获批前就将产品纳入治疗指南、临床路径或专家共识，对于上市后的市场准入和学术推广都会有很大的帮助。

（6）为跨部门团队提供疾病和产品知识培训。医学事务部立足于科学和学术，早于商业和准入等团队建立，是公司内部的"知识管家"。建立疾病和产品知识库，为跨部门同事提供疾病和产品知识培训，是医学事务团队在上市准备期的重要工作之一。

市场部上市负责人通常与医学团队上市负责人同时到位，或稍晚到位，有些时候就是直接从 NPP 团队转岗过来的，可以直接上手，无缝衔接。对于市场部来说，最主要的就是要厘清"Where we are""Where to play""How to win"这 3 个重要问题。

① Where we are，就是通过对政策环境、疾病和产品、市场竞争、团队和资源等要素的深入分析，明确公司和即将上市的产品优势、劣势、机会和威

胁，做到知己知彼，并在此基础上制定上市的商业目标。

② Where to play，就是要在全面的市场分析前提下，进一步明确目标市场（目标城市、目标医院、目标医生、目标患者等）选择、差异化品牌定位、客户观念和行为转换目标及客户购买的理由。这是一个关于选择的科学和艺术。

③ How to win，就是通过一系列的营销、促销组合（promotion mix）将产品的市场定位和关键信息植入客户心智。由于合规的限制，市场部在此阶段真正能举办的活动很有限，更多的是为产品上市后如何做到"一炮而红"做准备。

对于市场准入团队来说，如何为即将上市的产品制定一个合适的价格，是一件很不容易的事情，既要保证企业利润，又要具有市场竞争力，还要为将来的医保谈判留下一定的价格空间。由于从产品获批到医保谈判的时间窗变得越来越短，提前准备有关疾病负担、药物经济学、预算影响分析的证据也是必不可少的。除此之外，是否开展及如何开展创新支付方案、患者援助项目，都需要提早规划，提前准备。

除了上述事务，上市准备期间还有一个非常重要的任务就是产品生产和供应的保障，这需要生产、质量控制、包装部门与注册、市场、医学等团队紧密合作，保证产品一旦获批，就能在第一时间生产产品并配送到各地市场。

精准治疗已成为疾病诊治的重要模式，越来越多产品的诊断或治疗与基因或生物标志物的检测相关。如果企业研发的新产品也属于这一类，则需要评估相关诊断技术的市场可及性。如果相关伴随诊断的可及性不足，则需要与相关研发、生产伴随诊断的企业进行合作，共同开发和推广相关检测方法，确保其不会成为产品上市后推广的阻碍。

（二）导入期与成长期

传统上讲，市场导入期指产品刚刚获批进入市场，处于销售缓慢启动、成长的时期。而成长期是指药品快速提升市场销售额、产品被市场迅速接受的时期。随着中国医药市场环境的演变，尤其是仿制药一致性评价和国家药品集中采购的推进,以及医保动态调整和价格谈判机制的建立,欧美市场"专利悬崖"现象已在中国市场同步显现,所以现在必须"开场即冲刺",一旦产品获批,就需要全力开动创新药市场营销的"四驾马车",快速推进产品准入和推动销售金额的指数级增长,以期获得更陡的销售增长曲线,在更短的时间内达到销售峰值,故在此将市场导入期与成长期合并。在此期间的主要任务包括以下几项。

1. 快速推进产品市场准入

主要包括医院列名和渠道准入、医保准入和创新支付等。医院列名是创新药准入的关键一环,但往往存在准入周期长、进院难度大等挑战。所以,在产品刚刚获得上市批准时,企业可以将DTP药房作为最主要的渠道快速切入,覆盖最主要的市场。目前国内主流的DTP药房主要可分为3类:一是大型国资医药流通企业背景的,如上海医药下属康德乐DTP药房/云健康药房、国药控股下属国大药房等;二是区域性连锁与民营连锁药房,如老百姓大药房、益丰大药房、一心堂、大参林等;三是医疗大数据公司背景的,如圆心科技下属妙手圆心药房、思派健康科技下属的思派大药房、零氪科技下属的邻客智慧药房等。

当前医保药品目录已建立每年常态化调整更新机制,医保价格谈判是医保准入最主要的手段。一旦医保准入成功,便要充分利用医保落地执行这个机会,让产品进入到更多的医院,同时要加强产品在医保双通道的另一通道——医保定点药房的布局。在尚未进行医保谈判或医保谈判失败时,则往往需要制定创新支付方案,减轻患者经济负担,提升产品可及性和市场竞争力。

2. 精准营销,快速扩展用药人群

在产品的市场导入期和成长期,企业应该优先将精力和资源聚焦在最有价值、最具影响力的客户身上。通常来说,第一批产品用户往往是参加三期临床试验的研究者,企业应该充分发挥他们的影响力,创造机会让这些研究者分享成功案例,影响其他处方医生。

此外,企业还要针对目标客户开展全渠道精准营销,从3C:customer(客户)、content(内容)、channel(渠道)角度设计学术推广的医学教育项目,将最恰当的内容,通过最恰当的渠道,在最恰当的时间,推送给最恰当的客户。在合规前提下,企业可以通过各种渠道(销售拜访、学术会议等)和技术手段(信息采集、数据分析和挖掘等)倾听目标医生、患者和潜在目标医生、患者的心声,挖掘有价值的商业洞察,如医生画像、患者画像、市场概览、竞品分析等,从而助力企业制定高效的市场营销战略。还通过社交媒体聆听可以对市场容量、经济能力、文化差异、医生偏好和患者偏好进行分析,制定更契合市场的推广策略。

3. 积极挖掘真实世界证据,打造产品证据链

如果说三期临床试验是理想世界,产品获批上市则意味着它来到了纷繁复杂的真实世界。一个产品从获批上市到广泛临床应用,需要跨越高低不同的许多门槛:产品在真实世界中的有效性和安全性如何?医生和患者的实际行为表现与我们想象的一致吗?有人种和地区差异吗?在特殊人群中的疗效、安全性如何?通过什么方式筛选优势人群?患者依从性怎么样?要回答这些临床问题,就需要生成真实世界证据。因此,企业制定贯穿产品全生命周期的证据生成策略非常重要(图16-2)。

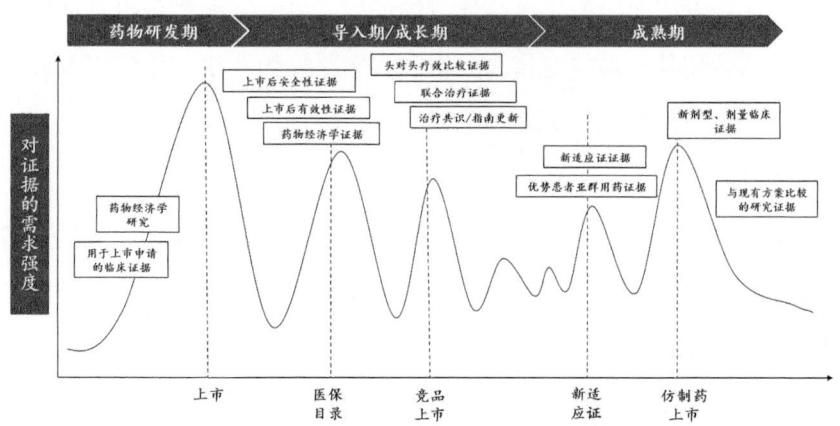

图16-2 不同生命周期对循证证据的需求

近年来,真实世界证据越来越受到重视。真实世界证据的应用非常广泛,既可用于支持药物研发与监管决策,也可用于其他科学目的,如不以注册为目的的临床决策等。就制药企业层面看,围绕药品生命的全周期,在研发、上市后安全性再评价、卫生经济学、市场准入、营销推广、精准医疗及药品的适应证扩展等诸多方面都有真实世界数据的应用需求。与此同时,数据挖掘和证据生成也是与客户,尤其是KOL建立合作的一种很有效的方式,是一种双赢的选择。

生成真实世界证据有很多方式,如企业发起的上市后研究、研究者发起的研究、回顾性数据分析、患者登记、患者报告结局等。企业可以根据产品的证据缺口、策略和资源,选择最合适、高效的证据生成方式。

4. 推动产品纳入临床实践指南、临床路径、专家共识

随着中国医药市场日趋规范,临床实践指南、临床路径、专家共识等对医生临床诊疗行为的影响越来越大。此外,临床决策支持系统(clinical decision support system,CDSS)在越来越多的医院部署和应用,且伴随DRG/DIP在医院的落地执行,医生的处方灵活度将受到一定程度的限制。一种创新药如果无法被纳入指南和临床路径,将对其市场推广和临床使用造成很大的阻碍。

循证证据是产品是否能被纳入临床实践指南、临床路径、专家共识的关键。制药企业一方面要生产更多高质量的证据;另一方面要积极将证据传播给更多的客户,尤其是参与制定指南共识和临床路径的专家,让他们充分了解公司产品的临床研究证据和对患者的价值。

(三)成熟期

成熟期是指药品大批量生产,市场已达到饱和状态,处于竞争最激烈的时期。为了对抗竞争,维持药品的地位,营销费用日益增加,利润稳定或下降。在此期间的主要任务如下。

1. 加强市场的覆盖和渗透

随着分级诊疗制度的逐步推进,基层医药市场增长迅速。在成熟期,企业应适当扩面下沉，开辟新市场，从一、二线城市拓展到三、四线城市，从城市拓展到县城，从三甲医院拓展到社区卫生服务中心，将产品覆盖更多的城市和医院、医生和患者。除此之外，医药电商、互联网医院等院外途径扩展迅速，也应当密切关注，积极布局。

2. 打造生态圈和价值链

当前的医药市场竞争已经不是一种产品和另一种产品之间的竞争，而是一套全流程疾病管理方案和另一套疾病管理方案之间的竞争。企业思维应当超越产品本身（beyond the pill），"以患者为中心"，与行业学/协会、疾病诊断公司、患者组织、数字化医疗企业等利益相关者打造疾病管理生态圈。只有这样，方能提升竞争壁垒。

3. 品牌差异化

绝大多数情况下，产品都会面临一定的市场竞争，成熟期的竞争更是处于白热化阶段。市场竞争可能表现为相同作用机制的同品类竞争，也可能表现为不同机制品类药物之间的竞争。品牌差异化的根本在于疾病诊治理念及相关循证医学证据，以及市场推广手段，其基础在于品牌定位、市场策略和关键信息。

品牌差异化的方法很多，以循证医学证据为例，通常可以表现为以下几种形式：①人无我有：在兼顾效率与风险的前提下，在试验设计时纳入更多的对照组或更多不同疾病状态的患者就是一种有效的品牌差异化手段。②人少我多：不仅有全球数据，也有中国数据；不仅有多中心数据，也有单中心数据。③人多我专：在整体证据不占优势的情形下，在局部亚组人群或某些优势人群具有压倒性数量的证据。④人专我奇：不仅有临床疗效和安全性数据，还有卫生经济学数据、PRO 数据、患者依从性数据等。

4. 通过全渠道营销提升资源配置效率

全渠道营销的目标是通过采集线上线下所有与客户有接触的数据点，形成完整的客户画像和洞察，以及基于多维数据的大数据人工智能推荐引擎。基于大数据的全渠道营销，医药企业能在正确的时间（客户偏好的时间）、正确的渠道（客户偏好的渠道）将正确的内容或解决方案提供给正确的客户（精准的客户），让客户拥有更好的体验。区域销售人员和 MSL 能够利用公司提供的工具 360° 洞察客户，了解其未满足的需求，获取与客户互动的建议，并实时发挥公司平台能力，为客户提供服务。不同管理层也能够获取营销与销售活动实时进展情况，更好地调整策略并辅导团队，提升资源配置和营销效率。

（四）衰退期

随着产品专利到期，仿制药陆续上市，尤其是集中招标、大量采购，都难免使得产品的销售金额急速下降，遭遇"专利悬崖"。与此同时，随着科学技术的发展和进步，疾病诊疗模式发生变化，新产品或新的代用产品终将出现，将使顾客的消费习惯发生改变，转向其他产品，从而使原来产品的销售额和利润迅速下降。于是，产品又进入了衰退期。在产品衰退期间的主要任务如下。

1. 聚焦优势市场／患者细分

随着科学技术的进步，新的药物、新的治疗方法一定会层出不穷，治疗药物也必然会更新换代。作为处在衰退期的一个产品，寻找特殊的优势人群就变得特别重要。通常在新药的临床试验中，不太可能包含一些特殊人群，如老年或儿童患者、肝肾功能不全患者、伴有合并症的患者等，这些特殊人群的证据往往需要在长期临床应用和真实世界研究中获得，而这恰恰是成熟产品的优势。医生对成熟产品的使用具有丰富的经验，只要选择合适的市场和细分人群，不断强化产品在特殊人群中的证据和优势，尽可能维持医生和患者的忠诚度。

2. 整合进新治疗趋势

不少成熟产品之所以能够长期保持它的生命力，是因为它能够不断整合进新的治疗趋势和科学前沿进展，不少肿瘤化疗药物都因为和免疫治疗的联合进一步延长了其生命周期。更典型的案例是两个经久不衰的著名神药——二甲双胍和阿司匹林，每隔一段时间就会有新的研究和数据发现其新的机制和用途。

常用的方式包括与最新治疗手段的联合、序贯等。

3. 数字化医学沟通

作为一个处在衰退期的成熟产品，人力推广和沟通的成本显然是不可取的，网络推广、线上会议、虚拟代表、AI智能助手等数字化沟通将会是主要的市场推广和医学教育模式。

4. 创新业务模式

如转战院外市场，因为院外市场受招标、集中采购、医保的影响较小，可利用空间更大，尤其是对于有明显品牌优势的产品，在院外市场拓展的机会更加明显。一方面，拓展院外药品销售渠道，包括线下布局DTP药房渠道，线上布局医药电商平台、互联网医院等渠道；另一方面，转变经营模式，重心从医生逐步转向患者，拓展健康产业生态，如互联网医疗平台，在医生端和患者端做出优势，抵消在药品研发领域的劣势。

除此之外，将产品外包给大型商业流通企业或专业CSO，将企业精力聚焦于更有价值的创新产品，也不失为一种顺势而为的选择。

5. 转为非处方药

这一策略主要针对那些能够自我检测、自我诊断及自我治疗的疾病，并不适合所有类别的药物。最常见的药物类别包括止痛药、抗过敏药，以及治疗消化道疾病（如反酸、烧心、腹泻、便秘等）的药物。典型药物如法莫替丁、双氯芬酸、奥美拉唑等。

在PLC到达最后阶段时，持有人最决绝的决策便是退出市场，有些类似人生的告别，但在完全退出市场时保证既往用药患者能继续获得药品以体现企业负责的态度。如果能通过仿制药或同类产品获得替换用药，则社会影响较小。当无其他用药选择时，通常可以采用"具名患者项目"（name patient program，NPP），为确需患者生产、协调供应链和物流，向其提供撤出市场的药品。

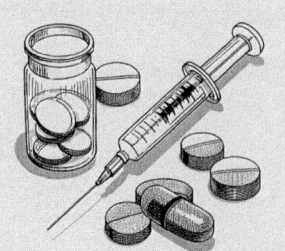

第十七章
药物安全与药物警戒

药物安全与药物警戒关系到千家万户的健康。它是以保护人类的生命安全为宗旨,以法律法规及各相关部门一系列的指导文件为理论基础,目标是通过研究药品上市前后人体的不良反应,以及收集、监测、研究和评估这些不良反应,进而考虑如何控制和降低给患者带来的风险,使药物对患者的效益大于风险。

整体来说,药物安全与药物警戒体系由政府部门监管,由药品上市许可持有人和药品注册申请人负责执行,并由临床医务人员、流行病学家、科研人员、市场销售人员及患者等共同参与。

2019年12月新修订的《中华人民共和国药品管理法》正式将药物警戒纳入法律,提出国家建立药物警戒制度,对药品不良反应及其他与用药有关的有害反应进行监测、识别、评估和控制,明确上市许可持有人需承担药物警戒职责。为了进一步落实《中华人民共和国药品管理法》关于建立药物警戒制度的要求,2021年5月,国家药品监督管理局发布了《药物警戒质量管理规范》(good pharmacovigilance practice,GVP),并于2021年12月1日正式施行。

一、药物警戒概述

(一)药物警戒定义及内涵

Pharmacovigilance源于古希腊语pharmko(意为药物)及拉丁词vigilare(意为警戒)。1974年,Pharmacovigilance的提法在法国问世,简称PV,通常

被译为"药物警戒"。

药物警戒概念自提出以来,其定义和内涵一直在演变和发展。2002年,WHO将药物警戒定义为"发现、评估、理解与防范不良反应或任何其他可能与药物相关问题的科学与活动。"

国家药品监督管理局在2021年5月发布的《药物警戒质量管理规范》指明,药物警戒活动是指对药品不良反应及其他与用药有关的有害反应进行监测、识别、评估和控制的活动。从这个定义可以知道,药物警戒的工作内容包括药物有害反应的监测、识别、评估和控制4个方面。

(1)监测是指发现药物全生命周期中出现的所有与用药有关的风险,也包括药物不良反应。

(2)识别是指辨认风险信号并鉴别有害反应的类型。

(3)评估是指对药物有害反应进行监测、识别之后,对损害的程度进行评估并开展风险/获益评价。

(4)控制是药物警戒的核心内容,是指针对经过风险识别、风险评估后的风险问题采取措施或策略。

从这个定义也可以看出,药物警戒不仅是指药物在正常使用情况下出现的有害反应,同时还包括药物治疗错误、药物滥用、使用伪劣药等所有其他药物相关的安全问题,是对药物应用于人体后不良反应及任何涉及用药问题和意外(包括用药错误、药物治疗等)的发现,对其因果关系的探讨,对药物应用安全性的全面分析评价(图17-1)。

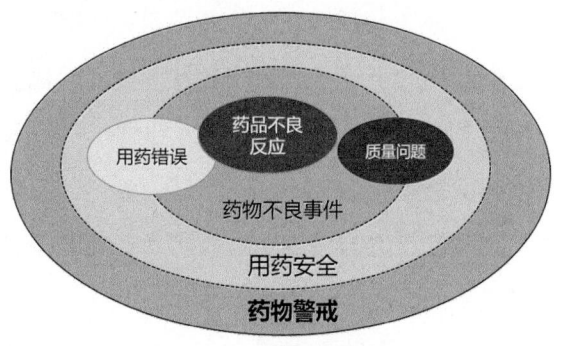

图17-1 药物警戒范围

（二）药物警戒常用术语

（1）不良事件（adverse event，AE）：任何发生在患者或临床试验受试者身上的，服用药物后所产生的不愉快/不幸事件。这种事件不一定和药物的使用有因果关系。

（2）药物不良反应（adverse drug reaction，ADR）：①处于研发阶段、未上市的药物：试验药物所产生的有害的、非预期的反应；这种不良反应与医疗产品和事件之间有一定的因果关系或至少不能排除这种因果关系。②上市后的产品：合格药物在正常用法用量下发生的和用药目的无关的有害反应。

（3）严重不良事件（serious adverse event，SAE）：在任何剂量下出现并造成下列后果之一的事件：①导致死亡；②危及生命；③永久或严重的残疾或功能丧失；④需要住院治疗或延长住院时间；⑤导致先天异常或出生缺陷；⑥这个事件被认为是另一种重要的医学事件，重要的医学事件不一定会造成死亡、危及生命或需住院治疗，但它可以对患者或受试者造成危害，使他们需要医疗手段（甚至手术）干预以终止这个事件、防止这类事件再次发生。例如，一个患者在服药后发生过敏性支气管痉挛，在急诊室治疗后得到缓解，患者没有生命危险也不需要住院治疗，但这是一起严重不良事件。

（4）可疑且非预期严重不良反应（suspected unexpected serious adverse reaction，SUSAR）：临床表现的性质和严重程度超出了试验药物研究者手册、已上市药物的说明书或者产品特性摘要等已有资料信息的SUSAR。

（5）因果关系（causality）：原因与结果之间，或规律性的相关事件或现象之间的关系。在药物警戒领域，确认因果关系是要判断一种药物是否引发某种不良反应产生的可能性。在判断药物和不良反应因果关系的同时也要对这种因果关系的程度做出判断。

（6）安全信号（safety signal）：有一个或多个来源的，提示药物与事件之间可能存在新的关联性或已知关联性出现变化，且有必要开展进一步评估的信息。

二、药物警戒组织机构设置

企业的药物警戒组织机构主要包括药品安全委员会和药物警戒部门。

（一）药品安全委员会

在 GVP 中明确提出，药物警戒体系架构中需要建立药品安全委员会。药品安全委员会应是企业药品安全事件处理的最高决策机构，在发生重大药品安全事件时，药品安全委员会应有足够的权力调动各方人员和资源进行快速应对和处理。将决策权交给药品安全委员会，有利于科学决策。

药品安全委员会最高领导人由法定代表人或者主要负责人担任。以此为核心，向外涵盖药物警戒部门负责人及其他相关部门的负责人，包括但不局限于研发、注册、生产、质量、检验、医学、销售、市场等部门负责人。药品安全委员会的所有人员，应是部门、职能的负责人，从而保证各业务团队的观点得以体现。另外，可增加相关领域的专家，以确保在进行重大决策时，研判能够从不同的专业、科学的角度，对患者和业务的影响进行评估，确保药品安全委员会做出及时、有效、准确的决策。

药品安全委员会是负责统筹协调各部门以保障药品安全、落实药物警戒制度等工作的组织，可以确保各部门之间的协同配合，共同维护人民群众用药安全。药品安全委员会的主要职责是负责商议和决策重大药品安全性事件评估、获益—风险评估、风险控制、风险管理及其他药物警戒重大事项；建立相关事项的处理机制和工作程序并依照执行；建立委员会档案并记录相关事项的处理过程等。

（二）药物警戒部门

在 GVP 中明确提出，制药企业应设置专门的药物警戒部门，明确药物警戒部门与其他相关部门的职责，建立良好的沟通和协调机制，保障药物警戒活动的顺利开展。

药物警戒部门是企业专门负责药物警戒活动的部门,其主要职责是以药物警戒体系为支撑点,以风险管理为目标,落实药物警戒制度,主要包括以下几项:①疑似药品不良反应信息的收集、处置与报告。②识别和评估药品风险,提出风险管理建议,组织或参与开展风险控制、风险沟通等活动。③组织撰写药物警戒体系主文件、定期安全性更新报告、药物警戒计划等。④组织或参与开展药品上市后安全性研究。⑤组织或协助开展药物警戒相关的交流、教育和培训。⑥其他与药物警戒相关的工作。

为完成药物警戒工作,药物警戒部门必须建立和完善相应的工作流程,并按照制定的工作流程开展药物警戒工作。药物警戒部门应规范记录药物警戒相关的各项活动,并确保记录及时、真实、完整、准确、有效和可溯源。相关的记录应妥善存档,对于收到的不良反应报告等原始资料,应以安全的方式进行无限期保存。

此外,药物警戒部门还需要配备相应的药物警戒数据库系统,具体包括:利用 ICH 开发的监管活动医学词典(Medical Dictionary for Regulatory Activities,MedDRA)对不良反应进行编码,以及利用 WHO 乌普萨拉监测中心(UMC)开发的 WHO 药物词典(WHO Drug Dictionary,WHO-DD)对报告中的可疑药物和伴随用药等进行编码。

具体来说,药物警戒部门的工作主要分为 3 大块:PV 运营、PV 医学和 PV 合规。

(1)PV 运营:主要负责数据收集和报告递交,包括以下几项:①收集、录入和递交不良事件报告(adverse event report,AER),包括从各种渠道(如临床试验、自发报告等)收集的个例安全性报告,个例安全性报告内容应当完整、规范、准确,至少包含可识别的患者、可识别的报告者、怀疑药品和药品不良反应的相关信息。②建立数据库,并按时限向药品监督管理部门提交定期安全性更新报告,主要包括研发期间安全性更新报告和定期安全性更新报告。

③进行数据录入、质量控制和医学编码等工作。

（2）PV医学：主要负责医学评价和风险控制，包括对PV运营人员处理好的不良事件报告进行医学评价、对个例报告和汇总报告的医学评估。PV医学人员需要具备较强的医学背景知识，以便对不良事件进行准确的因果关系分析和严重性评估。除此之外，PV医学的工作内容还包括信号检测和风险控制，通过提醒、限制处方等措施减少不良反应，促进合理用药。

（3）PV合规：主要负责确保所有PV活动符合法规要求并进行质量监控，侧重于确保公司执行的药物警戒活动符合法律法规和内部SOP，包括培训、流程建立与完善、合规指标监测、稽查和核查。PV合规人员需要对PV各项任务的法规非常熟悉，并且有过实操经验，才能有效开展工作。PV合规还涉及建立质量体系、执行内审，以及纠正措施和预防措施（corrective action & preventive action，CAPA）等。

三、临床试验期间药物警戒

新药在上市之前往往要进行严格的动物实验和临床试验。动物实验运用体外和体内实验手段，以药物代谢动力学、动物毒理学等研究方法来观察药物对实验动物各个系统的作用和不良反应，探索和建议药物用于人体的剂量和安全范围。动物实验虽然给临床用药提供了很好的借鉴，但由于种属的差异，人类与动物（即使是灵长类）对药物的反应不尽相同。因此仍不足以预测此药用于人类的安全性。

GVP中明确要求：与注册相关的药物临床试验期间，申办者应当积极与临床试验机构等相关方合作，严格落实安全风险管理的主体责任。申办者应当建立药物警戒体系，全面收集安全性信息并开展风险监测、识别、评估和控制，及时发现存在的安全性问题，主动采取必要的风险控制措施，并评估风险控制措施的有效性，确保风险最小化，切实保护好受试者安全。

临床试验期间的药物警戒是药物研发的一个重要环节，旨在确保药物的安全性并预防可能的不良事件。在临床试验期间，药物警戒特指对试验药物的安全性进行监测、识别、评估与控制，以确保受试者（即参与临床试验的志愿者或患者）的安全和权益得到保障。临床试验期间药物警戒作用主要体现在以下几个方面：①安全性监测：有利于开展药物临床试验的药品注册申请人（申办者）、临床试验机构和国家药品审评机构之间建立良好的沟通机制，监测试验药物可能产生的不良反应或任何与药物相关的安全性问题。②早期风险识别：通过分析安全性监测数据，可以尽早识别与试验药物相关的潜在风险。这有助于在试验过程中及时采取风险控制措施，减少受试者受到不必要伤害的可能性，避免风险扩大化，确保试验的顺利进行。③潜在风险评估：通过对试验药物的安全性数据进行收集、分析和评估，研究人员可以了解药物的潜在风险和局限性，及时发现潜在的安全性问题，为申办者、临床试验机构和国家药品审评机构提供决策依据。④风险控制：针对发现的安全性问题，采取必要的风险控制措施，如是否继续试验、修改试验方案、限制药物使用或采取其他措施，以降低受试者和其他人群的风险。

临床试验期间的药物警戒对确保药物安全性和受试者权益起着至关重要的作用，结合 GVP 和 GCP 等要求，开展临床试验期间的药物警戒活动主要包括以下 3 类。

（1）建立收集、整理的系统和流程，确保向公司报告的所有可疑药物不良反应的信息易于收集和整理。

（2）及时向监管机构提交相关报告：①快速报告：申办者应在规定时限内及时向国家药品审评机构提交 SUSAR 个例报告。对于致死或危及生命的 SUSAR，申办者应在首次获知后尽快报告，不得超过 7 日，并在首次报告后的 8 日内提交尽可能完善的随访报告。②DSUR：DSUR 是临床试验药物警戒活动的重要组成部分，是对研发期间药物安全性信息展开周期性汇总、分析的文件。递交 DSUR 的主要作用是对报告周期内收集到的与在研药物（无论上市与否）相关的安全性信息进行全面深入的年度回顾和评估。申请人在开展临床试验后，应当定期向国家药品监督管理局药品审评中心提交研发期间安全性更新报告。对于已获上市批准后仍在进行临床研发的药物，DSUR 也应该包含上市后研究的相关信息。另外，DSUR 主要侧重于关注试验药物，但当对照药与临床试验受试者安全相关时，也需提供对照药的信息。

（3）持续的安全监控：包括信号检测、问题评估、更新研究者手册及与监管机构保持联系等。对于药物临床试验期间出现的安全性问题，申办者应当及时将相关风险及风险控制措施报告国家药品审评机构。鼓励申办者、临床试验机构与国家药品审评机构积极进行沟通交流。

需要非常明确的是，申办者为临床试验期间药物警戒责任主体，如果因工作需要委托受托方（如 CRO）开展药物警戒活动的，相应法律责任仍由申办者承担。

四、上市后药物警戒

临床试验是新药上市前用于人体的试验。参加临床试验的受试者都是经过严格筛选的，具有严格的入排标准。根据临床试验的不同阶段，参加临床试验的受试者人数可能是几个、几十个、几百个、几千个。即便如此，研究者对于新药对人体可能产生的不良反应的认识，也仅仅局限于这个群体。

当药物获批上市进入市场后，服药人群增至几十万甚至上百万，这些人的身体状况、病史、生活习惯等更是千差万别。各种服药后的不良反应及这种新药与其他药物的相互作用纷至沓来，严重的甚至会危及生命。因此，新药被批准上市并不意味着这种药物是绝对安全的。相反，新药的上市是药物安全与药物警戒一个新的里程碑，并对药物安全与药物警戒提出了更高的要求。

因此，对已上市的新药，我们必须密切监测不良反应的发生，及时将新的不良反应、安全信号进行汇总、分析，发现其规律性。同时，要通过各种方式将这些信息传递给医生、科研人员、药师、其他有关的医务工作者和患者，并运用各种手段（如及时更新药品说明书，对医生、药师进行定期培训等）降低风险。这种药物安全与药物警戒的工作应贯穿药物生命周期的全过程。

（一）常规上市后药物警戒

对所有药物产品都应当进行常规的上市后药物警戒，主要包括以下内容。

1. 建立药物不良反应信息收集、整理系统和流程，确保向公司报告所有可疑药物不良反应/事件的信息

药品不良反应信息的收集是药品不良反应监测工作的基础，关系着企业药品不良反应工作开展的质量，是企业药物警戒活动中信息监测与报告工作的源头。持有人对于药品上市后安全性信息的收集应具有主动性，尽可能通过更多的途径、来源和形式收集疑似药品不良反应信息，建立并不断完善信息收集途径。建立主动、全面、有效的疑似药品不良反应信息收集途径，有助于企业科学地开展产品风险获益评估和合理地制定风险控制措施。

（1）信息收集范围：药品上市后监测，需要收集药品使用过程中的疑似药品不良反应信息，即患者使用药品时出现的怀疑与药品存在相关性的有害反应，其中包括正常用法用量下与用药目的无关的不良反应，可能因药品质量问题引起的有害反应，可能与超适应证用药、超剂量用药等相关的有害反应，禁忌证用药、妊娠及哺乳期暴露、药物无效、药物相互作用等和用药有关的有害反应也在信息收集范围内。在信息收集过程中，对于不能确定有害反应是否与药品存在相关性的信息，应该按照"可疑即报"的原则进行收集，并提交给药物警戒部门，由药物警戒人员进行评价和处置。

在收集疑似药品不良反应信息时，需要注意收集的内容：患者信息，明确患者姓名、性别、年龄、出生日期及其他识别代码，尤其是年龄，可区分青少年、成年、老年等不同年龄组；报告者信息，提供病例资料的初始报告人或为获得病例资料而联系的相关人员，可收集有效的电子邮箱或者其他联系方式；药品信息，需了解涉及的一种或多种怀疑药品的信息；不良反应信息，怀疑与用药可能相关和可能不相关的有害反应信息均应收集。对于境内外均上市的药品，持有人应当收集在境外发生的疑似药品不良反应信息。

（2）信息收集渠道：GVP要求，持有人应当建立有效、畅通的疑似药品不良反应信息收集途径。药品上市后，疑似药品不良反应信息的收集途径包括以下几项：①自发报告：主要来源于医疗机构、患者/消费者、生产/经营企业、学术文献检索和相关网站、数字或社交媒体等。②主动收集：主要是上市后相关研究，如上市后观察项目、真实世界研究项目等。③反馈数据，主要源于监管机构、国家药品不良反应监测系统的反馈等。

2. 及时向监管机构提交相关报告

（1）个例药品不良反应报告：持有人应当按照"可疑即报"的原则，直接通过国家药品不良反应监测系统报告从各种渠道收集药品不良反应。

①报告4个要素：如果个例药品不良反应报告中的信息暂时无法完整获取，则应首先满足4个基本要素信息，即可识别的报告者、可识别的患者、怀疑药物、药品不良反应描述，否则将被视为无效报告。

②提交时限：报告时限以持有人首次获知该个例不良反应发生时开始计时，记为第0天。其中文献报告的第0天为持有人检索到该文献的日期；反馈报告的第0天为持有人直报系统反馈的日期；境外报告的第0天为持有人境外相关方获知的日期。

境内严重不良反应在15个日历日内（包括法定休息日在内的连续15天）报告，其中死亡病例应立即报告；其他不良反应在30个日历日内报告。境外严重不良反应在15个日历日内报告。

③报告类别：分为首次报告和随访报告。首次报告为持有人第一次在报告系统中提交的个例药品不良反应报告，随访报告也称跟踪报告，是指首次报告

以后，获悉其他与该报告相关的包含随访信息的报告。

（2）定期安全性更新报告：定期安全性更新报告旨在对已上市药品的不良反应报告和监测资料进行定期汇总分析，汇总国内外安全性信息，进行风险和效益评估。根据 GVP 要求，定期安全性更新报告应当以持有人在报告期内开展的工作为基础进行撰写，对收集到的安全性信息进行全面深入的回顾、汇总和分析，格式和内容应当符合药品定期安全性更新报告撰写规范的要求。

定期安全性更新报告的数据汇总时间以首次取得药品批准证明文件的日期为起点计，也可以是该药物在全球范围内首次获得上市批准日期（即国际诞生日）为起点计。定期安全性更新报告数据覆盖期应当保持完整性和连续性。

创新药和改良型新药应当自取得批准证明文件之日起每满 1 年提交 1 次定期安全性更新报告，直至首次再注册，之后每 5 年报告 1 次。

对定期安全性更新报告的审核意见，持有人应当及时处理并予以回应；其中针对特定安全性问题的分析评估要求，除按药品监督管理部门或药品不良反应监测机构要求单独提交外，还应当在下 1 次的定期安全性更新报告中进行分析评价。

3. 对已批准产品持续进行安全监控

主要包括信号检测、问题评估、更新标签及与监管机构保持联系。

（二）上市后安全性研究

药品批准上市前的各期临床试验虽然已在较大程度上检测了患者的用药安全，但上市前研究受到很多因素的制约，无法对特殊人群、特殊病种和长期用药安全性等真实临床情境提供充分依据。因此，需要开展药品上市后阶段的安全性研究，对药品上市前临床试验证据起到进一步补充和扩展的作用。

《药品注册管理办法》明确指出，持有人应当主动开展药品上市后研究，对药品的安全性、有效性和质量可控性进行进一步确证，加强对已上市药品的持续管理。药品批准上市后，持有人应当持续开展药品安全性和有效性研究，根据有关数据及时备案或者提出修订说明书的补充申请，不断更新完善说明书和标签。

GVP 也明确提出，持有人应当根据药品风险情况主动开展药品上市后安全性研究，或按照省级及以上药品监督管理部门的要求开展。药品上市后安全性研究及其活动不得以产品推广为目的。

综合来看，开展药品上市后安全性研究的目的包括但不限于以下几项。

（1）量化并分析潜在的或已识别的风险及其影响因素（如描述发生率、严重程度、风险因素等）。

（2）评估药品在安全信息有限或缺失人群中使用的安全性（如孕妇、特定年龄段、肾功能不全、肝功能不全等人群）。

（3）评估长期用药的安全性。

（4）评估风险控制措施的有效性。

（5）提供药品不存在相关风险的证据。

（6）评估药物使用模式（如超适应证使用、超剂量使用、合并用药或用药错误）。

（7）评估可能与药品使用有关的其他安全性问题。药品上市后安全性研究一般是非干预性研究，也可以是干预性研究。在研究开始前，持有人应当根据研究目的、药品风险特征、临床使用情况等选择适宜的药品上市后安全性研究方法并制定书面的研究方案，规定研究开展期间疑似药品不良反应信息的收集、评估和报告程序，并在研究报告中进行总结。在研究执行过程中，持有人应当遵守伦理和受试者保护的相关法律法规和要求，确保受试者的权益。

对于在药品注册证书及附件要求持有人在药品上市后开展相关研究工作的，持有人应当在规定时限内完成并按照要求提出补充申请、备案或者报告。对于药品监督管理部门要求开展的药品上市后安全性研究，研究方案和报告应当按照药品监督管理部门的要求提交。

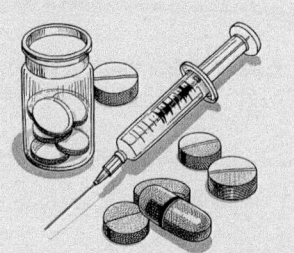

第十八章
医药企业合规管理

合规即符合规定,其词义源自英文"compliance"一词,意思是行为符合某些适用标准,主要有两层含义:一是在道德意识层面,即公司是否有自己的正向核心价值观,员工是否秉承此核心价值观下的商业道德行为准则;二是在规则规范层面,即公司是否在经营环境中符合相应的法律法规、合作方的合作标准及公司内部管理规范。

合规的理念和实践在中国古代文明早期就有所体现,如西周时期的"周礼"即是旨在维护宗法血缘关系和等级制度的一系列精神原则和行为规范的总称。在西周时期,周礼对社会起着类似法律和道德规范的作用。"礼"与"刑"相辅相成、互为表里,有点类似于现在合规的"意识+规则"双重含义。

制药行业的使命是通过对新药的发现、开发和商业化,造福患者,解决未被满足的医药健康需求。遵循高标准的道德规范对于实现这一使命至关重要。

医药行业是关系国计民生的行业,与广大人民的日常生活和安全感、幸福感、获得感息息相关,但它同时也是一个具有较高专业壁垒的行业,商业模式与大多数行业也存在很大差异:一是医药消费大多是被动消费;二是医药消费的决策者与使用者往往是不同的,这就造成了社会一方面对这一行业往往抱有很高的期待;另一方面又很容易产生误解,在行业或企业未达到期待时,容易招致社会舆论严厉的批评。在法律上，对医药行业违法犯罪的处罚向来也都是从严、从重的。2024年3月1日起正式实施的《中华人民共和国刑法修正案（十二）》就明确规定："在食品药品、社会保障、医疗等领域行贿，实施违法犯罪活动的将从重处罚。"

正因为如此，医药行为一直是一个被高度监管的行业，也是监管机关执法最为严格和细致的行业，医药企业较其他行业/企业面临更大的法律监管风险。医药企业除了要遵守适用于所有企业经营的涉及商业贿赂、垄断、财务与税务方面的法律法规外，还要遵守许多行业的法律法规。同时行业的特性要求医药行业从业人员必须以患者为中心，秉承更高的标准，以正确的方式去进行研发创新和市场竞争。唯有如此，医药企业才能获得健康成长和持续发展。

近年来，针对医药行业的合规要求，政府有关部门和行业协会也陆续出台了不少规范、准则和指引，其中最主要、最引人关注的有以下3个：①中国化学制药工业协会联合六家全国性行业协会共同编制的《医药行业合规管理规范》。②中国外商投资企业协会药品研制和开发工作委员会发布的《RDPAC行业行为准则》。③国家市场监督管理总局发布的《医药企业防范商业贿赂风险合规指引》。这3个文件的指导精神是一致的，就是如何规范医药行业从业人员在日常工作中的行为，但三者的范围和侧重点有所不同，下面就这3个规范、准则和指引的主要内容进行介绍。

一、《医药行业合规管理规范》

《医药行业合规管理规范》（以下简称《规范》）是由中国化学制药工业协会（CPIA）制定并发布的，旨在规范和加强医药企业的合规管理。《规范》于2020年12月31日正式发布，并于2021年2月26日起实施（图18-1）。

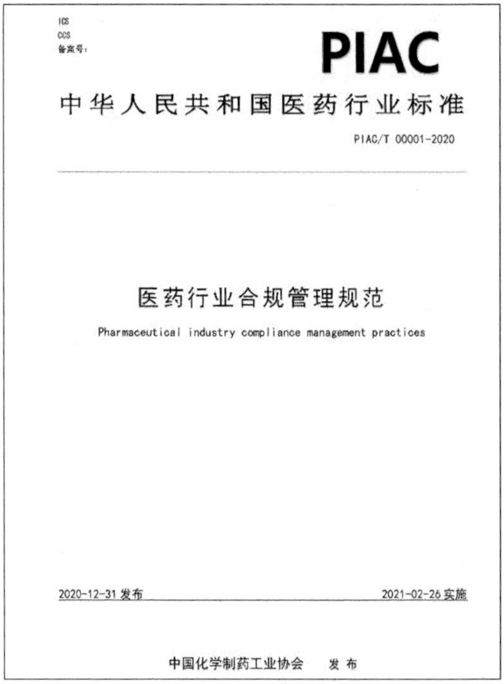
ICS
CCS
备案号：

PIAC

中华人民共和国医药行业标准

PIAC/T 00001-2020

医药行业合规管理规范

Pharmaceutical industry compliance management practices

2020-12-31 发布　　2021-02-26 实施

中国化学制药工业协会　发布

图 18-1　《医药行业合规管理规范》

《规范》共 77 页、由 11 个部分组成，重点列举了合规管理的 8 个具体领域，包括反商业贿赂、反垄断、财务与税务、产品推广、集中采购、环境、健康和安全、不良反应报告、数据合规及网络安全在合规方面的禁止行为和注意事项。此外,《规范》还明确了药品和医疗器械的 MAH、CRO、CMO/CDMO、CSO 及商业流通企业 5 个不同身份的合规领域适用范围。

《规范》在“A.4.4. 与政府官员的互动交流”中明确了以下禁止行为：①企业不得直接或间接给予、许诺或授权给予财物，或提供任何不当利益，以诱使政府官员在药品上市许可、医疗器械备案 / 注册、价格谈判、供应企业产品等方面给予不正当优惠待遇，或给予其他任何不正当优势。②不得赞助或提供资金给政府官员参加由第三方组织的论坛、会议、庆典等活动，除非已获得政府官员所在单位的书面批准。③不得邀请政府官员的配偶、子女、亲戚等无关人士参与互动交流活动，且在任何情况下不得为该等无关人士支付任何费用。④不得在与政府官员的互动交流中提供娱乐服务。

在"A.4.5. 与HCP/HCO之间的互动交流"中明确了以下禁止行为：①不得以聘用HCP提供相关服务或向HCP/HCO支付任何费用等方式，诱导其在开具药品处方、推荐、采购、供应（或）使用任何企业产品方面提供便利。②不得以支付讲课费、培训费等形式，直接或间接影响HCP在有关学术或专业会议中宣传或变相宣传任何企业产品。③不得邀请HCP的配偶、子女、亲戚等无关人士参与互动交流活动，且在任何情况下均不得为该等无关人士参与互动交流而支付任何费用。④不得在互动交流中向HCP提供娱乐服务。⑤不得直接向HCP个人提供学术赞助、商业赞助、资助及捐赠。

对于礼品，《规范》中要求禁止提供个人礼品或服务，具体如下：不得向HCP提供个人礼品或个人服务，但符合商业习惯且金额适当的风俗礼品、纪念品除外。企业应当根据实际情况制定政策，明确允许赠送的礼品、纪念品价值的标准，如不超过300元。超过该等标准的礼品，应当经过合规部门的特别审批。企业还应当制定标准，明确一定时期内向同一主体赠送礼品、纪念品的累计金额标准。

关于支付专家交通、住宿、餐饮，《规范》要求：可提供的服务于互动交流活动的招待类型应限于住宿、交通和适当餐饮。原则上，所提供的招待应当依据当地标准适度且合理、招待的频次合理、与业务目的相关。

关于讲课费，《规范》要求遵循的主要原则有以下几点。

（1）讲课费或其他劳务费的支付必须基于合法的业务需求，不得出于以下目的进行讲课或其他劳务的安排。

①诱导医疗卫生专业人士处方、推荐、采购、供应和（或）使用任何药品。

②鼓励或奖励讲者在过去、现在和将来使用或支持医药企业产品。

③影响临床试验的结果。

④向客户或处方决策者施加不当影响。

⑤做出为医药企业谋求不正当利益的决定。

（2）讲者的人选应根据其专业知识和（或）经验而确定。

（3）向讲者支付的讲课费或其他劳务费不得超过所提供劳务的市场公允价值，医药企业应在内部规章制度中列明具体费用标准。

（4）与讲者的劳务关系必须通过书面合同的形式确定，以明确其权利及义务。

此外，《规范》还强调了合规管理是一个持续改进的过程，通过"了解现状—识别风险—应对风险—效果检验和持续改进"的循环往复来不断提高合规管理水平。

二、《RDPAC 行业行为准则》

中国外商投资企业协会药品研制和开发工作委员会（China Association of Enterprises with Foreign Investment R&D-based Pharmaceutical Association Committee，RDPAC）成立于 1999 年，隶属于商务部主管的中国外商投资企业协会。依据 2024 年 RDPAC 介绍中提供的信息，共有 47 家具备研究开发能力的全球领先跨国制药企业会员单位。

2022 年底，RDPAC 发布了《RDPAC 行业行为准则（2022 年修订版）》（以下简称《准则》），于 2023 年 4 月 1 日生效执行。这是自 1999 年 RDPAC 成立并推出中国医药行业首部《药品推广行为准则》以来的第八次修订（图 18-2）。

第十八章 医药企业合规管理

图 18-2 《RDPAC 行业行为准则（2022 年修订版）》

《准则》的适用范畴相对明确且集中，其核心目的在于规范会员公司与医疗卫生专业人士、医疗卫生组织、患者组织，以及患者之间所开展的医学互动交流活动和药品推广行为。

《准则》对所有会员公司均具有强制性的约束效力，涵盖公司内部的雇员及代表公司履行工作任务的各类分包商。这些分包商包括但不限于咨询公司或相关人员、外包的医药代表及公关公司或其工作人员。在此基础上，会员公司有权且被鼓励根据自身实际情况，制定并执行更为严格的行为标准，以进一步提升公司整体的合规水平和行业形象。然而，该《准则》并不对非会员公司产生直接的约束作用。尽管如此，RDPAC 秉持开放包容的态度，积极倡导非会员公司，以及其他有意向向医疗卫生专业人士推广药品或服务，或者需要与医疗卫生专业人士、医疗卫生组织、患者组织和患者开展互动交流活动的各类组织，能够主动遵守与《准则》所规定的药品推广及与互动交流道德标准相类似的行为准则，共同推动行业的健康发展。

从行为类型的角度来看，《准则》主要适用于针对医疗卫生专业人士开展的处方药推广活动，而对于面向普通消费者的非处方药推广则不在其规范之列。此外，对于兼具商业组织属性和医疗卫生专业人士身份的主体，如药店等，会员公司在与其进行药品推广和营销往来时，必须充分尊重并重视其作为医疗卫生专业人士的角色定位，并严格遵守《准则》中相应的条款要求。这一规定旨在确保在与此类特殊主体的互动过程中，药品推广行为能够遵循专业的医学伦理和规范，保障信息传递的科学性、准确性和可靠性，维护患者及公众的健康权益。

鉴于《准则》充分吸纳了国际医药行业协会的前沿标准，并紧密结合国内现行的法律法规及政策导向，制定了一系列较高水准的行为规范，其在行业内具有较强的引领性和示范性。因此，众多非 RDPAC 会员的医药企业也自发地将其作为重要的参考依据，主动借鉴和遵循其中的相关规定，以提升自身的合规经营能力，增强在行业内的竞争力和信誉度，进而促进整个医药行业的规范化、专业化发展。

相较 2019 年的版本，《准则》的规范范围进一步扩大，共计 14 条，包括范围与定义、医学互动交流活动的基本原则、药品获得上市许可之前的信息交流及在药品标明的适用范围之外使用药品适应证、推广信息的标准、印刷推广材料、电子版推广材料、与医疗卫生专业人士的医学互动交流活动、样品、临床研究和透明度、与医疗卫生组织的互动、与患者组织的互动、对医学继续教育的支持等。《准则》最新修订版在多个关键领域引入了新的管控措施和要求，旨在进一步规范会员公司与医疗卫生专业人士、医疗卫生组织、患者组织及患者之间的互动。新增内容包括对直接支持个人医疗卫生专业人士的管控，明确了选择标准、补偿限制和禁止性原则；对讲者项目进行了详细规范，包括项目目的、讲者选择和参会者要求；对讲者演示材料的审阅提出了具体要求，确保材料公平、客观、准确；对独家赞助的合规控制进行了规定，禁止主动要求成为独家资助者；对医疗卫生组织的尽职调查提出了具体要求，涵盖财务状况、合规记录和声誉等方面；与患者组织的互动要求保持独立性和透明度，并确保财务支持的会议具备专业性、教育性和科学性。

这些新增和细化的条款进一步强化了会员公司在与医疗卫生专业人士、医疗卫生组织、患者组织和患者互动中的合规要求,确保所有活动均符合高标准的道德和法律规范,推动行业的健康发展。

《准则》在开头部分就明确了医学互动交流项目的基本原则:会员公司与医疗卫生专业人士和其他利益相关人士开展医学互动交流项目的目的是造福患者和提高医疗水平。医学互动交流项目的重点应集中在向医疗卫生专业人士传达药品信息、提供科学及教育方面的资讯,以及支持医学研究和教育。《准则》同时还强调了要确保医学互动交流项目的透明度。接下来摘取部分重要条款进行介绍和分析。

(一)药品获得上市许可之前的信息交流及在药品标明的适用范围之外使用药品

《准则》第三条规定,会员公司在其药品获得中国药品主管部门颁发的上市(生产或进口)许可之前,不得从事为在中国上市使用该药品而进行的推广活动,但这个规定不应影响科学界及公众对科学和医学发展动态的充分知情权。它既不限制对药品的科学信息进行充分适当的沟通,包括通过专业的科学或大众媒体及在专业的科学交流会议上公布有关药品的科研结果,也不限制应相关法律、法规、准则或规章的要求或号召向利益相关人士和其他人公开披露药品信息,同时不妨碍在遵守各项法律法规和行政规章的前提下开展的药品慈善使用项目。

《准则》特别指出,药品获得上市许可前,或就药品说明书之外的信息与医疗卫生专业人士的互动交流,无论采取口头或书面形式,都应当由会员公司医学专业人员进行或在医学专业人员的监督下进行。

(二)药品信息推广和推广材料

药品信息推广应满足以下标准。

(1)药品信息的一致性:应与中国药品主管部门批准的药品信息相一致。

（2）准确和不误导：推广信息应当清楚、易理解、准确、客观、公正和高度完整，足以使受众能就有关药品的治疗价值形成自己的观点。药品推广信息应以对所有相关证据所做的最新评估为依据，并清楚地记载相关证据事实。推广信息不应通过曲解、夸大、过分强调、忽视或其他方式误导相对人。推广者应尽最大努力避免使推广信息出现内容上的模糊不清。在给出绝对和无所不包的论断时应十分谨慎，其必须以充分的论证和实证为基础。一般应避免使用诸如"安全""无副作用"之类的描述性用语，如需使用也须有充分的科学论证。

（3）实证：药品推广信息应能通过对已经批准的药品说明书或科学证据的引用而得到证实。当医疗卫生专业人士要求提供上述实证资料时，推广者应向其提供。会员公司应客观对待要求获取有关药品信息的善意请求，并应根据不同查询者的具体情况提供适当的药品信息。

所有印刷推广材料均须清晰易懂，并包括以下必备内容：药品名称（通常为药品的商品名）、药物活性成分（应尽可能地使用经批准的名称）、制药公司或药品代理公司的名称及地址、推广材料制作的日期、处方信息概要（包括已经批准的一项或多项适应证、用法用量，以及禁忌证提示和不良反应的简要说明）。电子版推广材料应遵守与印刷形式推广材料相同的各项要求。

（三）与医疗卫生专业人士的医学互动交流项目

（1）会员公司不得组织或赞助医疗卫生专业人士赴其本国以外参加医学互动交流项目，只可在理由充分的情况下组织医疗卫生专业人士赴其本国以外参加医学互动交流项目，这里的"理由充分"是指：有关活动所邀请的大部分医疗卫生专业人士都来自其本国以外，且出于会议行程及安全的考虑，在境外举办该活动更为合理；或者作为有关活动主题的相关资源或专家均在医疗卫生专业人士本国以外。

（2）医学互动交流项目举办的地点应适当且以有助于实现其科学、教育及会议本身的目的为宗旨。会员公司应避免选择名胜或铺张奢侈的地点举办医学互动交流项目。附属于医学互动交流项目的招待仅可提供给医学互动交流项目的参会者。会员公司不得支付应邀参会的医疗卫生专业人士随行客人的任何费用。用于招待的支出按当地标准应当是中等适度和合理的。一般而言，招待的费用不应超过参会者通常的自付费用标准。可提供的附属于医学互动交流项目的招待应限于：场地和住宿、交通、餐饮和小食。招待需与医学互动交流项目期间相匹配，任何明显不合理地早于或晚于活动时间的招待费用均不应承担。

（3）服务费：医疗卫生专业人士通常作为顾问提供以下服务：作为医学互动交流项目的讲者和（或）主持人；参与付费的医学或科学研究、临床试验或培训；在专家小组会议中提供咨询服务。双方须在开始提供服务之前签订有关服务内容和服务费计费依据的书面协议。对所聘医疗卫生专业人士的选择必须完全基于客观标准，包括但不限于所受教育、医学知识、专业技能、某治疗领域的经验及技能等，并且须与所需服务的正当理由直接相关。向医疗卫生专业人士支付服务费或报销的标准须合理并符合公平市场价格标准。

（4）讲者项目：会员公司仅可出于以下目的组织讲者项目：向医疗卫生专业人士参会者提供真实的产品、医学或科学的知识，且医疗卫生专业人士参会者对于上述知识有客观和合理的学习需要，以提高他们的医学知识或疾病治疗能力。不得为演讲者创造获得报酬的机会或不正当影响医疗卫生专业人士参会者的医疗判断；避免任何人不合理、不必要地重复参加多次内容相同或基本相同的讲者项目。

（5）礼品：会员公司仅可出于以下目的组织讲者项目：向医疗卫生专业人士参会者提供真实的产品、医学或科学的知识，且医疗卫生专业人士参会者对于上述知识有客观和合理的学习需要，以提高他们的医学知识或疾病治疗能力。（无论是直接提供或是通过诊所和机构提供）个人礼品（如体育或娱乐项目的入场券、社交或风俗礼品等）。禁止提供现金、现金替代物或者个人服务。禁止向医疗卫生专业人士提供用于处方药推广的推广辅助用品（包括便利贴、鼠标垫、日历等）。在会员公司自办会议或第三方会议中，在满足"最小价值"及"最少数量"的前提下可以提供仅带有会员公司标识的笔和记事本，这里的"最小价值"应解释为每件物品的价值不得超过人民币 100 元。会员公司可向医疗卫生专业人士提供价值适度、不超出日常执业工作范围且有助于其实现医疗和患者服务的医用物品，但不包括应由医疗卫生专业人士或其雇主自行承担费用的日常执业工作物品（包括听诊器、手术手套、血压计和针头等）。单个医用物品的价值不得超过人民币 500 元。

（四）临床研究

所有对人体进行的科学研究均须有正当的科学目的，如增进对疾病的了解、探索新治疗方法、评估药物或医疗设备的安全性和有效性，以及提高医疗服务质量和效率等。对人体进行的科学研究，包括临床试验和观察性试验，均不得成为隐藏或掩饰的药品推广活动。研究活动应遵循严格的科学设计和伦理标准，以确保研究结果的可靠性和有效性。研究的设计、实施、分析和报告过程应透明、诚信，符合科学原则和伦理规范。

（五）与医疗卫生组织的互动

医疗卫生组织指在医疗卫生领域从事任何专业活动的组织，包括但不限于医疗机构、医学协会、医师协会和医院协会、行业协会、慈善基金会等。与医疗卫生组织的互动包括两个方面，举办专家咨询会议和提供财务支持。

会员公司提供财务资助给医疗卫生组织时须遵循以下基本原则：①提供给有一定声誉的机构（而非个人或医疗机构科室）。②财务资助需有一个明确、合法的目的。③双方须签署书面协议以提高资金流转和记录的透明性，从而进一步确保资金被用于约定好的用途。④要求把资金直接支付给接受资助或赞助的机构。⑤应在提供支持前完成尽职调查。

1. 资助（grant）

会员公司可提供财务资助给医疗卫生组织进行独立的活动，包括但不限于医学教育或科学研究等。提供资助的目的是帮助医疗卫生专业人士掌握疾病治疗领域和相关干预方法最准确的医疗信息和观点。

会员公司可提供财务资助给医疗卫生组织进行独立的医学教育或科学研究，且须遵守以下规定：双方签署的协议内容包括该活动/项目的目标和预期结果。会员公司不得获取任何直接的利益作为回报，如服务、冠名授权等。业务部门不能引导资助审核和审批流程，且不能成为唯一或最终决定资助行为的人，但业务部门可以作为联络人提出资助需求，或在活动执行过程中提供协助。

2. 赞助（sponsorship）

会员公司可以为了双方共同利益并促进合法商业目的提供财务支持或非财务支持给医疗卫生组织，如推广会员公司的形象、品牌或产品。提供此类赞助须遵循以下规定：赞助应基于公开的商业邀请函/招商函。会员公司获得直接的利益（如冠名授权、会员权利、广告权利等）并在支持文件中明示，此支持的回报须与市场公允价值相符。

会员公司对医疗卫生组织主办的医学互动交流项目提供独家赞助，应有充分、必要且合理的理由，并且应与活动的客观特征一致而不矛盾。在这过程中，会员公司应充分尊重医疗卫生组织主办方的中立性和独立性，不得以独家赞助为工具，影响医疗卫生组织主办方在赞助项目的目标、组织和执行方面的中立性和独立性。

3. 对医疗卫生组织的尽职调查

在向医疗卫生组织提供任何赞助、捐赠或资助之前，会员公司应对医疗卫生组织进行适当的尽职调查，以确定医疗卫生组织是不是此类赞助、捐赠或资助的合适接受者。

4. 专家咨询会议

专家咨询会议是非推广性质的活动，其目的是对以下领域所涉及的一系列特定的问题向医疗卫生专业领域的 KOL 寻求建议或独特的见解，具体包括：

①科学领域：医学／临床开发／卫生经济学。②市场领域：产品策略／定位／品牌核心信息。

所有的专家咨询会议都应该有特定的管控措施，同时销售团队不得组织专家咨询会议，从而确保该活动不带有任何推广目的。管控措施应该遵循以下几个原则：①频率：专家咨询会议的召开频率应根据其非推广性质的特性有所限制，并具备合理理由，区域性的专家咨询会议需谨慎举办。②参会者的选择：参会者的资质与经验须与专家咨询会议的目标相符。③专家咨询会议的KOL参会者人数，应确保能够对既定会议目标进行充分和高质量的讨论，并避免因参会者过多而导致部分参会者的有效参与度过低。专家咨询会议的讨论环节应至少占会议时长的一半以上。④内部参会者：专家咨询会议的内部参会人员应该在会议中承担明确具体的积极角色，被动参会者应该控制在最低限度。来自市场部或市场准入部的同事，以被动参会的形式参加非商业性质的专家咨询会议必须得到会员公司指定的委员会或者管理层的特批。⑤合同、报酬及审核：专家咨询委员会参会者应签署相关服务协议，支付的报酬必须合理。⑥会议结论及文件存档：组织者应负责对专家咨询委员会会议进行妥善记录（包括准备工作及后续跟进计划）及保存专家咨询委员会的会议结论。

（六）与患者组织的互动

"患者组织"指主要代表患者、他们的家人和（或）护理人员的利益和需求的非营利机构。在与患者组织合作时，会员公司必须确保从一开始就明确会员公司的参与和参与的性质。任何会员公司不得要求成为患者组织或其任何项目的独家资助者。向患者组织提供财务支持或实物捐助必须有书面文件，说明支持的性质，包括任何活动的目的及其资助。会员公司可以为患者组织会议提供财务支持，前提是会议主要目的具备专业性、教育性和科学性，或以其他方式支持患者组织的使命。

（七）对医学继续教育的支持

会员公司对提供资金支持的继续教育必须是为了提升医学知识。会员公司向医学继续教育活动和项目提供教学材料时，这些材料必须公平、全面、客观，其在设置上应允许不同理论和公认观点的表达。会员公司提供的教学材料应包含有助于提升患者福利的医学、科学或其他信息。

三、《医药企业防范商业贿赂风险合规指引》

2025年1月14日，国家市场监督管理总局在经过前期的征求意见后，正式发布了《医药企业防范商业贿赂风险合规指引》（以下简称《指引》），在业内引发极大关注（图18-3）。

图18-3 《医药企业防范商业贿赂风险合规指引》发布

该《指引》旨在预防和遏制医药领域的商业贿赂行为，支持和引导医药企业建立健全合规管理体系，维护医药市场的公平竞争秩序，保障人民群众的健康权益，并推进健康中国建设。

《指引》共包含四章、49条内容，分别为总则、医药企业防范商业贿赂风险合规管理体系建设、医药企业商业贿赂风险识别与防范及医药企业商业贿赂风险处置，在核心的第三章"医药企业商业贿赂风险识别与防范"中重点列出了以下九大商业贿赂场景和风险：①学术拜访交流商业贿赂风险。②接待商业贿赂风险。③咨询服务商业贿赂风险。④外包服务商业贿赂风险。⑤折扣、折让及佣金商业贿赂风险。⑥捐赠、赞助、资助商业贿赂风险。⑦医疗设备无偿投放商业贿赂风险。⑧临床研究商业贿赂风险。⑨零售终端销售商业贿赂风险。

对于各具象场景内业务行为的规范要求，《指引》将其划分为应当、可以、建议、倡导4个档次进行规范提示。对于医药企业应予识别、防范的风险按照违法性风险程度，按照禁止、避免、限制、关注4个档次进行分类规制（表18-1）。

表18-1 《医药企业防范商业贿赂风险合规指引》规范与风险分类

	应当、可以、建议、倡导		禁止、避免、限制、关注
应当	对于现行《反不正当竞争法》《中华人民共和国药品管理法》等法律法规，以及《反贿赂管理体系要求及使用指南》《合规管理体系要求及使用指南》等国际标准或国家标准中明确规定的企业经营合规义务，在《指引》中以"应当"类规范事项予以表述	禁止	对于现行《反不正当竞争法》《中华人民共和国药品管理法》等法律法规明确禁止的，以及近年来市场监管部门查处的医药领域商业贿赂典型案例中认定的商业贿赂行为，提示企业在经营中明确禁止
可以	对于属于行业共识，符合卫健、药监等行业主管部门相关管理要求且不属于企业经营合规义务的，在《指引》中以"可以"类规范事项予以表述	避免	对于法律没有明确规定，但根据当前执法实践及行业共识认为可能为实施商业贿赂违法行为创造帮助或便利条件的，提示企业在经营中尽量避免
建议	对于经过研究论证的医药企业防范商业贿赂风险先进合规经验及典型做法，在《指引》中以"建议"类规范事项予以表述	限制	对于不符合企业一般合规原则，且在特定条件下可能导致商业贿赂的中、低风险经营行为，提示企业在经营中合理限制和适当关注
倡导	对于有利于引导企业建立并实施治理商业贿赂行为长效机制，促进医疗卫生事业高质量发展的，在《指引》中以"倡导鼓励"类规范事项予以表述	关注	

以学术拜访交流为例,《指引》指出医药企业开展学术拜访交流活动,应当注意以下事项:①医药企业应当遵守法律法规、政府指引及卫生健康部门、医疗卫生机构等关于接待医药代表和医疗器械推广人员的管理规定,规范本企业医药代表和医疗器械推广人员的职责及行为。②医药企业应当根据相关规定为医药代表进行备案并公示信息;医疗卫生机构及其主管部门对拜访人员另有规定的,从其规定。③医药企业应当督促医药代表和医疗器械推广人员严格遵守医疗卫生机构的规定,在允许的时间和地点开展学术拜访交流活动。④医药代表和医疗器械推广人员可以与医疗卫生人员沟通,提供学术资料、技术咨询,开展学术推广。

医药企业开展学术拜访交流活动,应当注意以下行为风险的识别与防范:①禁止医药企业向医药代表和医疗器械推广人员分配销售任务。②禁止医药代表和医疗器械推广人员干预或者影响医疗卫生人员合理使用医药产品。③禁止医药代表和医疗器械推广人员假借拜访名义索取、统计医疗卫生机构、医疗卫生机构内设科室或医疗卫生机构人员开具的各类医药产品用量信息。④禁止医药代表和医疗器械推广人员以直接或者间接方式给予医疗卫生人员财物或者其他不正当利益,促使其开具医药产品处方或者推荐、使用、采购医药产品。

由于该《指引》目前尚未正式实施,对其他条款就不展开介绍了,感兴趣的朋友可以自行到网上下载来学习。

综上所述,制药企业只有在日常企业经营和市场推广中坚持高道德标准,守好合规底线,才能行稳致远,持续发展,永续经营。

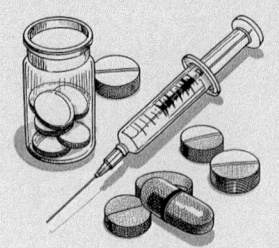

附录

中华人民共和国药品管理法

（1984年9月20日第六届全国人民代表大会常务委员会第七次会议通过

2001年2月28日第九届全国人民代表大会常务委员会第二十次会议第一次修订

根据2013年12月28日第十二届全国人民代表大会常务委员会第六次会议《关于修改〈中华人民共和国海洋环境保护法〉等七部法律的决定》第一次修正

根据2015年4月24日第十二届全国人民代表大会常务委员会第十四次会议《关于修改〈中华人民共和国药品管理法〉的决定》第二次修正

2019年8月26日第十三届全国人民代表大会常务委员会第十二次会议第二次修订）

目录

第一章　总则

第二章　药品研制和注册

第三章　药品上市许可持有人

第四章　药品生产

第五章　药品经营

第六章　医疗机构药事管理

第七章　药品上市后管理

第八章　药品价格和广告

第九章　药品储备和供应

第十章　监督管理

第十一章　法律责任

第十二章　附则

第一章　总则

第一条　为了加强药品管理，保证药品质量，保障公众用药安全和合法权益，保护和促进公众健康，制定本法。

第二条　在中华人民共和国境内从事药品研制、生产、经营、使用和监督管理活动，适用本法。

本法所称药品，是指用于预防、治疗、诊断人的疾病，有目的地调节人的生理机能并规定有适应症或者功能主治、用法和用量的物质，包括中药、化学药和生物制品等。

第三条 药品管理应当以人民健康为中心，坚持风险管理、全程管控、社会共治的原则，建立科学、严格的监督管理制度，全面提升药品质量，保障药品的安全、有效、可及。

第四条 国家发展现代药和传统药，充分发挥其在预防、医疗和保健中的作用。

国家保护野生药材资源和中药品种，鼓励培育道地中药材。

第五条 国家鼓励研究和创制新药，保护公民、法人和其他组织研究、开发新药的合法权益。

第六条 国家对药品管理实行药品上市许可持有人制度。药品上市许可持有人依法对药品研制、生产、经营，使用全过程中药品的安全性、有效性和质量可控性负责。

第七条 从事药品研制、生产、经营、使用活动，应当遵守法律、法规、规章、标准和规范，保证全过程信息真实、准确、完整和可追溯。

第八条 国务院药品监督管理部门主管全国药品监督管理工作。国务院有关部门在各自职责范围内负责与药品有关的监督管理工作。国务院药品监督管理部门配合国务院有关部门，执行国家药品行业发展规划和产业政策。

省、自治区、直辖市人民政府药品监督管理部门负责本行政区域内的药品监督管理工作。设区的市级、县级人民政府承担药品监督管理职责的部门（以下称药品监督管理部门）负责本行政区域内的药品监督管理工作。县级以上地方人民政府有关部门在各自职责范围内负责与药品有关的监督管理工作。

第九条 县级以上地方人民政府对本行政区域内的药品监督管理工作负责，统一领导、组织、协调本行政区域内的药品监督管理工作及药品安全突发事件应对工作，建立健全药品监督管理工作机制和信息共享机制。

第十条 县级以上人民政府应当将药品安全工作纳入本级国民经济和社会发展规划，将药品安全工作经费列入本级政府预算，加强药品监督管理能力建设,为药品安全工作提供保障。

第十一条 药品监督管理部门设置或者指定的药品专业技术机构,承担依法实施药品监督管理所需的审评、检验、核查、监测与评价等工作。

第十二条 国家建立健全药品追溯制度。国务院药品监督管理部门应当制定统一的药品追溯标准和规范,推进药品追溯信息互通互享,实现药品可追溯。

国家建立药物警戒制度,对药品不良反应及其他与用药有关的有害反应进行监测、识别、评估和控制。

第十三条 各级人民政府及其有关部门、药品行业协会等应当加强药品安全宣传教育,开展药品安全法律法规等知识的普及工作。

新闻媒体应当开展药品安全法律法规等知识的公益宣传,并对药品违法行为进行舆论监督。有关药品的宣传报道应当全面、科学、客观、公正。

第十四条 药品行业协会应当加强行业自律,建立健全行业规范,推动行业诚信体系建设,引导和督促会员依法开展药品生产经营等活动。

第十五条 县级以上人民政府及其有关部门对在药品研制、生产、经营、使用和监督管理工作中做出突出贡献的单位和个人,按照国家有关规定给予表彰、奖励。

第二章 药品研制和注册

第十六条 国家支持以临床价值为导向、对人的疾病具有明确或者特殊疗效的药物创新,鼓励具有新的治疗机理、治疗严重危及生命的疾病或者罕见病、对人体具有多靶向系统性调节干预功能等的新药研制,推动药品技术进步。

国家鼓励运用现代科学技术和传统中药研究方法开展中药科学技术研究和药物开发,建立和完善符合中药特点的技术评价体系,促进中药传承创新。

国家采取有效措施，鼓励儿童用药品的研制和创新，支持开发符合儿童生理特征的儿童用药品新品种、剂型和规格，对儿童用药品予以优先审评审批。

第十七条 从事药品研制活动，应当遵守药物非临床研究质量管理规范、药物临床试验质量管理规范，保证药品研制全过程持续符合法定要求。

药物非临床研究质量管理规范、药物临床试验质量管理规范由国务院药品监督管理部门会同国务院有关部门制定。

第十八条 开展药物非临床研究，应当符合国家有关规定，有与研究项目相适应的人员、场地、设备、仪器和管理制度，保证有关数据、资料和样品的真实性。

第十九条 开展药物临床试验，应当按照国务院药品监督管理部门的规定如实报送研制方法、质量指标、药理及毒理试验结果等有关数据、资料和样品，经国务院药品监督管理部门批准。国务院药品监督管理部门应当自受理临床试验申请之日起六十个工作日内决定是否同意并通知临床试验申办者，逾期未通知的，视为同意。其中，开展生物等效性试验的，报国务院药品监督管理部门备案。

开展药物临床试验，应当在具备相应条件的临床试验机构进行。药物临床试验机构实行备案管理，具体办法由国务院药品监督管理部门、国务院卫生健康主管部门共同制定。

第二十条 开展药物临床试验，应当符合伦理原则，制定临床试验方案，经伦理委员会审查同意。

伦理委员会应当建立伦理审查工作制度，保证伦理审查过程独立、客观、公正，监督规范开展药物临床试验，保障受试者合法权益，维护社会公共利益。

第二十一条 实施药物临床试验，应当向受试者或者其监护人如实说明和解释临床试验的目的和风险等详细情况，取得受试者或者其监护人自愿签署的知情同意书，并采取有效措施保护受试者合法权益。

第二十二条 药物临床试验期间，发现存在安全性问题或者其他风险的，临床试验申办者应当及时调整临床试验方案、暂停或者终止临床试验，并向国务院药品监督管理部门报告。必要时，国务院药品监督管理部门可以责令调整临床试验方案、暂停或者终止临床试验。

第二十三条 对正在开展临床试验的用于治疗严重危及生命且尚无有效治疗手段的疾病的药物，经医学观察可能获益，并且符合伦理原则的，经审查、知情同意后可以在开展临床试验的机构内用于其他病情相同的患者。

第二十四条 在中国境内上市的药品，应当经国务院药品监督管理部门批准，取得药品注册证书；但是，未实施审批管理的中药材和中药饮片除外。实施审批管理的中药材、中药饮片品种目录由国务院药品监督管理部门会同国务院中医药主管部门制定。

申请药品注册，应当提供真实、充分、可靠的数据、资料和样品，证明药品的安全性、有效性和质量可控性。

第二十五条 对申请注册的药品，国务院药品监督管理部门应当组织药学、医学和其他技术人员进行审评，对药品的安全性、有效性和质量可控性及申请人的质量管理、风险防控和责任赔偿等能力进行审查；符合条件的，颁发药品注册证书。

国务院药品监督管理部门在审批药品时，对化学原料药一并审评审批，对相关辅料、直接接触药品的包装材料和容器一并审评，对药品的质量标准、生产工艺、标签和说明书一并核准。

本法所称辅料，是指生产药品和调配处方时所用的赋形剂和附加剂。

第二十六条 对治疗严重危及生命且尚无有效治疗手段的疾病及公共卫生方面急需的药品，药物临床试验已有数据显示疗效并能预测其临床价值的，可以附条件批准，并在药品注册证书中载明相关事项。

第二十七条 国务院药品监督管理部门应当完善药品审评审批工作制度，加强能力建设，建立健全沟通交流、专家咨询等机制，优化审评审批流程，提高审评审批效率。

批准上市药品的审评结论和依据应当依法公开，接受社会监督。对审评审批中知悉的商业秘密应当保密。

第二十八条 药品应当符合国家药品标准。经国务院药品监督管理部门核准的药品质量标准高于国家药品标准的，按照经核准的药品质量标准执行；没有国家药品标准的，应当符合经核准的药品质量标准。

国务院药品监督管理部门颁布的《中华人民共和国药典》和药品标准为国家药品标准。

国务院药品监督管理部门会同国务院卫生健康主管部门组织药典委员会，负责国家药品标准的制定和修订。

国务院药品监督管理部门设置或者指定的药品检验机构负责标定国家药品标准品、对照品。

第二十九条 列入国家药品标准的药品名称为药品通用名称。已经作为药品通用名称的，该名称不得作为药品商标使用。

第三章 药品上市许可持有人

第三十条 药品上市许可持有人是指取得药品注册证书的企业或者药品研制机构等。

药品上市许可持有人应当依照本法规定，对药品的非临床研究、临床试验、生产经营、上市后研究、不良反应监测及报告与处理等承担责任。其他从事药品研制、生产、经营、储存、运输、使用等活动的单位和个人依法承担相应责任。

药品上市许可持有人的法定代表人、主要负责人对药品质量全面负责。

第三十一条 药品上市许可持有人应当建立药品质量保证体系，配备专门人员独立负责药品质量管理。

药品上市许可持有人应当对受托药品生产企业、药品经营企业的质量管理体系进行定期审核，监督其持续具备质量保证和控制能力。

第三十二条 药品上市许可持有人可以自行生产药品，也可以委托药品生产企业生产。

药品上市许可持有人自行生产药品的，应当依照本法规定取得药品生产许可证；委托生产的，应当委托符合条件的药品生产企业。药品上市许可持有人和受托生产企业应当签订委托协议和质量协议，并严格履行协议约定的义务。

国务院药品监督管理部门制定药品委托生产质量协议指南，指导、监督药品上市许可持有人和受托生产企业履行药品质量保证义务。

血液制品、麻醉药品、精神药品、医疗用毒性药品、药品类易制毒化学品不得委托生产；但是，国务院药品监督管理部门另有规定的除外。

第三十三条 药品上市许可持有人应当建立药品上市放行规程，对药品生产企业出厂放行的药品进行审核，经质量受权人签字后方可放行。不符合国家药品标准的，不得放行。

第三十四条 药品上市许可持有人可以自行销售其取得药品注册证书的药品，也可以委托药品经营企业销售。药品上市许可持有人从事药品零售活动的，应当取得药品经营许可证。

药品上市许可持有人自行销售药品的，应当具备本法第五十二条规定的条件；委托销售的，应当委托符合条件的药品经营企业。药品上市许可持有人和受托经营企业应当签订委托协议，并严格履行协议约定的义务。

第三十五条 药品上市许可持有人、药品生产企业、药品经营企业委托储存、运输药品的，应当对受托方的质量保证能力和风险管理能力进行评估，与其签订委托协议，约定药品质量责任、操作规程等内容，并对受托方进行监督。

第三十六条 药品上市许可持有人、药品生产企业、药品经营企业和医疗机构应当建立并实施药品追溯制度，按照规定提供追溯信息，保证药品可追溯。

第三十七条 药品上市许可持有人应当建立年度报告制度，每年将药品生产销售、上市后研究、风险管理等情况按照规定向省、自治区、直辖市人民政府药品监督管理部门报告。

第三十八条 药品上市许可持有人为境外企业的，应当由其指定的在中国境内的企业法人履行药品上市许可持有人义务，与药品上市许可持有人承担连带责任。

第三十九条 中药饮片生产企业履行药品上市许可持有人的相关义务，对中药饮片生产、销售实行全过程管理，建立中药饮片追溯体系，保证中药饮片安全、有效、可追溯。

第四十条 经国务院药品监督管理部门批准，药品上市许可持有人可以转让药品上市许可。受让方应当具备保障药品安全性、有效性和质量可控性的质量管理、风险防控和责任赔偿等能力，履行药品上市许可持有人义务。

第四章 药品生产

第四十一条 从事药品生产活动，应当经所在地省、自治区、直辖市人民政府药品监督管理部门批准，取得药品生产许可证。无药品生产许可证的，不得生产药品。

药品生产许可证应当标明有效期和生产范围，到期重新审查发证。

第四十二条 从事药品生产活动，应当具备以下条件：

（一）有依法经过资格认定的药学技术人员、工程技术人员及相应的技术工人；

（二）有与药品生产相适应的厂房、设施和卫生环境；

（三）有能对所生产药品进行质量管理和质量检验的机构、人员及必要的仪器设备；

（四）有保证药品质量的规章制度，并符合国务院药品监督管理部门依据本法制定的药品生产质量管理规范要求。

第四十三条 从事药品生产活动，应当遵守药品生产质量管理规范，建立健全药品生产质量管理体系，保证药品生产全过程持续符合法定要求。

药品生产企业的法定代表人、主要负责人对本企业的药品生产活动全面负责。

第四十四条 药品应当按照国家药品标准和经药品监督管理部门核准的生产工艺进行生产。生产、检验记录应当完整准确，不得编造。

中药饮片应当按照国家药品标准炮制；国家药品标准没有规定的，应当按照省、自治区、直辖市人民政府药品监督管理部门制定的炮制规范炮制。省、自治区、直辖市人民政府药品监督管理部门制定的炮制规范应当报国务院药品监督管理部门备案。不符合国家药品标准或者不按照省、自治区、直辖市人民政府药品监督管理部门制定的炮制规范炮制的，不得出厂、销售。

第四十五条 生产药品所需的原料、辅料，应当符合药用要求、药品生产质量管理规范的有关要求。

生产药品，应当按照规定对供应原料、辅料等的供应商进行审核，保证购进、使用的原料、辅料等符合前款规定要求。

第四十六条 直接接触药品的包装材料和容器，应当符合药用要求，符合保障人体健康、安全的标准。

对不合格的直接接触药品的包装材料和容器，由药品监督管理部门责令停止使用。

第四十七条 药品生产企业应当对药品进行质量检验。不符合国家药品标准的，不得出厂。

药品生产企业应当建立药品出厂放行规程，明确出厂放行的标准、条件。符合标准、条件的，经质量受权人签字后方可放行。

第四十八条 药品包装应当适合药品质量的要求，方便储存、运输和医疗使用。

发运中药材应当有包装。在每件包装上，应当注明品名、产地、日期、供货单位，并附有质量合格的标志。

第四十九条 药品包装应当按照规定印有或者贴有标签并附有说明书。

标签或者说明书应当注明药品的通用名称、成分、规格、上市许可持有人及其地址、生产企业及其地址、批准文号、产品批号、生产日期、有效期、适应证或者功能主治、用法、用量、禁忌、不良反应和注意事项。标签、说明书中的文字应当清晰，生产日期、有效期等事项应当显著标注，容易辨识。

麻醉药品、精神药品、医疗用毒性药品、放射性药品、外用药品和非处方药的标签、说明书，应当印有规定的标志。

第五十条 药品上市许可持有人、药品生产企业、药品经营企业和医疗机构中直接接触药品的工作人员，应当每年进行健康检查。患有传染病或者其他可能污染药品的疾病的，不得从事直接接触药品的工作。

第五章　药品经营

第五十一条 从事药品批发活动，应当经所在地省、自治区、直辖市人民政府药品监督管理部门批准，取得药品经营许可证。从事药品零售活动，应当经所在地县级以上地方人民政府药品监督管理部门批准，取得药品经营许可证。无药品经营许可证的，不得经营药品。

药品经营许可证应当标明有效期和经营范围，到期重新审查发证。

药品监督管理部门实施药品经营许可，除依据本法第五十二条规定的条件外，还应当遵循方便群众购药的原则。

第五十二条 从事药品经营活动应当具备以下条件：

（一）有依法经过资格认定的药师或者其他药学技术人员；

（二）有与所经营药品相适应的营业场所、设备、仓储设施和卫生环境；

（三）有与所经营药品相适应的质量管理机构或者人员；

（四）有保证药品质量的规章制度，并符合国务院药品监督管理部门依据本法制定的药品经营质量管理规范要求。

第五十三条 从事药品经营活动，应当遵守药品经营质量管理规范，建立健全药品经营质量管理体系，保证药品经营全过程持续符合法定要求。

国家鼓励、引导药品零售连锁经营。从事药品零售连锁经营活动的企业总部，应当建立统一的质量管理制度，对所属零售企业的经营活动履行管理责任。

药品经营企业的法定代表人、主要负责人对本企业的药品经营活动全面负责。

第五十四条 国家对药品实行处方药与非处方药分类管理制度。具体办法由国务院药品监督管理部门会同国务院卫生健康主管部门制定。

第五十五条 药品上市许可持有人、药品生产企业、药品经营企业和医疗机构应当从药品上市许可持有人或者具有药品生产、经营资格的企业购进药品；但是，购进未实施审批管理的中药材除外。

第五十六条 药品经营企业购进药品，应当建立并执行进货检查验收制度，验明药品合格证明和其他标识；不符合规定要求的，不得购进和销售。

第五十七条 药品经营企业购销药品，应当有真实、完整的购销记录。购销记录应当注明药品的通用名称、剂型、规格、产品批号、有效期、上市许可持有人、生产企业、购销单位、购销数量、购销价格、购销日期及国务院药品监督管理部门规定的其他内容。

第五十八条 药品经营企业零售药品应当准确无误，并正确说明用法、用量和注意事项；调配处方应当经过核对，对处方所列药品不得擅自更改或者代用。对有配伍禁忌或者超剂量的处方，应当拒绝调配；必要时，经处方医师更正或者重新签字，方可调配。

药品经营企业销售中药材，应当标明产地。

依法经过资格认定的药师或者其他药学技术人员负责本企业的药品管理、处方审核和调配、合理用药指导等工作。

第五十九条 药品经营企业应当制定和执行药品保管制度，采取必要的冷藏、防冻、防潮、防虫、防鼠等措施，保证药品质量。

药品入库和出库应当执行检查制度。

第六十条 城乡集市贸易市场可以出售中药材，国务院另有规定的除外。

第六十一条 药品上市许可持有人、药品经营企业通过网络销售药品，应当遵守本法药品经营的有关规定。具体管理办法由国务院药品监督管理部门会同国务院卫生健康主管部门等部门制定。

疫苗、血液制品、麻醉药品、精神药品、医疗用毒性药品、放射性药品、药品类易制毒化学品等国家实行特殊管理的药品不得在网络上销售。

第六十二条 药品网络交易第三方平台提供者应当按照国务院药品监督管理部门的规定，向所在地省、自治区、直辖市人民政府药品监督管理部门备案。

第三方平台提供者应当依法对申请进入平台经营的药品上市许可持有人、药品经营企业的资质等进行审核，保证其符合法定要求，并对发生在平台的药品经营行为进行管理。

第三方平台提供者发现进入平台经营的药品上市许可持有人、药品经营企业有违反本法规定行为的，应当及时制止并立即报告所在地县级人民政府药品监督管理部门；发现严重违法行为的，应当立即停止提供网络交易平台服务。

第六十三条 新发现和从境外引种的药材，经国务院药品监督管理部门批准后，方可销售。

第六十四条　药品应当从允许药品进口的口岸进口,并由进口药品的企业向口岸所在地药品监督管理部门备案。海关凭药品监督管理部门出具的进口药品通关单办理通关手续。无进口药品通关单的,海关不得放行。

口岸所在地药品监督管理部门应当通知药品检验机构按照国务院药品监督管理部门的规定对进口药品进行抽查检验。

允许药品进口的口岸由国务院药品监督管理部门会同海关总署提出,报国务院批准。

第六十五条　医疗机构因临床急需进口少量药品的,经国务院药品监督管理部门或者国务院授权的省、自治区、直辖市人民政府批准,可以进口。进口的药品应当在指定医疗机构内用于特定医疗目的。

个人自用携带入境少量药品,按照国家有关规定办理。

第六十六条　进口、出口麻醉药品和国家规定范围内的精神药品,应当持有国务院药品监督管理部门颁发的进口准许证、出口准许证。

第六十七条　禁止进口疗效不确切、不良反应大或者因其他原因危害人体健康的药品。

第六十八条　国务院药品监督管理部门对下列药品在销售前或者进口时,应当指定药品检验机构进行检验;未经检验或者检验不合格的,不得销售或者进口:

(一)首次在中国境内销售的药品;

(二)国务院药品监督管理部门规定的生物制品;

(三)国务院规定的其他药品。

第六章　医疗机构药事管理

第六十九条　医疗机构应当配备依法经过资格认定的药师或者其他药学技术人员,负责本单位的药品管理、处方审核和调配、合理用药指导等工作。非药学技术人员不得直接从事药剂技术工作。

第七十条 医疗机构购进药品，应当建立并执行进货检查验收制度，验明药品合格证明和其他标识；不符合规定要求的，不得购进和使用。

第七十一条 医疗机构应当有与所使用药品相适应的场所、设备、仓储设施和卫生环境，制定和执行药品保管制度，采取必要的冷藏、防冻、防潮、防虫、防鼠等措施，保证药品质量。

第七十二条 医疗机构应当坚持安全有效、经济合理的用药原则，遵循药品临床应用指导原则、临床诊疗指南和药品说明书等合理用药，对医师处方、用药医嘱的适宜性进行审核。

医疗机构以外的其他药品使用单位，应当遵守本法有关医疗机构使用药品的规定。

第七十三条 依法经过资格认定的药师或者其他药学技术人员调配处方，应当进行核对，对处方所列药品不得擅自更改或者代用。对有配伍禁忌或者超剂量的处方，应当拒绝调配；必要时，经处方医师更正或者重新签字，方可调配。

第七十四条 医疗机构配制制剂，应当经所在地省、自治区、直辖市人民政府药品监督管理部门批准，取得医疗机构制剂许可证。无医疗机构制剂许可证的，不得配制制剂。

医疗机构制剂许可证应当标明有效期，到期重新审查发证。

第七十五条 医疗机构配制制剂，应当有能够保证制剂质量的设施、管理制度、检验仪器和卫生环境。

医疗机构配制制剂，应当按照经核准的工艺进行，所需的原料、辅料和包装材料等应当符合药用要求。

第七十六条 医疗机构配制的制剂，应当是本单位临床需要而市场上没有供应的品种，并应当经所在地省、自治区、直辖市人民政府药品监督管理部门批准；但是，法律对配制中药制剂另有规定的除外。

医疗机构配制的制剂应当按照规定进行质量检验；合格的，凭医师处方在本单位使用。经国务院药品监督管理部门或者省、自治区、直辖市人民政府药品监督管理部门批准，医疗机构配制的制剂可以在指定的医疗机构之间调剂使用。

医疗机构配制的制剂不得在市场上销售。

第七章 药品上市后管理

第七十七条 药品上市许可持有人应当制定药品上市后风险管理计划，主动开展药品上市后研究，对药品的安全性、有效性和质量可控性进行进一步确证，加强对已上市药品的持续管理。

第七十八条 对附条件批准的药品，药品上市许可持有人应当采取相应风险管理措施，并在规定期限内按照要求完成相关研究；逾期未按照要求完成研究或者不能证明其获益大于风险的，国务院药品监督管理部门应当依法处理，直至注销药品注册证书。

第七十九条 对药品生产过程中的变更，按照其对药品安全性、有效性和质量可控性的风险和产生影响的程度，实行分类管理。属于重大变更的，应当经国务院药品监督管理部门批准，其他变更应当按照国务院药品监督管理部门的规定备案或者报告。

药品上市许可持有人应当按照国务院药品监督管理部门的规定，全面评估、验证变更事项对药品安全性、有效性和质量可控性的影响。

第八十条 药品上市许可持有人应当开展药品上市后不良反应监测，主动收集、跟踪分析疑似药品不良反应信息，对已识别风险的药品及时采取风险控制措施。

第八十一条 药品上市许可持有人、药品生产企业、药品经营企业和医疗机构应当经常考察本单位所生产、经营、使用的药品质量、疗效和不良反应。

发现疑似不良反应的,应当及时向药品监督管理部门和卫生健康主管部门报告。具体办法由国务院药品监督管理部门会同国务院卫生健康主管部门制定。

对已确认发生严重不良反应的药品,由国务院药品监督管理部门或者省、自治区、直辖市人民政府药品监督管理部门根据实际情况采取停止生产、销售、使用等紧急控制措施,并应当在五日内组织鉴定,自鉴定结论作出之日起十五日内依法作出行政处理决定。

第八十二条　药品存在质量问题或者其他安全隐患的,药品上市许可持有人应当立即停止销售,告知相关药品经营企业和医疗机构停止销售和使用,召回已销售的药品,及时公开召回信息,必要时应当立即停止生产,并将药品召回和处理情况向省、自治区、直辖市人民政府药品监督管理部门和卫生健康主管部门报告。药品生产企业、药品经营企业和医疗机构应当配合。

药品上市许可持有人依法应当召回药品而未召回的,省、自治区、直辖市人民政府药品监督管理部门应当责令其召回。

第八十三条　药品上市许可持有人应当对已上市药品的安全性、有效性和质量可控性定期开展上市后评价。必要时,国务院药品监督管理部门可以责令药品上市许可持有人开展上市后评价或者直接组织开展上市后评价。

经评价,对疗效不确切、不良反应大或者因其他原因危害人体健康的药品,应当注销药品注册证书。

已被注销药品注册证书的药品,不得生产或者进口、销售和使用。

已被注销药品注册证书、超过有效期等的药品,应当由药品监督管理部门监督销毁或者依法采取其他无害化处理等措施。

第八章　药品价格和广告

第八十四条　国家完善药品采购管理制度,对药品价格进行监测,开展成本价格调查,加强药品价格监督检查,依法查处价格垄断、哄抬价格等药品价格违法行为，维护药品价格秩序。

第八十五条 依法实行市场调节价的药品，药品上市许可持有人、药品生产企业、药品经营企业和医疗机构应当按照公平、合理和诚实信用、质价相符的原则制定价格，为用药者提供价格合理的药品。

药品上市许可持有人、药品生产企业、药品经营企业和医疗机构应当遵守国务院药品价格主管部门关于药品价格管理的规定，制定和标明药品零售价格，禁止暴利、价格垄断和价格欺诈等行为。

第八十六条 药品上市许可持有人、药品生产企业、药品经营企业和医疗机构应当依法向药品价格主管部门提供其药品的实际购销价格和购销数量等资料。

第八十七条 医疗机构应当向患者提供所用药品的价格清单，按照规定如实公布其常用药品的价格，加强合理用药管理。具体办法由国务院卫生健康主管部门制定。

第八十八条 禁止药品上市许可持有人、药品生产企业、药品经营企业和医疗机构在药品购销中给予、收受回扣或者其他不正当利益。

禁止药品上市许可持有人、药品生产企业、药品经营企业或者代理人以任何名义给予使用其药品的医疗机构的负责人、药品采购人员、医师、药师等有关人员财物或者其他不正当利益。禁止医疗机构的负责人、药品采购人员、医师、药师等有关人员以任何名义收受药品上市许可持有人、药品生产企业、药品经营企业或者代理人给予的财物或者其他不正当利益。

第八十九条 药品广告应当经广告主所在地省、自治区、直辖市人民政府确定的广告审查机关批准；未经批准的，不得发布。

第九十条 药品广告的内容应当真实、合法，以国务院药品监督管理部门核准的药品说明书为准，不得含有虚假的内容。

药品广告不得含有表示功效、安全性的断言或者保证；不得利用国家机关、科研单位、学术机构、行业协会或者专家、学者、医师、药师、患者等的名义或者形象作推荐、证明。

非药品广告不得有涉及药品的宣传。

第九十一条 药品价格和广告，本法未作规定的，适用《中华人民共和国价格法》《中华人民共和国反垄断法》《中华人民共和国反不正当竞争法》《中华人民共和国广告法》等的规定。

第九章　药品储备和供应

第九十二条 国家实行药品储备制度，建立中央和地方两级药品储备。

发生重大灾情、疫情或者其他突发事件时，依照《中华人民共和国突发事件应对法》的规定，可以紧急调用药品。

第九十三条 国家实行基本药物制度，遴选适当数量的基本药物品种，加强组织生产和储备，提高基本药物的供给能力，满足疾病防治基本用药需求。

第九十四条 国家建立药品供求监测体系，及时收集和汇总分析短缺药品供求信息，对短缺药品实行预警，采取应对措施。

第九十五条 国家实行短缺药品清单管理制度。具体办法由国务院卫生健康主管部门会同国务院药品监督管理部门等部门制定。

药品上市许可持有人停止生产短缺药品的，应当按照规定向国务院药品监督管理部门或者省、自治区、直辖市人民政府药品监督管理部门报告。

第九十六条 国家鼓励短缺药品的研制和生产，对临床急需的短缺药品、防治重大传染病和罕见病等疾病的新药予以优先审评审批。

第九十七条 对短缺药品，国务院可以限制或者禁止出口。必要时，国务院有关部门可以采取组织生产、价格干预和扩大进口等措施，保障药品供应。

药品上市许可持有人、药品生产企业、药品经营企业应当按照规定保障药品的生产和供应。

第十章 监督管理

第九十八条 禁止生产（包括配制，下同）、销售、使用假药及劣药。

有下列情形之一的，为假药：

（一）药品所含成分与国家药品标准规定的成分不符；

（二）以非药品冒充药品或者以他种药品冒充此种药品；

（三）变质的药品；

（四）药品所标明的适应证或者功能主治超出规定范围。

有下列情形之一的，为劣药：

（一）药品成分的含量不符合国家药品标准；

（二）被污染的药品；

（三）未标明或者更改有效期的药品；

（四）未注明或者更改产品批号的药品；

（五）超过有效期的药品；

（六）擅自添加防腐剂、辅料的药品；

（七）其他不符合药品标准的药品。

禁止未取得药品批准证明文件生产、进口药品；禁止使用未按照规定审评、审批的原料药、包装材料和容器生产药品。

第九十九条 药品监督管理部门应当依照法律、法规的规定对药品研制、生产、经营和药品使用单位使用药品等活动进行监督检查，必要时可以对为药品研制、生产、经营、使用提供产品或者服务的单位和个人进行延伸检查，有关单位和个人应当予以配合，不得拒绝和隐瞒。

药品监督管理部门应当对高风险的药品实施重点监督检查。

对有证据证明可能存在安全隐患的，药品监督管理部门根据监督检查情况，应当采取告诫、约谈、限期整改及暂停生产、销售、使用、进口等措施，并及时公布检查处理结果。

药品监督管理部门进行监督检查时，应当出示证明文件，对监督检查中知悉的商业秘密应当保密。

第一百条 药品监督管理部门根据监督管理的需要，可以对药品质量进行抽查检验。抽查检验应当按照规定抽样，并不得收取任何费用；抽样应当购买样品。所需费用按照国务院规定列支。

对有证据证明可能危害人体健康的药品及其有关材料，药品监督管理部门可以查封、扣押，并在七日内作出行政处理决定；药品需要检验的，应当自检验报告书发出之日起十五日内出行政处理决定。

第一百零一条 国务院和省、自治区、直辖市人民政府的药品监督管理部门应当定期公告药品质量抽查检验结果；公告不当的，应当在原公告范围内予以更正。

第一百零二条 当事人对药品检验结果有异议的，可以自收到药品检验结果之日起七日内向原药品检验机构或者上一级药品监督管理部门设置或者指定的药品检验机构申请复验，也可以直接向国务院药品监督管理部门设置或者指定的药品检验机构申请复验。受理复验的药品检验机构应当在国务院药品监督管理部门规定的时间内作出复验结论。

第一百零三条 药品监督管理部门应当对药品上市许可持有人、药品生产企业、药品经营企业和药物非临床安全性评价研究机构、药物临床试验机构等遵守药品生产质量管理规范、药品经营质量管理规范、药物非临床研究质量管理规范、药物临床试验质量管理规范等情况进行检查，监督其持续符合法定要求。

第一百零四条 国家建立职业化、专业化药品检查员队伍。检查员应当熟悉药品法律法规，具备药品专业知识。

第一百零五条 药品监督管理部门建立药品上市许可持有人、药品生产企业、药品经营企业、药物非临床安全性评价研究机构、药物临床试验机构和医疗机构药品安全信用档案，记录许可颁发、日常监督检查结果、违法行为查处等情况，依法向社会公布并及时更新；对有不良信用记录的，增加监督检查频次，并可以按照国家规定实施联合惩戒。

第一百零六条 药品监督管理部门应当公布本部门的电子邮件地址、电话，接受咨询、投诉、举报，并依法及时答复、核实、处理。对查证属实的举报，按照有关规定给予举报人奖励。

药品监督管理部门应当对举报人的信息予以保密，保护举报人的合法权益。举报人举报所在单位的，该单位不得以解除、变更劳动合同或者其他方式对举报人进行打击报复。

第一百零七条 国家实行药品安全信息统一公布制度。国家药品安全总体情况、药品安全风险警示信息、重大药品安全事件及其调查处理信息和国务院确定需要统一公布的其他信息由国务院药品监督管理部门统一公布。药品安全风险警示信息和重大药品安全事件及其调查处理信息的影响限于特定区域的，也可以由有关省、自治区、直辖市人民政府药品监督管理部门公布。未经授权不得发布上述信息。

公布药品安全信息，应当及时、准确、全面，并进行必要的说明，避免误导。

任何单位和个人不得编造、散布虚假药品安全信息。

第一百零八条 县级以上人民政府应当制定药品安全事件应急预案。药品上市许可持有人、药品生产企业、药品经营企业和医疗机构等应当制定本单位的药品安全事件处置方案，并组织开展培训和应急演练。

发生药品安全事件，县级以上人民政府应当按照应急预案立即组织开展应对工作；有关单位应当立即采取有效措施进行处置，防止危害扩大。

第一百零九条 药品监督管理部门未及时发现药品安全系统性风险，未及时消除监督管理区域内药品安全隐患的，本级人民政府或者上级人民政府药品监督管理部门应当对其主要负责人进行约谈。

地方人民政府未履行药品安全职责，未及时消除区域性重大药品安全隐患的，上级人民政府或者上级人民政府药品监督管理部门应当对其主要负责人进行约谈。

被约谈的部门和地方人民政府应当立即采取措施，对药品监督管理工作进行整改。

约谈情况和整改情况应当纳入有关部门和地方人民政府药品监督管理工作评议、考核记录。

第一百一十条 地方人民政府及其药品监督管理部门不得以要求实施药品检验、审批等手段限制或者排斥非本地区药品上市许可持有人、药品生产企业生产的药品进入本地区。

第一百一十一条 药品监督管理部门及其设置或者指定的药品专业技术机构不得参与药品生产经营活动，不得以其名义推荐或者监制、监销药品。

药品监督管理部门及其设置或者指定的药品专业技术机构的工作人员不得参与药品生产经营活动。

第一百一十二条 国务院对麻醉药品、精神药品、医疗用毒性药品、放射性药品、药品类易制毒化学品等有其他特殊管理规定的，依照其规定。

第一百一十三条 药品监督管理部门发现药品违法行为涉嫌犯罪的，应当及时将案件移送公安机关。

对依法不需要追究刑事责任或者免予刑事处罚，但应当追究行政责任的，公安机关、人民检察院、人民法院应当及时将案件移送药品监督管理部门。

公安机关、人民检察院、人民法院商请药品监督管理部门、生态环境主管部门等部门提供检验结论、认定意见及对涉案药品进行无害化处理等协助的，有关部门应当及时提供，予以协助。

第十一章　法律责任

第一百一十四条 违反本法规定，构成犯罪的，依法追究刑事责任。

第一百一十五条 未取得药品生产许可证、药品经营许可证或者医疗机构制剂许可证生产、销售药品的，责令关闭，没收违法生产、销售的药品和违法所得，并处违法生产、销售的药品（包括已售出和未售出的药品，下同）货值金额十五倍以上三十倍以下的罚款；货值金额不足十万元的，按十万元计算。

第一百一十六条 生产、销售假药的，没收违法生产、销售的药品和违法所得，责令停产停业整顿，吊销药品批准证明文件，并处违法生产、销售的药品货值金额十五倍以上三十倍以下的罚款；货值金额不足十万元的，按十万元计算；情节严重的，吊销药品生产许可证、药品经营许可证或者医疗机构制剂许可证，十年内不受理其相应申请；药品上市许可持有人为境外企业的，十年内禁止其药品进口。

第一百一十七条 生产、销售劣药的，没收违法生产、销售的药品和违法所得，并处违法生产、销售的药品货值金额十倍以上二十倍以下的罚款；违法生产、批发的药品货值金额不足十万元的，按十万元计算，违法零售的药品货值金额不足一万元的，按一万元计算；情节严重的，责令停产停业整顿直至吊销药品批准证明文件、药品生产许可证、药品经营许可证或者医疗机构制剂许可证。

生产、销售的中药饮片不符合药品标准，尚不影响安全性、有效性的，责令限期改正，给予警告；可以处十万元以上五十万元以下的罚款。

第一百一十八条 生产、销售假药，或者生产、销售劣药且情节严重的，对法定代表人、主要负责人、直接负责的主管人员和其他责任人员，没收违法行为发生期间自本单位所获收入，并处所获收入百分之三十以上三倍以下的罚款，终身禁止从事药品生产经营活动，并可以由公安机关处五日以上十五日以下的拘留。

对生产者专门用于生产假药、劣药的原料、辅料、包装材料、生产设备予以没收。

第一百一十九条 药品使用单位使用假药、劣药的，按照销售假药、零售劣药的规定处罚；情节严重的，法定代表人、主要负责人、直接负责的主管人员和其他责任人员有医疗卫生人员执业证书的，还应当吊销执业证书。

第一百二十条 知道或者应当知道属于假药、劣药或者本法第一百二十四条第一款第一项至第五项规定的药品，而为其提供储存、运输等便利条件的，没收全部储存、运输收入，并处违法收入一倍以上五倍以下的罚款；情节严重的，并处违法收入五倍以上十五倍以下的罚款；违法收入不足五万元的，按五万元计算。

第一百二十一条 对假药、劣药的处罚决定，应当依法载明药品检验机构的质量检验结论。

第一百二十二条 伪造、变造、出租、出借、非法买卖许可证或者药品批准证明文件的，没收违法所得，并处违法所得一倍以上五倍以下的罚款；情节严重的，并处违法所得五倍以上十五倍以下的罚款，吊销药品生产许可证、药品经营许可证、医疗机构制剂许可证或者药品批准证明文件，对法定代表人、主要负责人、直接负责的主管人员和其他责任人员，处二万元以上二十万元以下的罚款，十年内禁止从事药品生产经营活动，并可以由公安机关处五日以上十五日以下的拘留；违法所得不足十万元的，按十万元计算。

第一百二十三条 提供虚假的证明、数据、资料、样品或者采取其他手段骗取临床试验许可、药品生产许可、药品经营许可、医疗机构制剂许可或者药品注册等许可的，撤销相关许可，十年内不受理其相应申请，并处五十万元以上五百万元以下的罚款；情节严重的，对法定代表人、主要负责人、直接负责的主管人员和其他责任人员，处二万元以上二十万元以下的罚款，十年内禁止从事药品生产经营活动,并可以由公安机关处五日以上十五日以下的拘留。

第一百二十四条 违反本法规定,有下列行为之一的,没收违法生产、进口、销售的药品和违法所得及专门用于违法生产的原料、辅料、包装材料和生产设备,责令停产停业整顿,并处违法生产、进口、销售的药品货值金额十五倍以上三十倍以下的罚款;货值金额不足十万元的,按十万元计算;情节严重的,吊销药品批准证明文件直至吊销药品生产许可证、药品经营许可证或者医疗机构制剂许可证,对法定代表人、主要负责人、直接负责的主管人员和其他责任人员,没收违法行为发生期间自本单位所获收入,并处所获收入百分之三十以上三倍以下的罚款,十年直至终身禁止从事药品生产经营活动,并可以由公安机关处五日以上十五日以下的拘留:

(一)未取得药品批准证明文件生产、进口药品;

(二)使用采取欺骗手段取得的药品批准证明文件生产、进口药品;

(三)使用未经审评审批的原料药生产药品;

(四)应当检验而未经检验即销售药品;

(五)生产、销售国务院药品监督管理部门禁止使用的药品;

(六)编造生产、检验记录;

(七)未经批准在药品生产过程中进行重大变更。

销售前款第一项至第三项规定的药品,或者药品使用单位使用前款第一项至第五项规定的药品的,依照前款规定处罚;情节严重的,药品使用单位的法定代表人、主要负责人、直接负责的主管人员和其他责任人员有医疗卫生人员执业证书的,还应当吊销执业证书。

未经批准进口少量境外已合法上市的药品,情节较轻的,可以依法减轻或者免予处罚。

第一百二十五条 违反本法规定,有下列行为之一的,没收违法生产、销售的药品和违法所得及包装材料、容器,责令停产停业整顿,并处五十万元以上五百万元以下的罚款；情节严重的，吊销药品批准证明文件、药品生产许可证、药品经营许可证，对法定代表人、主要负责人、直接负责的主管人员和其他责任人员处二万元以上二十万元以下的罚款，十年直至终身禁止从事药品生产经营活动：

（一）未经批准开展药物临床试验；

（二）使用未经审评的直接接触药品的包装材料或者容器生产药品，或者销售该类药品；

（三）使用未经核准的标签、说明书。

第一百二十六条 除本法另有规定的情形外，药品上市许可持有人、药品生产企业、药品经营企业、药物非临床安全性评价研究机构、药物临床试验机构等未遵守药品生产质量管理规范、药品经营质量管理规范、药物非临床研究质量管理规范、药物临床试验质量管理规范等的，责令限期改正，给予警告；逾期不改正的，处十万元以上五十万元以下的罚款；情节严重的，处五十万元以上二百万元以下的罚款，责令停产停业整顿直至吊销药品批准证明文件、药品生产许可证、药品经营许可证等，药物非临床安全性评价研究机构、药物临床试验机构等五年内不得开展药物非临床安全性评价研究、药物临床试验，对法定代表人、主要负责人、直接负责的主管人员和其他责任人员，没收违法行为发生期间自本单位所获收入，并处所获收入百分之十以上百分之五十以下的罚款，十年直至终身禁止从事药品生产经营等活动。

第一百二十七条 违反本法规定，有下列行为之一的，责令限期改正，给予警告；逾期不改正的，处十万元以上五十万元以下的罚款：

（一）开展生物等效性试验未备案；

（二）药物临床试验期间，发现存在安全性问题或者其他风险，临床试验申办者未及时调整临床试验方案、暂停或者终止临床试验，或者未向国务院药品监督管理部门报告；

（三）未按照规定建立并实施药品追溯制度；

（四）未按照规定提交年度报告；

（五）未按照规定对药品生产过程中的变更进行备案或者报告；

（六）未制定药品上市后风险管理计划；

（七）未按照规定开展药品上市后研究或者上市后评价。

第一百二十八条 除依法应当按照假药、劣药处罚的外，药品包装未按照规定印有、贴有标签或者附有说明书，标签、说明书未按照规定注明相关信息或者印有规定标志的，责令改正，给予警告；情节严重的，吊销药品注册证书。

第一百二十九条 违反本法规定，药品上市许可持有人、药品生产企业、药品经营企业或者医疗机构未从药品上市许可持有人或者具有药品生产、经营资格的企业购进药品的，责令改正，没收违法购进的药品和违法所得，并处违法购进药品货值金额二倍以上十倍以下的罚款；情节严重的，并处货值金额十倍以上三十倍以下的罚款，吊销药品批准证明文件、药品生产许可证、药品经营许可证或者医疗机构执业许可证；货值金额不足五万元的，按五万元计算。

第一百三十条 违反本法规定，药品经营企业购销药品未按照规定进行记录，零售药品未正确说明用法、用量等事项，或者未按照规定调配处方的，责令改正，给予警告；情节严重的，吊销药品经营许可证。

第一百三十一条 违反本法规定，药品网络交易第三方平台提供者未履行资质审核、报告、停止提供网络交易平台服务等义务的，责令改正，没收违法所得，并处二十万元以上二百万元以下的罚款；情节严重的，责令停业整顿，并处二百万元以上五百万元以下的罚款。

第一百三十二条 进口已获得药品注册证书的药品，未按照规定向允许药品进口的口岸所在地药品监督管理部门备案的，责令限期改正，给予警告；逾期不改正的，吊销药品注册证书。

第一百三十三条 违反本法规定，医疗机构将其配制的制剂在市场上销售的，责令改正，没收违法销售的制剂和违法所得，并处违法销售制剂货值金额二倍以上五倍以下的罚款；情节严重的，并处货值金额五倍以上十五倍以下的罚款；货值金额不足五万元的，按五万元计算。

第一百三十四条 药品上市许可持有人未按照规定开展药品不良反应监测或者报告疑似药品不良反应的，责令限期改正，给予警告；逾期不改正的，责令停产停业整顿，并处十万元以上一百万元以下的罚款。

药品经营企业未按照规定报告疑似药品不良反应的，责令限期改正，给予警告；逾期不改正的，责令停产停业整顿，并处五万元以上五十万元以下的罚款。

医疗机构未按照规定报告疑似药品不良反应的，责令限期改正，给予警告；逾期不改正的，处五万元以上五十万元以下的罚款。

第一百三十五条 药品上市许可持有人在省、自治区、直辖市人民政府药品监督管理部门责令其召回后，拒不召回的，处应召回药品货值金额五倍以上十倍以下的罚款；货值金额不足十万元的，按十万元计算；情节严重的，吊销药品批准证明文件、药品生产许可证、药品经营许可证，对法定代表人、主要负责人、直接负责的主管人员和其他责任人员，处二万元以上二十万元以下的罚款。药品生产企业、药品经营企业、医疗机构拒不配合召回的，处十万元以上五十万元以下的罚款。

第一百三十六条 药品上市许可持有人为境外企业的，其指定的在中国境内的企业法人未依照本法规定履行相关义务的，适用本法有关药品上市许可持有人法律责任的规定。

第一百三十七条 有下列行为之一的，在本法规定的处罚幅度内从重处罚：

（一）以麻醉药品、精神药品、医疗用毒性药品、放射性药品、药品类易制毒化学品冒充其他药品，或者以其他药品冒充上述药品；

（二）生产、销售以孕产妇、儿童为主要使用对象的假药、劣药；

（三）生产、销售的生物制品属于假药、劣药；

（四）生产、销售假药、劣药，造成人身伤害后果；

（五）生产、销售假药、劣药，经处理后再犯；

（六）拒绝、逃避监督检查，伪造、销毁、隐匿有关证据材料，或者擅自动用查封、扣押物品。

第一百三十八条　药品检验机构出具虚假检验报告的，责令改正，给予警告，对单位并处二十万元以上一百万元以下的罚款；对直接负责的主管人员和其他直接责任人员依法给予降级、撤职、开除处分，没收违法所得，并处五万元以下的罚款；情节严重的，撤销其检验资格。药品检验机构出具的检验结果不实，造成损失的，应当承担相应的赔偿责任。

第一百三十九条　本法第一百一十五条至第一百三十八条规定的行政处罚，由县级以上人民政府药品监督管理部门按照职责分工决定；撤销许可、吊销许可证件的，由原批准、发证的部门决定。

第一百四十条　药品上市许可持有人、药品生产企业、药品经营企业或者医疗机构违反本法规定聘用人员的，由药品监督管理部门或者卫生健康主管部门责令解聘，处五万元以上二十万元以下的罚款。

第一百四十一条　药品上市许可持有人、药品生产企业、药品经营企业或者医疗机构在药品购销中给予、收受回扣或者其他不正当利益的，药品上市许可持有人、药品生产企业、药品经营企业或者代理人给予使用其药品的医疗机构的负责人、药品采购人员、医师、药师等有关人员财物或者其他不正当利益的，由市场监督管理部门没收违法所得，并处三十万元以上三百万元以下的罚款；情节严重的，吊销药品上市许可持有人、药品生产企业、药品经营企业营业执照，并由药品监督管理部门吊销药品批准证明文件、药品生产许可证、药品经营许可证。

药品上市许可持有人、药品生产企业、药品经营企业在药品研制、生产、经营中向国家工作人员行贿的，对法定代表人、主要负责人、直接负责的主管人员和其他责任人员终身禁止从事药品生产经营活动。

第一百四十二条　药品上市许可持有人、药品生产企业、药品经营企业的负责人、采购人员等有关人员在药品购销中收受其他药品上市许可持有人、药品生产企业、药品经营企业或者代理人给予的财物或者其他不正当利益的，没收违法所得，依法给予处罚；情节严重的，五年内禁止从事药品生产经营活动。

医疗机构的负责人、药品采购人员、医师、药师等有关人员收受药品上市许可持有人、药品生产企业、药品经营企业或者代理人给予的财物或者其他不正当利益的，由卫生健康主管部门或者本单位给予处分，没收违法所得；情节严重的，还应当吊销其执业证书。

第一百四十三条　违反本法规定，编造、散布虚假药品安全信息，构成违反治安管理行为的，由公安机关依法给予治安管理处罚。

第一百四十四条　药品上市许可持有人、药品生产企业、药品经营企业或者医疗机构违反本法规定，给用药者造成损害的，依法承担赔偿责任。

因药品质量问题受到损害的，受害人可以向药品上市许可持有人、药品生产企业请求赔偿损失，也可以向药品经营企业、医疗机构请求赔偿损失。接到受害人赔偿请求的，应当实行首负责任制，先行赔付；先行赔付后，可以依法追偿。

生产假药、劣药或者明知是假药、劣药仍然销售、使用的，受害人或者其近亲属除请求赔偿损失外，还可以请求支付价款十倍或者损失三倍的赔偿金；增加赔偿的金额不足一千元的，为一千元。

第一百四十五条　药品监督管理部门或者其设置、指定的药品专业技术机构参与药品生产经营活动的，由其上级主管机关责令改正，没收违法收入；情节严重的，对直接负责的主管人员和其他直接责任人员依法给予处分。

药品监督管理部门或者其设置、指定的药品专业技术机构的工作人员参与药品生产经营活动的,依法给予处分。

第一百四十六条 药品监督管理部门或者其设置、指定的药品检验机构在药品监督检验中违法收取检验费用的,由政府有关部门责令退还,对直接负责的主管人员和其他直接责任人员依法给予处分;情节严重的,撤销其检验资格。

第一百四十七条 违反本法规定,药品监督管理部门有下列行为之一的,应当撤销相关许可,对直接负责的主管人员和其他直接责任人员依法给予处分:

(一)不符合条件而批准进行药物临床试验;

(二)对不符合条件的药品颁发药品注册证书;

(三)对不符合条件的单位颁发药品生产许可证、药品经营许可证或者医疗机构制剂许可证。

第一百四十八条 违反本法规定,县级以上地方人民政府有下列行为之一的,对直接负责的主管人员和其他直接责任人员给予记过或者记大过处分;情节严重的,给予降级、撤职或者开除处分:

(一)瞒报、谎报、缓报、漏报药品安全事件;

(二)未及时消除区域性重大药品安全隐患,造成本行政区域内发生特别重大药品安全事件,或者连续发生重大药品安全事件;

(三)履行职责不力,造成严重不良影响或者重大损失。

第一百四十九条 违反本法规定,药品监督管理等部门有下列行为之一的,对直接负责的主管人员和其他直接责任人员给予记过或者记大过处分;情节较重的,给予降级或者撤职处分;情节严重的,给予开除处分:

(一)瞒报、谎报、缓报、漏报药品安全事件;

(二)对发现的药品安全违法行为未及时查处;

(三)未及时发现药品安全系统性风险,或者未及时消除监督管理区域内药品安全隐患，造成严重影响；

（四）其他不履行药品监督管理职责，造成严重不良影响或者重大损失。

第一百五十条　药品监督管理人员滥用职权、徇私舞弊、玩忽职守的，依法给予处分。

查处假药、劣药违法行为有失职、渎职行为的，对药品监督管理部门直接负责的主管人员和其他直接责任人员依法从重给予处分。

第一百五十一条　本章规定的货值金额以违法生产、销售药品的标价计算；没有标价的，按照同类药品的市场价格计算。

第十二章　附则

第一百五十二条　中药材种植、采集和饲养的管理，依照有关法律、法规的规定执行。

第一百五十三条　地区性民间习用药材的管理办法，由国务院药品监督管理部门会同国务院中医药主管部门制定。

第一百五十四条　中国人民解放军和中国人民武装警察部队执行本法的具体办法，由国务院、中央军事委员会依据本法制定。

第一百五十五条　本法自2019年12月1日起施行。

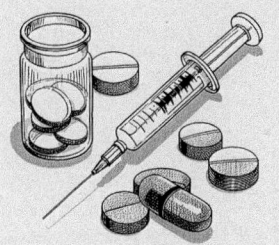

主要参考文献

1. 罗华军. 药物的奥秘. 北京：化学工业出版社，2019.
2. 彭雷. 极简新药发现史. 北京：清华大学出版社，2018.
3. 国家药品监督管理局执业药师资格认证中心. 药事管理与法规. 8版. 北京：中国医药科技出版社，2024.
4. 张晓乐. 药学通识讲义. 北京：中信出版集团，2022.
5. 薄世宁. 医学通识讲义. 北京：中信出版集团，2020.
6. 蒋学华. 药学概论. 北京：清华大学出版社，2019.
7. 杨世民，李华. 药学概论. 2版. 北京：科学出版社，2019.
8. 本杰明·E. 布拉斯. 药物研发基本原理. 白仁仁，译. 2版. 北京：科学出版社，2023.
9. 万仁甫. 药品注册与申报管理. 北京：中国医药科技出版社，2023.
10. 唐纳德·R. 基尔希，奥吉·奥加斯. 猎药师. 陶亮，译. 北京：中信出版集团，2020.
11. 巴里·沃思. 十亿美元分子：追寻完美药物. 钱鹏展，译. 上海：上海科技教育出版社，2019.
12. 程国华，李正奇. 药物临床试验管理学. 北京：中国医药科技出版社，2021.
13. 杨忠奇，洪明晃. 药物临床试验实践与共识. 北京：中国医药科技出版社，2020.
14. 王泽娟. 早期临床试验工作手册. 北京：化学工业出版社，2020.
15. 梁贵柏. 新药的故事. 南京：译林出版社，2019.
16. 梁贵柏. 新药的故事2. 南京：译林出版社，2020.
17. 梁晓坤. 临床研究协调员规范化培训手册. 北京：北京大学医学出版社，2019.
18. 詹思延. 临床流行病学. 北京：人民卫生出版社，2015.
19. 杨克虎. 循证医学. 3版. 北京：人民卫生出版社，2019.
20. 刘续宝，孙业桓. 临床流行病学与循证医学. 北京：人民卫生出版社，2018.
21. 张德强，张锐，宫福良. 骨科循证医学. 北京：清华大学出版社，2014.
22. 张丽. 药品市场营销学. 3版. 北京：人民卫生出版社，2018.

23. 米基·C·史密斯，E·M·米克·科拉萨，格雷格·珀金斯，等．医药营销新规则：环境、实践与新趋势．思齐俱乐部，译．北京：电子工业出版社，2019．

24. 托尼·艾莱里，尼尔·汉森．药品生命周期管理．赵鲁勇，译．上海：上海交通大学出版社，2017．

25. 宣建伟．药品市场准入——从理论到实践．上海：复旦大学出版社，2015．

26. BRENT L R，MATTHEW P. Pharmaceutical marketing. William Brottmiller，2014．

27. 侯志远．医学行为经济学：迈向价值医疗．上海：复旦大学出版社，2023．

28. 于广军，胡大一，杨莉．价值医疗：医疗服务新未来．北京：机械工业出版社，2023．

29. 崔燕宁．药物安全与药物警戒．2版．北京：人民卫生出版社，2021．

30. 李霞，林鑫．药物警戒．北京：中国医药科技出版社，2024．

31. 秦勇，张黎．医药市场营销：理论、方法与实践．北京：人民邮电出版社，2018．

32. 菲利浦·科特勒，加里·阿姆斯特朗．市场营销：原理与实践．16版．楼尊，译．北京：中国人民大学出版社，2015．

33. 包政．营销的本质．北京：机械工业出版社，2019．

34. 邹晓徽，宁剑峰，朱文虎．做医生信赖的医药代表．沈阳：沈阳出版社，2021．

35. 袁红梅，杨舒杰．药品知识产权以案说法．北京：人民卫生出版社，2018．

36. 史立臣．医药新营销．北京：企业管理出版社，2017．

37. 赵佳震．处方药合规推广实战宝典．昆明：云南科技出版社，2019．

38. E.M.罗杰斯．创新的扩散．唐兴通，郑常青，张延晨，译．5版．北京：电子工业出版社，2016．

39. 阿维纳什·K·迪克西特，巴里·J·奈伯尔夫．策略思维．王尔山，译．北京：中国人民大学出版社，2014．

40. 谷成明等．智慧医学引领未来：医学事务优秀案例荟萃．北京：科学技术文献出版社，2019．

41. 谷成明，李一，王斌辉．真实世界数据与证据．北京：科学技术文献出版社，2022．

42. 邱歆海．制药行业医学事务笔谈．长沙：中南大学出版社，2022．

43. 邱南生．医学联络官进阶之路．北京：电子工业出版社，2020．

44. Project Management Institute．项目管理知识体系指南（PMBOK指南）．6版．美国项目管理协会，译．北京：电子工业出版社，2018．

45. 国家卫生健康委员会．2023中国卫生健康统计年鉴．北京：中国协和医科大学出版社，2024．

46. 国家医疗保障局．2023中国医疗保障统计年鉴．北京：中国统计出版社，2023．

47. 兰平，何晓生.临床实践指南的制定流程与规范.中华胃肠外科杂志，2022，25（1）：10-14.

48. 刘俊.正确运用循证医学证据指导临床实践.医学与哲学，2019，40（23）：15-18.

49. 陈耀龙，孙雅佳，罗旭飞，等.循证医学的核心方法与主要模型.协和医学杂志，2023，14（1）：1-8.

50. 焦建军.DRG/DIP支付方式改革下的医保药品研究.中国医药指南，2022，20（35）：76-78.

51. 韦玮，郑秉文.我国医保支付方式本土化改革历程与价值导向完善建议.中国医疗保险，2023（12）：13-20.

52. 张海洪，丛亚丽.世界医学会《赫尔辛基宣言》2024版修订述评.医学与哲学，2024，45（21）：18-23.

53. CHEN Z, ZHONG H, HU H, et al. Chinese innovative drug R&D trends in 2024. Nature Reviews Drug Discovery, 2024, 23（11）：810-811.

54. 刘雅馨，文进.价值医疗在我国临床中的应用及存在问题研究.医学与哲学，2024，45（8）：22-25.

55. 胡善联.开启中国模式的创新药物定价规则.世界临床药物，2024，45（3）：233-238.

56. 孙雪霏.国产创新药迎全链条支持，定价机制和支付体系待优化.（2024-07-15）[2025-01-14]. http://paper.people.com.cn/zgcsb/images/2024-07/15/05/zgcsb2024071505.pdf.

57. 廖关根.我国药品专利链接制度分析.社会科学前沿，2024，13（5）：89-94.

58. 姚明宏，任燕，孙鑫，等.构建基于特许药械政策的真实世界数据研究模式.中国食品药品监管，2021（11）：14-19.

59. 中华人民共和国中央人民政府.中华人民共和国药品管理法.（2019-08-26）[2025-01-14]. https://www.gov.cn/xinwen/2019-08/26/content_5424780.htm.

60. 国家市场监督管理总局.药品注册管理办法.（2020-01-22）[2025-01-14]. https://www.gov.cn/zhengce/zhengceku/2020-04/01/content_5498012.htm.

61. 国家药监局，国家卫生健康委.药物临床试验质量管理规范.（2020-04-23）[2025-01-14]. https://www.gov.cn/zhengce/zhengceku/2020-04/28/content_5507145.htm.

62. 国家食品药品监督管理总局.药物非临床研究质量管理规范.（2017-07-27）[2025-01-14]. https://www.gov.cn/gongbao/content/2017/content_5241929.htm.

63. 国家药监局.药物警戒质量管理规范.（2021-05-07）[2025-01-14]. https://www.gov.cn/zhengce/zhengceku/2021-11/29/content_5654764.htm.

64. 国家卫生健康委员会规划发展与信息化司.2023年我国卫生健康事业发展统计公报.（2024-

08-26）[2025-01-14]. https://www. nhc. gov. cn/guihuaxxs/s3585u/202408/6c037610b3a54f6c8535c515844fae96/files/58c5d1e9876344e5b1aa5aa2b083a51a. pdf.

65. 中共中央，国务院. "健康中国2030"规划纲要.（2016-10-25）[2025-01-14]. https://www. gov. cn/zhengce/2016-10/25/content_5124174. htm.

66. 中共中央办公厅，国务院办公厅. 关于深化审评审批制度改革鼓励药品医疗器械创新的意见.（2017-10-08）[2025-01-14]. https://www. gov. cn/zhengce/2017-10/08/content_5230105. htm.

67. 国务院. 关于改革药品医疗器械审评审批制度的意见.（2015-08-18）[2025-01-14]. https://www. gov. cn/zhengce/content/2015/08/18/content_10101. htm.

68. 国家药监局药品审评中心. 药物研发与技术审评沟通交流管理办法.（2020-12-10）[2025-01-14]. https://www. cde. org. cn/main/news/viewInfoCommon/b823ed10d547b1427a6906c6739fdf89.

69. 国家药监局. 真实世界证据支持药物研发与审评的指导原则（试行）.（2020-01-03）[2025-01-14]. https://www. nmpa. gov. cn/xxgk/ggtg/ypggtg/ypqtggtg/20200107151901190. html.

70. 国家药监局药审中心. 以临床价值为导向的抗肿瘤药物临床研发指导原则.（2021-11-15）[2025-01-14]. https://www. phirda. com/artilce_26022. html.

71. 国家卫生健康委，国家中医药局，国家疾控局. 医疗卫生机构开展研究者发起的临床临床研究管理办法.（2024-09-18）[2025-01-14]. https://www. gov. cn/zhengce/zhengceku/202409/content_6976872. htm.

72. 国家医保局，人力资源社会保障部. 关于印发《国家基本医疗保险、工伤保险和生育保险药品目录（2024年）》的通知.（2024-11-28）[2025-01-14]. https://www. nhsa. gov. cn/art/2024/11/28/art_104_14886. html.

73. 世界医学会. 赫尔辛基宣言（2024）.（2024-10-19）[2025-01-14]. https://irb. sjtu. edu. cn/info/1232/2121. htm.

74. 国家市场监督管理总局. 药品生产质量管理规范.（2011-01-17）[2025-01-14]. https://www. samr. gov. cn/zw/zfxxgk/fdzdgknr/bgt/art/2023/art_d5e1dbaa8f284277a5f6c3e2fc840d00. html.

75. 国家市场监督管理总局. 药品生产监督管理办法.（2020-01-22）[2025-01-14]. https://www. samr. gov. cn/cms_files/filemanager/samr/www/samrnew/samrgkml/nsjg/fgs/202003/W020211127362661614597. pdf.

76. 国务院. 中华人民共和国人类遗传资源管理条例.（2019-06-10）[2025-01-14]. https://www. gov. cn/zhengce/content/2019-06/10/content_5398829. htm.

77. 科学技术部. 人类遗传资源管理条例实施细则.（2023-06-01）[2025-01-14]. https://www. most.

gov. cn/xxgk/xinxifenlei/fdzdgknr/fgzc/bmgz/202306/t20230601_186416. html.

78. 国家市场监督管理总局. 药品经营和使用质量监督管理办法.（2023-09-27）[2025-01-14]. https://www. samr. gov. cn/cms_files/filemanager/1647978232/attach/20239/4e48ba874faa44e6ad456ccb115ed4da. pdf.

79. 国家知识产权局. 中华人民共和国专利法（2020年修正）.（2020-11-23）[2025-01-14]. https://www. cnipa. gov. cn/art/2020/11/23/art_97_155167. html.

80. 国家知识产权局. 中华人民共和国专利法实施细则（2023年修订）.（2023-12-21）[2025-01-14]. https://www. cnipa. gov. cn/art/2023/12/21/art_98_189197. html.

81. 国家药监局药审中心. 药物临床试验不良事件相关性评价技术指导原则（试行）.（2024-06-07）[2025-01-14]. https://www. cde. org. cn/main/news/viewInfoCommon/0a5ae4924881321c07cce100e99f2a5c.

82. 中共中央，国务院. 关于深化医疗保障制度改革的意见.（2020-02-25）[2025-01-14]. https://www. qstheory. cn/yaowen/2020-03/06/c_1125669563. htm.

83. 国家药品监督管理局，国家知识产权局. 药品专利纠纷早期解决机制实施办法（试行）.（2021-07-04）[2025-01-14]. https://www. gov. cn/gongbao/content/2021/content_5641358. htm.

84. 国家药监局. 中华人民共和国药品管理法实施条例（修订草案征求意见稿）.（2022-05-09）[2025-01-14]. https://www. cnpharm. com/c/2022-05-09/825318. shtml.

85. 国家药监局综合司. 医药代表管理办法（征求意见稿）.（2024-11-28）[2025-01-14]. https://www. nmpa. gov. cn/xxgk/zhqyj/zhqyjyp/20241128152012197. html.

86. 国家药品监督管理局. 医药代表备案管理办法（试行）.（2020-09-30）[2025-01-14]. https://www. nmpa. gov. cn/directory/web/nmpa//////xxgk/fgwj/xzhgfxwj/20200930163955170. html.

87. 国家药品监督管理局. 2023年度药品审评报告.（2024-02-04）[2025-01-14]. https://www. nmpa. gov. cn/xxgk/fgwj/gzwj/gzwjyp/20240204154334141. html.

88. 海南省人民代表大会常务委员会. 海南自由贸易港博鳌乐城国际医疗旅游先行区条例.（2020-06-16）[2025-01-14]. https://www. hainan. gov. cn/hainan/dfxfg/202006/a71c9003a5694eed84d70e138bc4160c. shtml.

89. 中国药科大学，RDPAC. 药品说明书和标签管理制度实施现状及完善研究. [2025-01-14]. https://cnadmin. rdpac. org/upload/upload_file/1707274969. pdf.

90. IQVIA，RDPAC. 医药行业"港澳药械通"高质量发展报告. [2025-01-14]. https://cnadmin. rdpac. org/upload/upload_file/1710300461. pdf.

91. 清华大学五道口金融学院中国保险与养老金研究中心，RDPAC，PhRMA. 商业健康险与医药协同创新模式研究报告. [2025-01-14]. https://cnadmin. rdpac. org/upload/upload_file/1708660718. pdf.

92. RDPAC. 国家医保谈判药品落地现状和地方实践经验研究报告. [2025-01-14]. https://cnadmin. rdpac. org/upload/upload_file/1706526864. pdf.

93. RDPAC. RDPAC 行业行为准则（2022 年修订版）RDPAC Code of Practice 2022. [2025-01-14]. https://cnadmin. rdpac. org/upload/upload_file/1685425107. pdf.

94. 国家市场监管总局. 医药企业防范商业贿赂风险合规指引.（2025-01-14）[2025-02-18]. https://www.samr.gov.cn/zw/zfxxgk/fdzdgknr/jjjzs/art/2025/art_0cee28b1eba84820addc024b351b7bac.html.

95. 中国化学制药工业协会. 医药行业合规管理规范.（2020-12-31）[2025-01-14]. https://www.glo.com.cn/UpLoadFile/Files/2021/3/31/16485185341770b59-1.pdf.

96. Clarivate. Transforming Healthcare：The Evolution of Biopharmaceutical Innovation in Mainland China（Nov, 2024）. [2025-01-14]. https://clarivate. com. cn/.

97. 沙利文. 2024 中国生物医药出海现状与趋势蓝皮书. [2025-01-14]. https://img. frostchina. com/attachment/17272800/8V6sAYJBDuEwVmtuNesN85. pdf.

98. 沙利文，诺信创联. 中国创新型医药推广服务模式探索白皮书. [2025-01-14]. https://img. frostchina. com//attachment2022/12/12/cBr9T9hwhzGcetuXFkg7qm. pdf.

99. IQVIA. White paper：Launch excellence VIII. [2025-01-14]. https://www. iqvia. com/library/white-papers/launch-excellence-viii.

100. 化学深耕堂. 创新药 CMC 到底做些啥?（2024-11-07）[2025-01-14]. https://mp. weixin. qq. com/s/IQIMfm-eJwasJR43tfbMag.

101. 陈怡. 全链条支持创新药发展的重中之重.（2024-08-15）[2025-01-14]. https://opinion. caixin. com/2024-08-15/102226503. html.

102. 药品研发驿站. 化学药品的专利类型及专利布局点.（2022-09-19）[2025-01-14]. https://mp. weixin. qq. com/s/dhISllCC7MPPQ07dkQHhBw.

103. 临研人之家. 中国临床试验 40 年（12）：上帝送给东方人的礼物.（2024-04-16）[2025-01-14]. https://mp. weixin. qq. com/s/XYWS-azTkunId2zvVufJ8Q.

104. 肿瘤界. 一文速览：16 款国内已经获批的 PD-1/PD-L1 抑制剂适应症信息超全汇总.（2024-03-22）[2025-01-14]. https://mp. weixin. qq. com/s/YmXzAMbfewKWQz0aR_ZqNg.